普通高等院校新形态一体化"十四五"规划教材

大学计算机——信息素养

夏敏捷 齐 晖◎主 编

潘惠勇 李 枫 程传鹏 张慎武 张超钦◎副主编

中国铁道出版社有限公司

CHINA RAILWAY PUBLISHING HOUSE CO., LTD.

内 容 简 介

本书依据教育部发布的《大学计算机基础课程教学基本要求》，结合计算机最新技术及高等院校计算机基础课程改革的最新动向编写而成。教材基于新工科专业建设，力求反映计算机知识的系统性和实用性，展现信息技术发展的新趋势和新成果，充分考虑学生现有的计算机基础知识水平和社会实际需求，注重学生实际应用能力的培养。全书内容包括计算机基础知识、操作系统应用基础、Office 办公软件、计算机网络基础、算法与程序设计基础、数据库基础、云计算、大数据和人工智能。本书结构严谨、叙述准确，按照计算思维能力培养的要求，由浅入深，由易到难，系统展开。

本书适合作为高等院校非计算机专业大学计算机课程的教材，也可作为计算机技术培训用书和自学用书。

图书在版编目（CIP）数据

大学计算机：信息素养 / 夏敏捷，齐晖主编 . —北京：中国铁道出版社有限公司，2021.8
普通高等院校新形态一体化"十四五"规划教材
ISBN 978-7-113-28203-5

Ⅰ . ①大… Ⅱ . ①夏… ②齐… Ⅲ . ①电子计算机 – 高等学校 – 教材 Ⅳ . ① TP3

中国版本图书馆 CIP 数据核字（2021）第 151120 号

书　　名：大学计算机——信息素养
作　　者：夏敏捷　齐　晖

策　　划：韩从付　　　　　　　　　　　　编辑部电话：（010）51873202
责任编辑：刘丽丽　贾淑媛
封面设计：刘　颖
封面制作：尚明龙
责任校对：孙　玫
责任印制：樊启鹏

出版发行：中国铁道出版社有限公司（100054，北京市西城区右安门西街 8 号）
网　　址：http://www.tdpress.com/51eds/
印　　刷：北京柏力行彩印有限公司
版　　次：2021 年 8 月第 1 版　　2021 年 8 月第 1 次印刷
开　　本：787 mm×1 092 mm　1/16　印张：18.25　字数：455 千
书　　号：ISBN 978-7-113-28203-5
定　　价：53.00 元

前　言

随着电子商务、数字媒体、智慧城市、网络安全等新概念应时而起，人类已经进入大数据时代，出现了数据密集型科学，产生了许多颠覆性的创新。计算思维在理解复杂的社会问题、经济运行以及人类行为方面，提供了一种描述现实世界的新的和有用的概念范型。由于信息技术已经渗透到工科的所有领域，传统的逻辑思维和实证思维能力培养已无法满足信息社会的发展要求，计算思维能力培养的重要性日益突出。

在此背景下，如何在全面培养学生的科学思维能力和综合素质基础上，进一步加强计算思维能力培养，无疑已成为"大学计算机"教育教学的新课题。当然，对计算思维能力的培养，既不能片面理解为教会学生"各种计算机软硬件的应用"，也不能狭义地理解为"计算机语言程序设计"等，而是着眼于培养学生的思维意识，全面提高学生利用计算机技术解决问题的思维能力和研究能力，以及在此基础上的系统分析能力，包括培养学生在面对问题时具有计算思维的主动意识，以及应用计算思维解决问题的良好习惯。

我们依据"教育部高等学校大学计算机课程教学指导委员会"发布的《大学计算机基础课程教学基本要求》，并结合目前高校对计算机基础教学改革的实际需求组织编写了本书。本书是为培养高校学生计算思维能力而编写的一门"大学计算机基础"教材，重在提升学生的信息化素养和实践应用能力。学生通过对本书的学习，可以掌握计算机的基本概念、原理、技术和应用，为后续计算机类课程的学习，以及利用计算机解决其专业和相关领域的问题打下良好的基础。本书建议教学学时为 44 学时，其中，理论学时为 30 学时，实践学时为 14 学时。本书共分 9 章，各学校在教学过程中可根据专业类别、学生层次和学时的不同，选择书中的内容组织教学。在教学过程中应以实践为主线安排教学进度，而不是按章节次序。

第 1 章主要介绍了计算机的基础知识，重点介绍计算机系统的组成，以微型计算机为例介绍计算机的组成结构及各部件的功能和特点，然后介绍数制间的转换、信息的表示和编码、计算机安全基础，以及计算思维的基本概念。从计算模型着手，讲解计算机的工作原理和整体结构。

第 2 章主要讲述操作系统的概念、基本功能、分类及发展，并以 Windows 10 操作系统为例，介绍如何使用操作系统管理和控制计算机的软硬件资源。

第 3 章介绍在 Office 环境下，信息排版和电子表格处理方面的知识，这是和人们学习生活更为贴近的一种能力，是人们必备的一类信息处理能力。

第 4 章主要介绍了计算机网络的相关基础知识、计算机网络安全知识、常用网络检测命令、物联网基础知识，并且从实际应用的角度出发介绍了如何组建简单局域网，以及如何在局域网中共享文件等，讨论了基于互联网的思维模式的转变与创新。

第 5 章主要从算法的角度介绍程序设计，同时介绍目前常用的两种程序设计方法 —— 结构化程序设计与面向对象程序设计，以及使用 Raptor 编程设计程序。

第 6 章介绍数据管理技术的发展、数据库的基础知识、数据库的基本模型和关系模型，以及数据库设计的一般步骤和关系数据库 Access 的使用。通过本章学习，培养学生管理和处理数据的数据化思维。

第 7 章从云计算的产生背景和发展历史出发，阐述了云计算的概念、特征及优势等基础知识，讲解云计算的服务模型、部署方式，分析云计算涉及的关键技术，以及介绍云计算的相关应用领域。

第 8 章从大数据的产生背景、发展历程及重要性入手，介绍了大数据的概念、特点及大数据思维，介绍了大数据从采集、预处理，到存储、分析，再到结果展示的全流程以及对应技术。通过平台架构、使用场景及应用现状揭晓大数据的潜在价值。

第 9 章介绍人工智能的基本概念、发展史及具体应用领域。同时对人工智能的研究分支 —— 机器学习、知识图谱和知识推理、自然语言处理进行介绍，以增强读者对人工智能技术的切身体验。

本书由中原工学院和郑州轻工业大学教师集体编写完成，由夏敏捷、齐晖任主编，潘惠勇、李枫、程传鹏、张慎武、张超钦（郑州轻工业大学）任副主编。第 1 章由李枫、齐晖编写，第 2 章由李娟编写，第 3 章和第 7 章由刘姝编写，第 4 章由程传鹏编写，第 5 章由张超钦编写，第 6 章由潘惠勇编写，第 8 章由张睿萍编写，第 9 章由张慎武编写。全书由夏敏捷、齐晖审阅并统稿。

编写本书的初衷是要写一本侧重于培养大学生计算思维的教材，但由于大学新生的计算机基础水平参差不齐，因此"大学计算机"这门课的教学内容选取及相应教材编写依然是难点。由于这样的特殊性，加之编者学识水平所限，书中不妥之处在所难免，恳请广大师生不吝指正。

编　者

2021 年 5 月

目 录

第1章

>>> 计算机基础知识

本章主要介绍计算机的发展，重点介绍计算机系统的组成，以微型计算机为例介绍计算机的组成结构及各部件的功能和特点，然后介绍数制间的转换、信息的表示和编码，以及计算机思维基础知识。

教学目标：
- 了解计算机的发展、发展趋势及微型计算机年代的划分。
- 掌握计算机系统的组成，重点掌握微型计算机的硬件组成。
- 掌握二进制、十进制、八进制、十六进制之间的相互转换。
- 了解并掌握计算机信息（数、字符、汉字、多媒体）的编码。
- 了解计算思维的概念及基本要素。

1.1 计算机概论

自 1946 年第一台电子计算机诞生，计算机技术和工业一直处于高速发展的阶段。计算机科学已成为一门发展快、渗透性强、影响深远的学科，计算机产业已在世界范围内发展成为具有战略意义的产业。计算机科学和计算机产业的发达程度已成为衡量一个国家的综合国力强弱的重要指标。

2021 年 2 月 3 日，中国互联网络信息中心（CNNIC）发布第 47 次《中国互联网络发展状况统计报告》。报告显示，截至 2020 年 12 月底，我国网民规模达到 9.89 亿，比 2020 年 3 月增加了 8540 万，互联网普及率为 70.4%。信息技术的高速发展正深刻改变人们的生活、工作和学习方式，计算机文化已成为人类文化中不可缺少的重要组成部分。

本章简要介绍计算机的发展，重点介绍计算机的硬件、软件常识以及信息的表示和编码、计算机信息安全等基础知识。

1.1.1 计算机的发展

1. 计算机的诞生

随着社会生产力的发展，计算工具不断地得到相应的发展。尤其是 17 世纪以来的 300 多年中，计算工具的发展主要有 1642 年法国物理学家帕斯卡（Blaise Pascal，1623—1662）发明了齿轮式加法器，1672 年德国数学家莱布尼茨（Gottfriend Wilhelm Leibniz，1646—1716）在帕斯卡的基础上增加了乘除法器，研制出能进行四则运算的机械式计算器。

在近代的计算机发展中，起奠基作用的是英国数学家查尔斯·巴贝奇（Charles Babbage，

1791—1871）。他于 1822 年、1834 年先后设计了以蒸汽机为动力的差分机和分析机。虽然受当时技术和工艺的限制都没有成功，但是分析机已使计算机具有输入、处理、存储、输出及控制 5 个基本装置的构想，成为今天电子计算机硬件系统组成的基本框架。1936 年，美国人霍德华·艾肯（Howard Aiken，1900—1973）提出用机电方法实现巴贝奇分析机的想法，并在 1944 年成功制造 Mark I 计算机，使巴贝奇的梦想变为现实。

图 1-1　ENIAC

世界上第一台电子数字积分计算机（Electronic Numerical Integrator And Calculator，ENIAC）于 1946 年在美国宾夕法尼亚大学研制成功，如图 1-1 所示。它使用了 18 800 个电子管，1 500 个继电器及其他器件，占地面积 170 m²，质量为 30 t，功率约 150 kW，每秒可进行 5 000 次加减法运算或 400 次乘法运算。

美籍匈牙利科学家冯·诺依曼（von Neumann）博士提出了"存储程序"的思想，即预先将根据某一任务设计好的程序装入存储器中，再由计算机去执行存储器中的程序。这样，在执行新的任务时，只需改变存储器中的程序，而不必改动计算机的任何电路。这一基本理论一直沿用至今。

ENIAC 的问世具有划时代的意义，象征着电子计算机时代的到来。

2．计算机的分代

从第一台计算机诞生至今，计算机技术得到了迅猛的发展。通常，根据计算机所采用的物理器件，可将计算机的发展大致分为 4 个阶段：电子管时代、晶体管时代、中小规模集成电路时代、大规模和超大规模集成电路时代。表 1-1 所示为四代计算机的主要特征。

表 1-1　四代计算机的主要特征

项目	第一代（1946—1957）	第二代（1958—1964）	第三代（1965—1970）	第四代（1971 年至今）
电子器件	电子管	晶体管	中小规模集成电路	大规模与超大规模集成电路
主存储器	阴极射线示波管静电存储器、水银延迟线存储器	磁芯、磁鼓存储器	磁芯、半导体存储器	半导体存储器
运算速度	几千～几万次/秒	几十万～百万次/秒	百万～几百万次/秒	几百万～千亿次/秒
技术特点	辅助存储器采用磁鼓；输入输出装置主要采用穿孔卡；使用机器语言和汇编语言编程，主要用于科学计算	辅助存储器采用磁盘和磁带；提出了操作系统的概念；使用高级语言编程，应用开始进入实时过程控制和数据处理领域	磁盘成为不可缺少的辅助存储器，并开始采用虚拟存储技术；出现了分时操作系统，程序设计采用结构化、模块化的设计方法	计算机体系结构有了较大发展，并行处理、多机系统、计算机网络等进入实用阶段；软件系统工程化、理论化，程序设计实现部分自动化

第五代计算机也就是智能电子计算机正在研究过程中，目标是希望计算机能够打破以往固有的体系结构，能够像人一样具有理解自然语言、声音、文字和图像的能力，并且具有说话的能力，使人－机能够用自然语言直接对话，它可以利用已有的和不断学习到的知识，进行思维、联想、推理并得出结论，能解决复杂问题，具有汇集、记忆、检索有关知识的能力。另外，人

们还在探索研究各种新型的计算机，如生物计算机、光子计算机、量子计算机、神经网络计算机等。

1.1.2　微型计算机发展的几个阶段

1989 年，IEEE 科学巨型机委员会根据当时计算机的性能及发展趋势，将计算机分为巨型机、大型机、小型机、工作站和个人计算机。其中的个人计算机（Personal Computer，PC）又称微机。

微型计算机的主要特点是采用微处理器作为计算机的核心部件，由不同规模的集成电路构成的微处理器，形成了微机不同的发展阶段。

第一代，1971—1972 年。Intel 公司于 1971 年利用 4 位微处理器 Intel 4004，组成了世界上第一台微机 MCS-4。1972 年 Intel 公司又研制了 8 位微处理器 Intel 8008，这种由 4 位、8 位微处理器构成的计算机，人们通常把它们划分为第一代微机。

第二代，1973—1977 年。1973 年开发出了第二代 8 位微处理器。具有代表性的产品有 Intel 公司的 Intel 8080，Zilog 公司的 Z80 等。由第二代微处理器构成的计算机称为第二代微机。它的功能比第一代微机明显增强，以它为核心的外围设备也有了相应发展。

第三代，1978—1980 年。1978 年开始出现了 16 位微处理器，代表性的产品有 Intel 公司的 Intel 8086 等。由 16 位微处理器构成的计算机称为第三代微机。

第四代，1981—1992 年。1981 年采用超大规模集成电路构成的 32 位微处理器问世，具有代表性的产品有 Intel 公司的 Intel 386、Intel 486，Zilog 公司的 Z8000 等。用 32 位微处理器构成的计算机称为第四代微机。

第五代，1993—2002 年。1993 年以后，Intel 又陆续推出了 Pentium、PentiumPro、Pentium MMX、Pentium Ⅱ、Pentium Ⅲ 和 Pentium Ⅳ，这些 CPU 的内部都是 32 位数据长度，所以都属于 32 位微处理器，有人将其称为高档 32 位微处理器。在此过程中，CPU 的集成度和主频不断提高，带有更强的多媒体效果。

第六代，2003 年至今。2003 年 9 月，AMD 公司发布了面向台式机的 64 位处理器 Athlon 64 和 Athlon 64 FX，标志着 64 位微机的到来；2005 年 2 月，Intel 公司也发布了 64 位处理器。由于受物理元器件和工艺的限制，单纯提升主频已经无法明显提高计算机的处理速度，2005 年 6 月，Intel 公司和 AMD 公司相继推出了双核心处理器；2006 年 Intel 公司和 AMD 公司发布了四核心桌面处理器。多核心架构并不是一种新技术，以往一直运用于服务器，所以将多核心也归为第六代——64 位微处理器。

总之，微机技术发展异常迅猛，平均每两三个月就有新产品出现，平均每两年芯片集成度提高一倍，性能提高一倍，价格进一步下降。微机将向着质量更轻、体积更小、运行速度更快、功能更强、携带更方便、价格更便宜的方向发展。

1.1.3　计算机的发展趋势

计算机的发展表现为巨型化、微型化、多媒体化、网络化和智能化 5 种趋势。

1．巨型化

巨型化是指发展高速、大存储容量和强功能的超大型计算机。超大型计算机具有很强的计算和处理数据的能力，主要特点表现为高速度和大容量，配有多种外围设备，以及丰富的、多功能的软件系统。超级计算机主要用于大型工程计算、科学计算、数值仿真、大范围天气预报、地质勘探、高性能飞机船舶的模拟设计、核反应处理等尖端科学技术研究和军事领域。

1983 年，历经 5 年研制的中国第一台被命名为"银河–I"的运算速度每秒上亿次的巨型计算机在国防科技大学诞生。这是我国超级计算机研制的一个重要里程碑，它的研制成功向全世界宣布：中国成了继美国、日本等国之后，能够独立设计和制造巨型机的国家。

从 20 世纪 80 年代至今，我国超级计算机共有 4 大系列，分别是：国防科技大学计算机研究所的"银河"系列、中科院计算技术研究所的"曙光"系列、国家并行计算机工程技术中心的"神威"系列和联想集团的"深腾"系列。

全球超级计算机 500 强评选始于 1993 年，每半年评选一次。评选由美国劳伦斯·伯克利国家实验室、田纳西大学和德国曼海姆大学根据世界范围内超级计算机的性能共同完成。2010年 11 月 17 日第 36 届全球超级计算机 TOP500 排行榜在新奥尔良举行的 SC10 大会发布，安装在中国天津国家超级计算中心的"Tianhe-1A（天河一号）"（见图 1-2），以其优异的性能位居世界第一，标志着我国成为继美国之后，第二个能够研制千万亿次超级计算机的国家。"天河一号"采用了 CPU+GPU 的混合架构。配有 14336 颗 Intel Xeon X5670 2.93GHz 和 7168 块 NVIDIA Tesla M2050 高性能计算卡，以及 2048 颗我国自主研发的飞腾 FT-1000 八核心处理器，

图 1-2　天河一号（Tianhe-1A）

总计 20 多万颗处理器核心，224 TB 内存，实测运算速度可达每秒 2 570 万亿次。天河一号标志着我国自主研制超级计算机综合技术水平进入世界领先行列，取得了历史性的突破。目前，我国最快的超级计算机是神威·太湖之光。

2. 微型化

由于大规模、超大规模集成电路的出现，计算机微型化迅速发展。微型化是指体积小、重量轻、价格低、可靠性高、使用范围广的计算机系统。由于微型计算机的发展与推广，计算机的应用已迅速渗透到社会生活的各个领域，个人计算机正逐步由办公设备变为电子消费品，人们要求计算机除保持原有的性能之外，还要有外观时尚、轻便小巧、便于操作等特点。此外，微型计算机已嵌入电视、电冰箱、空调等家用电器以及仪器仪表等小型设备中，同时也进入工业生产中，作为主要部件控制着工业生产的整个过程，实现了生产过程自动化。

微型计算机主要产品有手机，平板计算机等个人通信终端设备，家庭智能安防系统，机器人，可穿戴型设备，如谷歌眼镜、苹果等智能手表、Raspberry Pi 等卡片计算机，以及可吞服微型电子医疗设备等。

3. 多媒体化

多媒体是"以数字技术为核心的图像、声音与计算机、通信等融为一体的信息环境"的总称。多媒体计算机使得信息的获取、存储、加工、处理和传输一体化，使人–机交互达到最佳的效果。多媒体技术的实质就是让人们与计算机以更接近自然的方式交换信息。

4. 网络化

计算机网络是利用现代通信技术和计算机技术，把分布在不同地点且具有独立功能的众多计算机连接起来，配以功能完善的网络软件以实现网络中软、硬件资源的共享。目前，使用最广泛的计算机网络是 Internet，人们以某种形式将计算机连接到网络上，以便在更大的范围内，

以更快的速度相互交换信息、共享资源和协同工作。

5. 智能化

智能化是指用计算机模拟人类的某些智能行为，如感知、推理、学习、思考、联想、证明等。其中，最具代表性的领域是专家系统和机器人，机器人是一种能模仿人类智能和肢体功能的计算机操作装置，可以完成工业、军事、探险和科学领域中的复杂工作。运算速度约为每秒10亿次的"深蓝"计算机在 1997 年战胜了国际象棋世界冠军卡斯帕罗夫。计算机正朝着智能化的方向发展，并越来越多地代替人类的脑力劳动。

1.1.4 计算机的应用

计算机应用涉及科学技术、工业、农业、军事、交通运输、金融、教育及社会生活的各个领域，归纳起来有以下 6 个方面。

1. 科学计算

科学计算也称数值运算，是指用计算机来解决科学研究和工程技术中所提出的复杂的数学问题。科学计算主要包括数值分析、运筹学、模拟和仿真、高性能计算，是计算机十分重要的应用领域。计算机技术的快速性与精确性大大提高了科学研究与工程设计的速度和质量，缩短了研制时间，降低了研制成本。例如，卫星发射中卫星轨道的计算、发射参数的计算、气动干扰的计算，都需要高速计算机进行快速而精确的计算才能完成。

2. 信息处理

人类在科学研究、生产实践、经济活动和日常生活中每时每刻都在获得大量的信息，计算机在信息处理领域已经取得了辉煌的成就。据统计，世界上 70% 以上的计算机主要用于信息处理，因此，计算机也早已不再是传统意义上的计算工具了。信息处理的主要特点是数据量大、计算方法简单。由于计算机具有高速运算、海量存储、逻辑判断等特点，因而成为信息处理领域最强有力的工具，被广泛用于信息传递、情报检索、企事业管理、商务、金融、办公自动化等领域。

3. 实时控制

实时控制又称过程控制，要求及时地检测和收集被控对象的有关数据，并能按最佳状况进行自动调节和控制。利用计算机可以提高自动控制的准确性。例如，在现代工业生产中大量出现的智能仪表、自动生产线、加工中心，乃至无人车间和无人工厂，其高度复杂的过程自动化，大大提高了生产效率和产品质量，改善了劳动条件，节约了能源并降低了成本。过程控制的突出特点是实时性强，即计算机的反应时间必须与被控过程的实际所需时间相适应。实时控制广泛用于工业、现代农业、交通运输、军事等领域。

4. 计算机辅助系统

计算机辅助系统包括计算机辅助设计（CAD）、计算机辅助教学（CAI）、计算机辅助制造（CAM）、计算机辅助工程（CAE）等。计算机辅助系统可以帮助人们有效地提高工作效率，一些无人工厂正是借助各类辅助系统实现从订单、设计、图纸到工艺、制造以及销售的全自动过程。

5. 人工智能

人工智能是计算机科学理论的一个重要的领域。人工智能是探索和模拟人的感觉和思维过程的科学，它是在控制论、计算机科学、仿生学、生理学等基础上发展起来的新兴的边缘学科。

其主要内容是研究感觉与思维模型的建立，图像、声音、物体的识别。目前，人工智能在机器人研究和应用方面方兴未艾，对机器人视觉、触觉、嗅觉、语音识别等领域的研究已经取得了很大进展。

6. 多媒体技术

多媒体技术是指计算机能够综合处理声音、文字、图形、图像、动画、音频、视频等多种媒体的信息。多媒体技术使计算机不再只涉及那些单调的数字和字符，而从"计算"和"文字处理"迅速扩展到"综合信息处理"。将多媒体计算机系统与电视机、传真机、音响、电话机等电子设备结合起来，在网络的作用下，可实现世界范围内的信息交换和信息存取，如网络新闻、电子图书、网上直播、网上购物、远程教学、股票交易、电子邮件等，从根本上改变人们的生活与工作习惯。

1.2 计算机系统的组成

一个完整的计算机系统是由硬件系统和软件系统两部分组成的。硬件系统是指组成计算机的物理设备，即由电子器件、机械部件构成的具有输入、输出、处理等功能的实体部件。软件系统是指计算机系统中的程序以及开发、使用和维护程序所形成的文档。计算机系统的组成如图 1-3 所示。

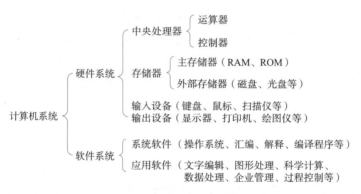

图 1-3 计算机系统的组成

1.2.1 计算机硬件系统

根据组成计算机各部分的功能划分，计算机硬件系统由控制器、运算器、存储器、输入设备和输出设备 5 部分组成。

1. 控制器

控制器（Controller）是整个计算机的控制指挥中心，它的功能是控制计算机各部件自动协调地工作。控制器负责从存储器中取出指令，然后进行指令的译码、分析，并产生一系列控制信号。这些控制信号按照一定的时间顺序发往各部件，控制各部件协调工作，并控制程序的执行顺序。

2. 运算器

运算器（ALU）是对信息进行加工、运算的部件，其主要功能是对二进制数进行算术运算（加、减、乘、除）、逻辑运算（与、或、非）和位运算（移位、置位、复位），故又称为算术逻辑单元（Arithmetic Logic Unit，ALU）。它由加法器（Adder）、补码器（Complement）等组成。运算器和控制器一起组成中央处理单元（Central Processing Unit，CPU）。

3. 存储器

存储器（Memory）是计算机存放程序和数据的设备。它的基本功能是按照指令要求向指定的位置存进（写入）或取出（读出）信息。

计算机中的存储器分为两大类：主存储器（又叫内存储器，简称内存）和辅助存储器（又叫外存储器，简称外存）。

内存按存取方式的不同，可分为随机存储器（Random Access Memory，RAM）和只读存储器（Read Only Memory，ROM）两类。RAM 中的信息可以通过指令随时读出和写入，在计算机工作时用来存放运行的程序和使用的数据，断电以后 RAM 中的内容自行消失。ROM 是一种只能读出而不能写入的存储器，其信息的写入是在特殊情况下进行的，称为"固化"，通常由厂商完成。ROM 一般用于存放系统专用的程序和数据。其特点是关掉电源后存储器中的内容不会消失。

外存用于扩充存储器容量和存放"暂时不用"的程序和数据。外存的容量大大高于内存的容量，但它存取信息的速度比内存慢很多。常用的外存有磁盘、磁带、光盘等。有关计算机外部存储器的基本知识，将在 1.3.4 节详细介绍。存储器的有关术语如下。

① 位（bit，b）：计算机中最小的存储单位，用来存放一位二进制数（0 或 1）。

② 字节（byte，B）：8 个二进制位组成一个字节。为了便于衡量存储器的大小，统一以字节为基本单位。存储器的容量一般用 KB、MB、GB、TB 等来表示，它们之间的关系为 1 KB=2^{10} B=1 024 B，1 MB=2^{10} KB，1 GB=2^{10} MB，1 TB=2^{10} GB，1 PB（PetaByte）=2^{10} TB，1 EB（ExaByte）=2^{10} PB。

③ 地址：计算机的内存被划分成许多独立的存储单元，每个存储单元一般存放 8 位二进制数。为了有效地存取该存储单元中的内容，每个单元必须有一个唯一编号来标识，这些编号称为存储单元的地址。

4. 输入设备

输入设备（Input Device）用来向计算机输入程序和数据，可分为字符输入设备、图形输入设备、声音输入设备等。微型计算机系统中常用的输入设备有键盘、鼠标、扫描仪、光笔等。

5. 输出设备

输出设备（Output Device）用来向用户报告计算机的运算结果或工作状态，它把存储在计算机中的二进制数据转换成人们需要的各种形式的信号。常见的输出设备有显示器、打印机、绘图仪等。

U 盘和硬盘驱动器也是微机系统中的常用外围设备，由于 U 盘和硬盘中的信息是可读写的，所以，它们既是输入设备，也是输出设备。这样的设备还有传真机、调制解调器（Modem）等。

1.2.2　计算机软件系统

软件是为了运行、管理和维护计算机所编制的各种程序及相应文档资料的总和。软件系统可分为系统软件和应用软件两大类。

1. 系统软件

系统软件是为了方便用户使用和管理计算机，以及为生成、准备和执行其他程序所需要的一系列程序和文件的总称，包括操作系统、汇编程序以及各种高级语言的编译或解释程序等。

（1）操作系统

操作系统是最基本的系统软件，直接管理计算机的所有硬件和软件资源。操作系统是用户与计算机之间的接口，绝大部分用户都是通过操作系统来使用计算机的。同时，操作系统又是其他软件的运行平台，任何软件的运行都必须依靠操作系统的支持。

使用操作系统的目的是提高计算机系统资源的利用率和方便用户使用计算机。操作系统的主要功能为作业管理、CPU 管理、存储管理、设备管理和文件管理。

（2）程序设计语言

程序设计语言是生成和开发应用软件的工具。它一般包括机器语言、汇编语言和高级语言3 大类。

机器语言是面向机器的语言，是计算机唯一可以识别的语言，它用一组二进制代码（又称机器指令）来表示各种各样的操作。用机器指令编写的程序叫做机器语言程序（又称目标程序），其优点是不需要翻译而能够直接被计算机接收和识别，由于计算机能够直接执行机器语言程序，所以其运行速度最快；缺点是机器语言通用性极差，用机器指令编制出来的程序可读性差，程序难以修改、交流和维护。

机器语言程序的不易编制与阅读促进了汇编语言的发展。为了便于理解和记忆，人们采用能反映指令功能的英文缩写助记符来表达计算机语言，这种符号化的机器语言就是汇编语言。汇编语言采用助记符，比机器语言直观、容易记忆和理解。汇编语言也是面向机器的程序设计语言，每条汇编语言的指令对应了一条机器语言的代码，不同型号的计算机系统一般有不同的汇编语言。

高级语言采用英文单词、数学表达式等人们容易接受的形式组成程序中的语句，相当于低级语言中的指令。它要求用户根据算法，按照严格的语法规则和确定的步骤用语句表达解题的过程，它是一种独立于具体的机器而面向过程的计算机语言。

高级语言的优点是其命令与人类自然语言和数学语言十分接近，通用性强、使用简单。高级语言的出现使得各行各业的专业人员，无须学习计算机的专业知识，就拥有了开发计算机程序的强有力工具。

用高级语言编写的程序（即源程序）必须翻译成计算机能识别和执行的二进制机器指令，才能被计算机执行。由源程序翻译成的机器语言程序称为"目标程序"。

高级语言源程序转换成目标程序有两种方式：解释方式和编译方式。解释方式是把源程序逐句翻译，翻译一句执行一句，边解释边执行。解释程序不产生将被执行的目标程序，而是借助于解释程序直接执行源程序本身。编译方式是首先把源程序翻译成等价的目标程序，然后再执行此目标程序。

目前，比较流行的高级语言有 C++、微软的 .NET 平台、Java 等。有时也把一些数据库开发工具归入高级语言，如 SQL 2008、MySQL、PowerBuilder 等。

2. 应用软件

应用软件是为解决各种实际问题所编制的程序。应用软件有的通用性较强，如一些文字和图表处理软件，有的是为解决某个应用领域的专门问题而开发的，如人事管理程序、工资管理程序等。应用软件往往涉及某个领域的专业知识，开发此类程序需要较强的专业知识作为基础。应用软件在系统软件的支持下工作。

1.2.3　计算机的基本工作原理

1. 计算机的指令和程序

指令就是让计算机完成某个操作所发出的命令，即计算机完成某个操作的依据。一条指令通常由操作码部分和操作数部分组成，操作码指明该指令要完成的操作，操作数是指参加操作的数或者操作数所在的单元地址。一台计算机所有指令的集合，称为该计算机的指令系统。

程序是人们为解决某一问题而为计算机编制的指令序列。程序中的每一条指令必须是所用计算机的指令系统中的指令。指令系统是提供给使用者编制程序的基本依据，反映了计算机的基本功能，不同的计算机其指令系统也不相同。

2. 计算机执行指令的过程

计算机执行指令一般分为两个阶段。首先将要执行的指令从内存中取出送入 CPU，然后由 CPU 对指令进行分析译码，判断该条指令要完成的操作，并向各个部件发出完成该操作的控制信号，完成该指令的功能。当一条指令执行完后，自动进入下一条指令的取指操作。

3. 程序的执行过程

程序由计算机指令序列组成，程序的执行就是一条一条执行这一序列当中的指令。也就是说，计算机在运行时，CPU 从内存读出一条指令到 CPU 执行，指令执行完，再从内存读出下一条指令到 CPU 执行。CPU 不断地取指令并执行指令，这就是程序的执行过程。

1.3　微型计算机硬件系统

微型计算机是大规模集成电路发展的产物，是以中央处理器为核心，配以存储器、I/O 接口电路及系统总线所组成的计算机。微型计算机以其结构简单、通用性强、可靠性高、体积小、重量轻、耗电低、价格便宜，成为计算机领域中一个必不可少的分支。

微机在系统结构和基本工作原理上与其他计算机没有本质的区别。通常，将微机的硬件系统分为两大部分，即主机和外设。主机是微机的主体，微机的运算、存储过程都是在这里完成的。主机以外的设备称为外设。

从外观上看，一台微机的硬件主要包括主机箱、显示器和常用 I/O 设备（如鼠标、键盘等）。如图 1-4 所示。

主机箱里包含着微机的大部分重要硬件设备，如 CPU、主板、内存、硬盘、光驱、各种板卡、电源及各种连线。

目前，多数用户的计算机上配置了声卡、音箱等，这就构成了一台多媒体计算机。为了特殊用途，一些用户的计算机配置了打印机、扫描仪、绘图仪等常用外设。

图 1-4　微型计算机系统

1.3.1 系统主板

系统主板（简称主板）是微机中最大的一块集成电路板，它为 CPU、内存、显卡等其他计算机配件提供插槽，并将它们组合成一个整体。因此，计算机整体运行速度和稳定性在相当程度上要取决于主板，如图 1-5 所示。从结构上，主板可分为 AT 和 ATX（AT extended）、EATX、WATX、ITX、BTX 等类型。它们的主要区别在于主板上各元器件的布局排列方式、尺寸大小、形状以及所使用的电源规格和控制方式等。其中，AT 结构已经淘汰；EATX 和 WATX 多用于服务器 / 工作站主板；ATX 是目前市场上最常见的主板结构。

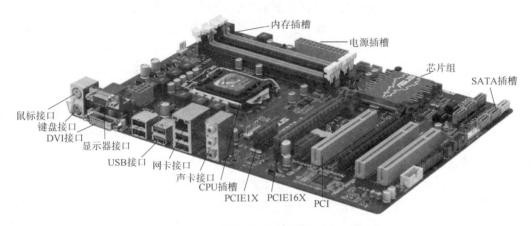

图 1-5　系统主板

微机的各个部件都直接插在主板上，或通过电缆连接在主板上。在它上面集成有如下部件：PCI 插槽、BIOS 芯片、I/O 芯片、控制芯片组、CPU 插槽、内存插槽、键盘鼠标接口、USB 接口、主板电源插座、硬盘接口、串行并行接口等。

1. 芯片部分

- 芯片组：是主板的核心部件，一般由南桥芯片和北桥芯片两块组成（也有南北桥芯片结合一体的）。北桥芯片是主要芯片，负责 CPU 和内存、显卡之间的数据交换，主要管理高速设备。南桥芯片主要负责硬盘、键盘等接口及 USB 端口的连接控制，主要管理中低速外围设备。

- BIOS 芯片：里面存有与该主板搭配的基本输入 / 输出系统程序，能够让主板识别各种硬件，计算机启动就是从 BIOS 程序引导。BIOS 芯片是可以写入的，用户可以更新 BIOS 的版本，以获取更好的性能及对计算机最新硬件的支持，但是一定要慎重，否则会造成主板瘫痪。

2. 扩展槽部分

- 内存插槽：内存插槽一般位于 CPU 插座下方。DDR 和 SDRAM 插槽的线数为 184 线。DDR2 和 SDRAM 插槽的线数为 240 线。不同类型的内存插槽卡口位置不同，所以不会插错插槽。

- AGP 插槽：颜色多为深棕色，经常用于连接显卡，AGP 插槽有 1×、2×、4× 和 8× 之分。在 PCI Express 出现之前，AGP 显卡较为流行，现在主板一般不带 AGP 插槽。

- PCI 插槽：PCI 插槽多为乳白色，是主板的必备插槽，可以插上声卡、网卡、多功能卡等设备。

- PCI Express 插槽：PCI Express 是总线和接口标准，这个新标准已取代 PCI 和 AGP，实现总线标准的统一。它的主要优势就是数据传输速率高，目前最高可达到 10 GB/s 以上，而且还有相当大的发展潜力。PCI Express 插槽有 1×、2×、4×、8× 和 16× 之分，现在主流显卡多采用 PCI E-16× 接口。

3. 外设接口部分

- IDE 接口：IDE 接口主要连接硬盘和光驱，早期主板有两个，而新型主板上，IDE 接口数量减少，甚至没有，以 SATA 接口取代。

- PS/2 接口：PS/2 接口用于连接键盘和鼠标。一般情况下，键盘的接口为紫色，鼠标的接口为绿色。

- DVI、VGA、HDMI、DISPLAY 等显示输出接口：集成显卡的主板一般都有显示接口，其中 DISPLAY 是正在发展中的接口。

- COM 接口：COM 为串口，目前大多数主板都提供了两个 COM 接口，分别为 COM1 和 COM2，作用是连接串行鼠标、外置 Modem 等设备。由于速度慢等原因，串口已经从主板上消失。

- LPT 接口：LPT 为并口，一般用来连接打印机或扫描仪。现在主板已经取消了 LPT 接口。

- USB 接口：USB 是一种外部总线标准，用于规范计算机与外围设备的连接和通信。USB 接口具有热插拔功能，可连接多种外设，如鼠标和键盘等。USB 是在 1994 年底由英特尔等多家公司联合推出，经历了多年的发展，有 USB 2.0、3.0、3.1 版本，最新一代是 USB 4.0，已成为当今计算机与大量智能设备的必配接口。

1.3.2　中央处理器（CPU）

CPU（Central Processing Unit）的中文名称是中央处理器，微机中的 CPU 又称为微处理器（Micro-Processor），是利用大规模集成电路技术，把整个运算器、控制器集成在一块芯片上的集成电路。CPU 内部可分为控制单元、逻辑单元和存储单元三大部分。这三大部分相互协调，进行分析、判断、运算，并控制计算机各部分协调工作。

CPU 好比是计算机的"大脑"，计算机处理速度的快慢主要是由 CPU 决定的，人们常以它来判定计算机的档次。图 1-6 所示为 Intel 公司和 AMD 公司两款 CPU 的外观。

图 1-6　CPU

CPU 是计算机硬件的核心，决定了计算机的档次，主频发展得非常快，主频已经达到 4.7 GHz 甚至更高。CPU 的主要技术参数如下。

- 主频：CPU 的性能主要由 CPU 的字长和 CPU 主频决定。主频是指 CPU 的工作频率，单位用 MHz 或 GHz 表示。其含义是指主板提供给 CPU 的工作频率。主频愈高，运算速度愈快。

- 字长：CPU 的字长是指 CPU 可以同时传送数据的位数，一般字长较长的 CPU 处理数据的能力较强，处理数据的精度也较高。目前所使用的 CPU 字长为 64 位。

- 核心数：核心数就是 CPU 有几个核心，也就是常说的双核、四核、六核、八核等。相对来说 CPU 的核心数越多，多线程处理能力就越强。

- 外频：CPU 的基准频率，单位为 MHz。外频是 CPU 与主板之间同步运行的速度。目前绝大部分计算机系统中外频也是内存与主板之间同步运行的速度，在这种状态下，可以理解为 CPU 的外频直接与内存相连通，实现两者间的同步运行状态。

- 前端总线频率：前端总线通常用 FSB 表示，是将 CPU 连接到北桥芯片的总线，CPU 就是通过 FSB 连接到北桥芯片，进而通过北桥芯片和内存、显卡交换数据。前端总线是 CPU 和外界交换数据的最主要通道，因此，前端总线的数据传输能力对计算机整体性能作用很大，如果没有足够快的前端总线，再强的 CPU 也不能明显提高计算机整体速度。数据传输最大带宽取决于所有同时传输的数据的宽度和传输频率，数据带宽 =（总线频率 × 数据位宽）÷ 8，比如，现在支持 64 位的 Intel CPU，前端总线是 800 MHz，按照公式，它的数据传输最大带宽是 6.4 GB/s。

- 指令集：CPU 依靠指令来计算和控制系统，每款 CPU 在设计时就规定了一系列与其硬件电路相配合的指令系统。指令的强弱也是 CPU 的重要指标，指令集是提高微处理器效率的最有效工具之一。从现阶段的主流体系结构讲，指令集可分为复杂指令集和精简指令集两部分，而从具体运用看，如 Intel 的 MMX、SSE、SSE2、SSE3 和 AMD 的 3DNow! 等都是 CPU 的扩展指令集，酷睿 CPU 中扩展了 SSE4 指令集。扩展的指令集增强了 CPU 的多媒体、图形图像和 Internet 等的处理能力。

- 高级缓存（Cache）：它是封闭在 CPU 内部的静态存储器，用于暂时存储 CPU 运算时的部分指令和数据，它的速度比内存快得多，但是容量也比内存小的多。缓存依据读取速度和容量进一步分为一级缓存（L1）和二级缓存（L2）。在 CPU 需要数据的时候，遵循"一级缓存→二级缓存→内存"的顺序，从而尽量提高读取速度。一级缓存的容量通常为 32 ~ 256 KB，二级缓存的容量单核已经高达 2 MB。

当前，微机市场上的 CPU 产品主要由美国的 Intel 公司和 AMD 公司所生产。下面将 2021 年上半年市场上主流的 CPU 做简单分类介绍。

1. Intel CPU

服务器系列：Xeon（至强）处理器，根据应用场景又划分为 Platinum 处理器、Gold 处理器、Silver 处理器和 Bronze 处理器 4 个家族。

工作站和家用高端产品：主要有 Xeon（至强）E 处理器、Xeon（至强）W 处理器和 Core（酷睿）i9 处理器等 3 类。

普通家用产品：主要是 Core（酷睿）家族中的 i9、i7、i5、i3 等系列产品。

入门级产品：通常作为无人的前端平台，或教育教学展示之用，常用的有 Pentium（奔腾）处理器，Celeron（赛扬）处理器和 Atom（凌动）处理器这 3 类。

2. AMD CPU

服务器系列：主要采用的是第三代 EPYC（霄龙）7 系列处理器。

高端产品：主要采用 RYZEN（锐龙）Threadripper PRO 处理器，来搭建专业工作站平台。

中低端产品：主要采用 RYZEN（锐龙）和 Athlon（速龙）系列处理器，来搭建普通家庭应用平台。

入门级产品：主要采用 AMD 嵌入式 R 系列和 G 系列处理器，来搭建移动应用平台。

目前，世界上只有美国等少数国家拥有 CPU 制造的核心技术。

我国国产 CPU 的发展道路可谓曲折。

1956 年，半导体科技被列为国家新技术四大紧急措施之一，中科院计算所、109 厂、半导体所先后成立，1975 年，我国第一台集成电路百万次计算机 013 机研制成功，为我国 CPU 事业打下了坚实基础。

1985 年，中科院计算所、半导体所等有关研制大规模集成电路的单位和 109 厂合并，成立中科院微电子中心，至 20 世纪末，由于政策支持力度有所减弱等，产业完全市场化，但自主性不足。

进入 21 世纪后，从"十五"开始，国产 CPU 自主性的问题再度提上议程，产业政策不断加码。泰山计划、863 计划等催生了一批国产 CPU 品牌，2002 年，我国首款通用 CPU——龙芯 1 号（代号 X1A50）流片成功。2006 年，"核高基"重大专项推出，"高"即为高端通用 CPU。2014 年，我国发布《国家集成电路产业发展推动纲要》，国家集成电路产业投资基金（简称国家大基金）第 1 期成立，主要投资集成电路制造企业。2019 年，国家大基金第 2 期成立，主要投资应用端。

在经历数十年的艰辛探索后，国产 CPU 产业已初具规模，涌现出一批领军企业。以下是根据 CPU 指令集体系进行的分类：

复杂指令集（CISC）下：以 X86 架构为主，国内代表厂商包括海光、兆芯；

精简指令集（RISC）下：涉及 ARM 架构、MIPS 架构、Alpha 架构等，国内代表厂商包括鲲鹏（ARM）、飞腾（ARM）、龙芯（MIPS）、申威（Alpha）等。

1.3.3　内存储器

内存储器简称内存，分为只读存储器（Read Only Memory，ROM）和随机存储器（Random Access Memory，RAM）两种。ROM 是一种只能读取而不能写入的存储器，主要用来存放那些不需要改变的信息。这些信息是由厂商通过特殊的设备写入的，关掉电源后存储器中的信息不会消失，比如主板上的 BIOS 信息就是用 ROM 存储的。RAM 也就是通常所说的内存，RAM 中的信息可以通过指令随时读取和写入，在工作时存放运行的程序和使用的数据，断电后 RAM 中的内容自行消失。

内存是计算机基本硬件设备之一，内存大小会直接影响计算机的运行速度。微机上使用的 RAM 被制作成内存条的形式，一条内存芯片的容量有 2 GB、4 GB、8 GB、16 GB 等不同的规格，如图 1-7 所示。

在微机系统中，RAM 可以分为静态随机存储器（Static RAM，SRAM）和动态随机存储器（Dynamic RAM，DRAM），SRAM 的运行速度非常快，CPU 的一级、二级缓存使用 SRAM，价格昂贵，微机中的内存条多使用 DRAM，DRAM 根据不同的技术标准又可以分为如下几种。

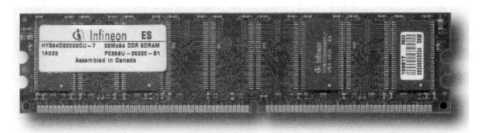

图 1-7　内存条

- SDRAM（Synchronous DRAM，同步动态随机存储器）：SDRAM 的刷新周期与系统时钟保持同步，使 RAM 与 CPU 以相同的速度同步工作，可取消等待周期，减少数据存取时间，因此可提升计算机的性能和效率。
- DDR SDRAM（Double Data Rate SDRAM，双倍速率同步动态随机存储器，简称 DDR）：它的特点是在时钟触发沿的上、下沿都能进行数据传输，所以数据传输速率是 SDRAM 的 2 倍。

随着技术的发展，在 DDR 存取技术的基础上，还依次发展出了 DDR2、DDR3 以及最新的 DDR4 技术和相应存储产品。

1.3.4　外存储器

外存储器简称外存，用以存放系统文件、大型文件、数据库等大量程序与数据信息，它们位于主机范畴之外。常用的外部存储器有磁带存储器、磁盘存储器和光盘存储器。软盘作为外存储器，由于存储容量小、读写速度慢以及数据容易丢失，随着 U 盘的普及，目前软盘已经被淘汰。

1. 硬盘

硬磁盘存储器（Hard Disk）简称硬盘。硬盘是由涂有磁性材料的合金圆盘组成，是微机系统的主要外部存储器。硬盘按盘径大小可分为 3.5 英寸、2.5 英寸、1.8 英寸等。目前大多数微机上使用的硬盘是 3.5 英寸的，笔记本计算机的硬盘为 2.5 英寸。

一个硬盘一般由多个盘片组成，盘片的每一面都有一个读写磁头。硬盘在使用时，读写磁头在盘的中心和边缘之间做径向移动，同时轴心进行转动，从而能够快速地在盘片的双面进行读写数据。硬盘内部结构如图 1-8 所示。

硬盘出厂时要将每面盘片格式化成若干个磁道（Track），磁道是当磁头不动时，盘片转动一周被磁头扫过的一个圆周，其中最外层的是 0 磁道；为了记录信息的方便，又把每个磁道分成许多等长区段，每个区段叫做一个扇区（Sector）；不同盘片相同半径的磁道所组成的圆柱称为柱面；每个盘面都有一个磁头，所以硬盘的容量计算方法为：

$$存储容量 = 磁头数 \times 柱面数 \times 扇区数 \times 每扇区字节数$$

其中，每个扇区可存储 256×2^n（$n=0$，1，2，3）字节信息，如 $256 \times 2^1=512$（字节）。常见的硬盘存储容量有 1 TB、2 TB，现在 4 TB 的硬盘也非常普遍。

硬盘接口类型有 SCSI、IDE（EIDE）和 SATA，现在主流的是 SATA 接口硬盘。SCSI 接口硬盘主要应用于小型机、服务器和工作站，图 1-9 所示为一款硬盘的正反面外观。

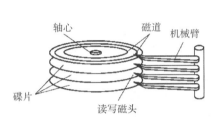

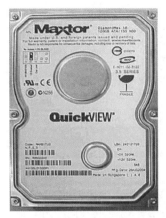 

图 1-8　硬盘内部结构　　　　　　　　图 1-9　硬盘外观

转速是影响硬盘性能最重要的因素之一，高低速硬盘性能差距非常明显；另外，在选购硬盘时还应该考虑硬盘缓存的大小、平均寻道时间等参数。

硬盘读取数据的速度为 100 MB/s 左右，速度已经有了很大的提升，但相对于内存的读写速度，要慢很多，这也成为计算机性能提升的最大瓶颈，目前又出现了固态硬盘，其持续读写速度超过了 6 TB/s，现已逐渐取代机械硬盘，应用到 PC 中。

固态硬盘（Solid State Disk）就是用固态电子存储芯片阵列而制成的硬盘，由控制单元和存储单元（FLASH 芯片、DRAM 芯片）组成。固态硬盘的接口规范和定义、功能及使用方法与普通硬盘的完全相同，在产品外形和尺寸上也完全与普通硬盘一致。

固态硬盘由控制芯片，缓存芯片（部分低端硬盘无缓存芯片）和用于存储数据的 NAND Flash 闪存芯片组成。

固态硬盘的特点：读写速度快、功耗低、无噪声、抗震动、体积小、工作温度范围大等。

2. 光存储器

光盘和光盘驱动器构成光存储设备。光存储器具有存储容量大、读取速度快、价格低、使用方便等优点。

（1）光盘

光盘采用聚焦激光束在盘式介质上非接触地记录高密度信息，以介质材料的光学性质（如反射率、偏振方向）的变化来表示所存储信息的"1"或"0"。光盘与磁盘、磁带比较，主要的优点是记录密度高、存储容量大、体积小、易携带，被广泛用于存储各种数字信息。CD-ROM 光盘的容量大约为 650 MB，DVD 光盘的容量可达 17 GB，一般常用的 DVD 光盘容量大约为 4.7 GB。光盘如图 1-10 所示（正面和反面）。

根据性能和用途的不同，光盘存储器可分为只读型光盘和可读写型光盘。

（2）光驱

光盘驱动器简称光驱，它是读取光盘信息的设备，目前已成为多媒体计算机必备的外围设备，如图 1-11 所示。

图 1-10　光盘

图 1-11　光驱

（3）蓝光 DVD

蓝光（Blu-ray）或称蓝光盘（Blu-ray Disc，BD）利用波长较短（405 nm）的蓝色激光读取和写入数据，并因此而得名。2002 年 2 月，9 家国际主流电子公司发表了蓝光盘规格，成为光存储业界新一代 DVD 光盘技术标准之一，用以存储高画质的影音以及高容量的资料。

蓝光光盘的容量单层为 25 GB，双层可达 50 GB。目前支持蓝光盘的蓝光 DVD 有 3 种：只读蓝光驱动器（BD-ROM）、蓝光刻录机（BD-RW）和蓝光 Combo（BD-ROM+DVD-RW）。

3．U 盘

U 盘是一种非易失性存储器。闪存芯片是 EEPROM（Electronic Erasable Programmable Read-Only Memory）存储器，它不仅可以像 RAM 那样可读可写，而且还具有 ROM 在断电后数据不会消失的优点。优盘如图 1-12 所示。

U 盘通过 USB、PCMCIA 等接口与计算机连接，具有体积小、外形美观、物理特性优异、兼容性良好等特点。

图 1-12　U 盘

1.3.5　输入设备

1．键盘

键盘是计算机系统中最常用的输入设备，平时所做的文字录入工作，主要是通过键盘完成的。常用的计算机键盘有 101 键和 104 键，104 键比 101 键多了 Windows 专用键，包含两个 Win 功能键和一个菜单键。键盘的外观和布局如图 1-13 所示。

整个键盘分为 4 个区。

① 主键盘区：与标准的英文打字机键盘的排列基本一样。

② 功能键区：<F1> ～ <F12>，共 12 个功能键，分别由具体软件指定它们的功能。

③ 编辑键区：包括文本编辑时常用的几个功能键，如移动插入点、上下翻页、插入 / 改写、删除等。

④ 数字 / 编辑键区：键盘最右边的一个类似计算器的小键盘。在小键盘键区上有 11 个双字符键，其上档键是数字和小数点，下档键是光标移动键和编辑键。按一下 <Num Lock> 键，键盘右上方的"Num Lock"指示灯亮，此时小键盘输入的是数字。再按一下 <Num Lock> 键，指示灯灭，则小键盘转换为编辑功能。

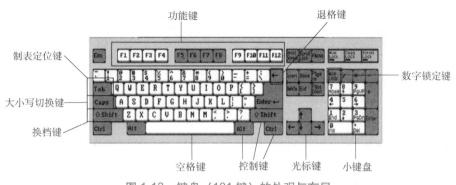

图 1-13 键盘（101 键）的外观与布局

2．鼠标

随着 Windows 操作系统的普及，鼠标已经成为计算机最重要的输入设备。鼠标因其外观而得名，分机械式鼠标、光学鼠标和光学机械鼠标 3 大类，如图 1-14 所示。

① 机械鼠标：又称机电式鼠标，其分辨率高，但编码器会受磨损。

② 光学鼠标：光学鼠标维护方便，可靠性和精度都较高。缺点是分辨率的提高受到限制。

③ 光学机械鼠标：光学机械鼠标又称光电鼠标，是光学、机械的混合形式。现在大多数高分辨率的鼠标多是光电鼠标。

鼠标又可分为有线和无线两类。无线鼠标以红外线遥控，遥控距离一般在 2 m 以内。

用鼠标可以确定一个屏幕位置，用户只需轻轻滑动鼠标就可控制屏幕上指针的移动。鼠标上装有 2 个或 3 个按键，在 Windows 环境下，通过鼠标操作，可以选定项目、激活菜单、打开窗口以及运行程序。使用鼠标大大简化了用户对计算机的操作。

在便携式计算机上还配置了具有鼠标功能的跟踪球（Trace Ball）或触模板（Touch Pad）等。

3．扫描仪

扫描仪是一种图像输入设备，通过它可以将图像、照片、图形、文字等信息以图像形式扫描输入到计算机中。扫描仪如图 1-15 所示，是继键盘和鼠标之后的第 3 代计算机输入设备，目前正在被广泛使用。

图 1-14 鼠标

图 1-15 扫描仪

扫描仪的优点是可以最大程度的保留原稿面貌，这是键盘和鼠标所办不到的。通过扫描仪得到的图像文件可以提供给图像处理程序（如 Photoshop）进行处理。如果配上光学字符识别（OCR）程序，还可以把扫描得到的中西文字形转变为文本信息，以供文字处理软件（如 Word）进行编辑处理，这样就免去了人工输入的环节。

1.3.6 输出设备

1. 显卡和显示器

（1）显卡

显卡（Video Card）是系统必备的装置，其基本作用是控制计算机的图形输出，如图 1-16 所示。

显卡直接插在主板的扩展槽上或集成在主板芯片或 CPU 上，并和显示器连接，显卡的接口主要经历了 ISA、EISA、VESA、PCI、AGP、PCIE 等阶段，目前的显卡大部分是 PCIE × 16 接口或 CPU 内部集成显卡。

显示芯片是显卡的核心芯片，它的主要任务是把通过总线传输过来的显示数据在显示芯片中进行构建、渲染等处理，然后通过显卡的输出接口显示在显示器上，也就是具有加速图形处理的功能，相对于 CPU 而言，常常将这种芯片称为 GPU，GPU 决定了显卡的档次和大部分性能。

购买显卡关键是看显卡的显存大小及芯片的生产厂商，目前市场上所售显卡的显存至少为 1 GB，高端显卡可达 12 GB。

（2）显示器

显示器是微机最主要的输出设备，用于显示用户输入的命令和数据，正在编辑的文件、图形、图像，以及计算机所处的状态等信息。程序运行的结果、执行命令的提示信息等也通过显示器提供给用户。显示器如图 1-17 所示。

图 1-16　显卡　　　　　　　　　　图 1-17　CRT 显示器和液晶显示器

从显示的颜色区分，显示器可分为单色和彩色两类。单色显示器只能提供两种颜色。彩色显示器可以显示 16 色、256 色，以及 2^{16} 和 2^{24} 这样的真彩色，其提供色彩的能力与显卡及显卡的设置有关。

从显示器的尺寸大小区分，显示器有 19 英寸、22 英寸、27 英寸等。

从所使用的显示管区分，有传统的 CRT（Cathode-Ray-Tube，阴极显示管）显示器和 LCD（Liquid Crystal Display，液晶）显示器。与传统的 CRT 显示器相比，LCD 显示器具有体积小、厚度薄、重量轻、耗能少、无辐射等优点。

2. 打印机

打印机是计算机重要的输出设备。目前使用的打印机主要有点阵打印机、喷墨打印机、激光打印机和热升华打印机，如图 1-18 所示。

图 1-18　四种类型打印机

（1）点阵打印机

点阵打印机是利用打印钢针组成的点阵来表示打印的内容。它的特点是结构简单、价格低、耗材便宜、打印内容不受限制。缺点是打印速度慢、噪声大、打印质量粗糙。点阵打印机根据打印头上的钢针数，可分为 9 针打印机和 24 针打印机。根据打印的宽度可分为宽行打印机和窄行打印机。点阵打印机目前仍有一定的市场。

（2）喷墨打印机

使用喷墨来代替针打，利用振动或热喷管使带电墨水喷出，在打印纸上绘出文字或图形。喷墨打印机噪声低、重量轻、清晰度高，可以喷打出逼真的彩色图像，但是需要定期更换墨盒，使用成本较高。目前的喷墨打印机有黑白和彩色两种类型。

（3）激光打印机

激光打印机实际上是复印机、计算机和激光技术的复合。它应用激光技术在一个光敏旋转磁鼓上写出图形及文字，再经过显影、转印、加热固化等一系列复杂的工艺，最后把文字及图像印在打印纸上。激光打印机无噪声、速度快、分辨率高。目前的激光打印机有黑白和彩色两种类型。

（4）热升华打印机

将四种颜色 (青色、品红色、黄色和黑色，简称 CMYK) 的固体颜料（称为色卷）设置在一个转鼓上，这个转鼓上面安装有数以万计的半导体加热元件，当这些加热元件的温度升高到一定程度时，就可以将固体颜料直接转化为气态，然后将气体喷射到打印介质上。每个半导体加热元件都可以调节出 256 种温度，从而能够调节色彩的比例和浓淡程度，实现连续色调的真彩照片效果。目前的彩色打印机中，热升华打印机的输出效果最好，缺点是打印成本较高。

3．绘图仪

常见的绘图仪有两种：平板式与滚筒式。平板式绘图仪通过绘图笔架在 x、y 平面上移动而画出向量图。滚筒式绘图仪的绘图纸沿垂直方向运动，绘图笔沿水平方向运动，由此画出向量图。最大的平板式绘图仪可绘 0 号图纸，小的可绘 4 号图纸，其直观性好，对绘图纸无特殊要求，但绘图速度较慢，占地面积大。滚筒式绘图仪重量轻、占地面积小、绘图速度快，但对纸张有特殊要求。滚筒式绘图仪如图 1-19 所示。

图 1-19　滚筒式绘图仪

1.4 数制及数制的转换

1.4.1 进位计数制

按进位方式进行计数的数制，叫做进位计数制。在日常生活和学习中，人们最熟悉的是十进制。此外，60 分钟为 1 小时采用的是六十进制，7 天为 1 周采用的是七进制，12 个月为 1 年采用的是十二进制等。但在计算机内部，信息的表示依赖于机器硬件的电路状态并采用二进制形式，只有 "0" 和 "1" 两个数码，这样便于用物理器件或数字电路的两种稳定状态来表示。二进制运算线路比较简单、易于实现。

二进制数在书写和阅读时容易出错，为了便于记录和阅读，人们常将二进制数转换为八进制或十六进制数。

1. 十进制

十进制（Decimal）的计数规则如下。

① 有 10 个不同的数码：0，1，2，3，4，5，6，7，8，9。

② 每位逢十进一。

我们把一种进位计数制所拥有数码的个数，叫做该进位计数制的基数。十进制有 10 个数码，基数为 10。

一个十进制数可以写成一个多项式的形式，例如，756.34 可以写成：

$$756.34 = 7 \times 10^2 + 5 \times 10^1 + 6 \times 10^0 + 3 \times 10^{-1} + 4 \times 10^{-2}$$

在十进制中，对于任意一个有 n 位整数、m 位小数的数 x 都可以展开为如下的多项式形式：

$$(x)_{10} = k_{n-1} \times 10^{n-1} + k_{n-2} \times 10^{n-2} + \cdots + k_0 \times 10^0 + k_{-1} \times 10^{-1} + \cdots + k_{-m} \times 10^{-m}$$

式中：k_i 取数码 0，1，$\cdots$，9 中的一个，m、n 为正整数。

从上式可以看出，同一数字处在不同的数位上，它所代表的数值大小是不同的。一个数位所对应的常数（10^i），称为该数位的 "位权"，简称为 "权"。位权是一个指数，指数的底是该进位计数制的基数。因此，进位计数制中一个数字的值等于该数字本身乘以其所在数位的位权。

2. 二进制

二进制（Binary）的计数规则如下。

① 有两个不同的数码：0，1。

② 每位逢二进一。

二进制数 11101.01 可以写成如下的多项式形式：

$$11101.01 = 1 \times 2^4 + 1 \times 2^3 + 1 \times 2^2 + 0 \times 2^1 + 1 \times 2^0 + 0 \times 2^{-1} + 1 \times 2^{-2}$$

同样，对于任意一个有 n 位整数、m 位小数的二进制数 x 也可以展开为如下的多项式形式：

$$(x)_2 = k_{n-1} \times 2^{n-1} + k_{n-2} \times 2^{n-2} + \cdots + k_0 \times 2^0 + k_{-1} \times 2^{-1} + \cdots + k_{-m} \times 2^{-m}$$

式中：k_i 取数码 0，1 中的一个，m、n 为正整数。

3. 八进制

八进制（Octal）的计数规则如下。

① 有 8 个不同的数码：0，1，2，3，4，5，6，7。

② 每位逢八进一。

一个八进制数316.74可以写成如下的多项式形式：

$$316.74 = 3 \times 8^2 + 1 \times 8^1 + 6 \times 8^0 + 7 \times 8^{-1} + 4 \times 8^{-2}$$

4．十六进制

十六进制（Hexadecimal）的计数规则如下。

① 有16个不同的数码：0，1，2，3，4，5，6，7，8，9，A，B，C，D，E，F。

② 每位逢十六进一。

其中，数码A、B、C、D、E、F代表的数值分别对应十进制数的10、11、12、13、14、15。

十六进制数4C21.A5的按权相加展开式为：

$$4C21.A5 = 4 \times 16^3 + 12 \times 16^2 + 2 \times 16^1 + 1 \times 16^0 + 10 \times 16^{-1} + 5 \times 16^{-2}$$

一般地，对于一个有n位整数、m位小数的r进制数$(x)_r$，其按权相加展开式为：

$$(x)_r = k_{n-1} \times r^{n-1} + k_{n-2} \times r^{n-2} + \cdots + k_0 \times r^0 + k_{-1} \times r^{-1} + \cdots + k_{-m} \times r^{-m}$$

式中：m、n为正整数，数码k_i可以是0，1，2，…，r-1中的任意一个。

1.4.2 不同数制之间数的转换

1．十进制与二进制之间的转换

（1）二进制数转换为十进制数

把二进制数写成按权展开式后，其积相加，和数就是对应的十进制数。

【例1-1】将下面各数转换为十进制数。

① $(110111)_2$ ② $(11.01)_2$

解：① $(110111)_2 = 1 \times 2^5 + 1 \times 2^4 + 0 \times 2^3 + 1 \times 2^2 + 1 \times 2^1 + 1 \times 2^0$

$= 32 + 16 + 0 + 4 + 2 + 1$

$= (55)_{10}$

② $(11.01)_2 = 1 \times 2^1 + 1 \times 2^0 + 0 \times 2^{-1} + 1 \times 2^{-2}$

$= 2 + 1 + 0 + 0.25$

$= (3.25)_{10}$

（2）十进制数转换为二进制数

要把一个十进制数转换为二进制数，其整数部分与小数部分须分别转换，然后将两部分合并，即可得到转换结果。对于一个十进制的整数或纯小数而言，转换整数或小数即可。

① 整数部分的转换——除2取余。连续用该数除以2，得到的余数（0或1）分别为k_0，k_1…直到商为0为止。将所有余数$k_{n-1}k_{n-2}\cdots k_1 k_0$排列起来，即为所转换的二进制整数。

② 小数部分的转换——乘2取整。将十进制数的小数部分连续乘以2，乘积的整数部分（0或1）就是k_{-1}，k_{-2}，…，k_{-m}，直至乘积为0或达到所需的精度为止。$0.k_{-1}k_{-2}\cdots k_{-m}$就是求得的二进制小数。

【例1-2】把$(25.625)_{10}$转换为二进制数。

解：① 整数部分。用25除以2，商12余1；再用12除以2，商6余1……直到商等于0。

$0 \leftarrow 1 \leftarrow 3 \leftarrow 6 \leftarrow 12 \leftarrow 25$

$\downarrow \quad \downarrow \quad \downarrow \quad \downarrow \quad \downarrow$

1　1　0　0　1　　余数

(k_4) (k_3) (k_2) (k_1) (k_0)

② 小数部分。0.625 乘 2 等于 1.25，取出整数部分的 1 后，用小数部分 0.25 再去乘 2……直到乘积为 0 或达到所需的精度。

$$0.625 \rightarrow 0.250 \rightarrow 0.500 \rightarrow 0.000$$

$$\downarrow \quad\quad \downarrow \quad\quad \downarrow$$

积的整数部分　　　1　　　 0　　　 1

$$(k_{-1}) \quad (k_{-2}) \quad (k_{-3})$$

所以，转换结果为：$(25.625)_{10}=(11001.101)_2$

2．十六进制与二进制之间的转换

（1）二进制数转换为十六进制数

转换方法为：从小数点开始向左、右划分，每 4 位二进制数为一组，不足 4 位的用 0 补足，然后按照"数值相等"的原则（参考表 1-2），把 4 位二进制数转换为一位十六进制数即可。

表 1-2　二进制数与十六进制数对照表

二 进 制 数	十六进制数	二 进 制 数	十六进制数
0000	0	1000	8
0001	1	1001	9
0010	2	1010	A
0011	3	1011	B
0100	4	1100	C
0101	5	1101	D
0110	6	1110	E
0111	7	1111	F

【例 1-3】将 $(111011.0110101)_2$ 转换为十六进制数。

解：二进制数　 0011 1011 . 0110 1010

$$\downarrow \quad \downarrow \quad\quad \downarrow \quad \downarrow$$

十六进制数　3　　B　.　6　　A

转换结果为：$(111011.0110101)_2=(3B.6A)_{16}$

（2）十六进制数转换为二进制数

转换方法为：按"数值相等"的原则，把每个十六进制数用 4 位二进制数表示。

【例 1-4】把 $(20E.4C)_{16}$ 转换为二进制数。

解：十六进制数　2　 0　 E　.　4　 C

$$\downarrow \quad \downarrow \quad \downarrow \quad\quad \downarrow \quad \downarrow$$

二进制数　 0010 0000 1110 . 0100 1100

转换结果为：$(20E.4C)_{16}=(001000001110.01001100)_2$

$$=(1000001110.010011)_2$$

3．八进制与二进制之间的转换

（1）二进制数转换为八进制数

由于每 3 位二进制数相当于 1 位八进制数，所以，从小数点开始向左、右划分，每 3 位二进制数为一组，不足 3 位的用 0 补足，即可将二进制数转换为八进制数。

（2）八进制数转换为二进制数

将每个八进制数用 3 位二进制数表示即可。

4．十进制与十六进制之间的转换

（1）十六进制数转换为十进制数

把一个十六进制数按权展开，再相加，就得到其对应的十进制数。

【例 1-5】将 $(2D.38)_{16}$ 转换为十进制数。

解：$(2D.38)_{16}=2 \times 16^1+13 \times 16^0+3 \times 16^{-1}+8 \times 16^{-2}$

$\qquad\qquad\quad =32+13+0.1875+0.03125$

$\qquad\qquad\quad =(45.21875)_{10}$

（2）十进制数转换为十六进制数

将十进制数转换为十六进制数，其方法与十进制数转换为二进制数时类似："整数部分除 16 取余；小数部分乘 16 取整"。但因对基数 16 使用口算进行乘除运算比较困难，所以，通常先将一个十进制数转换为二进制数，再把二进制数每 4 位一组写成十六进制数。

【例 1-6】将 $(356)_{10}$ 转换为十六进制数。

解：$(356)_{10}=(101100100)_2=(164)_{16}$

5．十进制与八进制之间的转换

（1）八进制数转换为十进制数

把一个八进制数按权展开，再相加，就得到其对应的十进制数。

（2）十进制数转换为八进制数

将一个十进制数转换为八进制数，方法与十进制数转换为十六进制数时类似，但通常也不采用"整数部分除 8 取余，小数部分乘 8 取整"，而是先将十进制数转换为二进制数，再把转换得到的二进制数每 3 位一组写成八进制数。

1.5 计算机信息编码

计算机在处理各种信息时，无论是声音、图像还是数字、符号、汉字等，在计算机内部，都是以二进制编码的形式出现的。不同信息的编码原理各不相同，本节介绍的是数、字符和汉字的若干编码方法。

1.5.1 数的编码

1．BCD 码

在计算机内部采用二进制表示和处理数值型数据，但由于人们习惯使用十进制数，所以在计算机输入、输出时仍采用十进制数。十进制数在计算机中也需用二进制编码表示，其编码方式多种多样，其中 BCD 码（Binary-Coded Decimal Notation）比较常用。

在 BCD 码中，每一位十进制数用 4 位一组的二进制编码表示，组与组之间仍然遵循"逢十进一"的进位规则。BCD 码选取了 4 位二进制编码中的前十个编码 0000 ～ 1001。4 位二进制编码从左到右，各位的"权"分别为 8、4、2、1，因此，BCD 码又称为 8421 码。表 1-3 所示为十进制数与 BCD 码的对应关系。

表 1-3　十进制数与 BCD 码的对应关系

十 进 制 数	BCD 码	十 进 制 数	BCD 码	十 进 制 数	BCD 码
0	0000	4	0100	8	1000
1	0001	5	0101	9	1001
2	0010	6	0110	10	0001 0000
3	0011	7	0111	100	0001 0000 0000

BCD 码具有二进制的形式，又具有十进制的特点。它可以作为人们与计算机联系时的一种中间表示。一个十进制数用 BCD 码表示时，只要把这个十进制数的每一位用 BCD 码进行转换即可，反之亦然。例如：

$(158.79)_{10}=(0001\ 0101\ 1000\ .\ 0111\ 1001)_{BCD}$

$(0011\ 0100\ 0101\ 1000\ 0110)_{BCD}=(34586)_{10}$

2. 有符号数的编码

在日常工作和生活中，人们不仅要处理无符号数，还会遇到有符号数。在计算机内部，所有信息都是以二进制数码来表示的，符号"+"和"-"也不例外。通常，我们将一个二进制数的最高位作为符号位，用"0"表示"+"，用"1"表示"-"。

计算机中有符号数的编码有 3 种方式：原码、反码和补码。

对于任何正数，这 3 种编码都相同，但是原码、反码和补码负数的表示形式各不相同。下面，以整数为例讨论有符号数的表示方法。

（1）原码

原码表示法规定：最高一位用作符号位，用"0"表示正数，用"1"表示负数，其后的数值部分用二进制数来表示数的绝对值。例如：

$[+37]_{原}=00100101$　　$[-37]_{原}=10100101$

从上例可以看出，两个符号相异、绝对值相同的数的原码，除了符号位以外，其他位都是相同的。

原码表示法简单易懂，但对应的运算电路比较复杂。例如，两数相加时，同号时做加法，异号时则要做减法，既要考虑进位，还可能发生借位，是相当麻烦的。因此，需要寻求更适合计算机使用的有效的编码方法。

（2）反码

反码表示法规定：正数的反码和原码相同，负数的反码是对该数的原码除符号位外各位求反（即 0 变成 1，1 变成 0）。例如：

$[+55]_{反}=00110111$　　$[-55]_{反}=11001000$

引入反码的目的是为了获得负数转换为补码的简便方法，反码通常作为求取补码过程的中间形式。

（3）补码

补码表示法规定：正数的补码和原码相同，负数的补码是先对该数的原码除符号位外各位求反，然后在末位（最后一位）加 1。例如：

[+10]$_补$=00001010　　[−10]$_反$=11110101　　　　[−10]$_补$=11110110

[+1]$_补$=00000001　　　[−1]$_反$=11111110　　　　　[−1]$_补$=11111111

引进补码后，符号位可以和数值部分一起参加运算，从而简化了运算规则。同时加减法运算都可以用加法运算来实现，进一步简化了运算电路设计。

1.5.2　字符的编码

计算机不仅能够处理数值数据，还能处理符号、字母、数字（作为字符出现）等非数值数据。非数值数据同数字一样，是按照一定的规则，用一组二进制编码来表示的。字符的编码方式有多种，现在国际上广泛采用美国标准信息交换代码（American Standard Code for Information Interchange，ASCII），如表 1-4 所示。

表 1-4　ACSII 码表

低位码＼高位码	000	001	010	011	100	101	110	111
0000	NUL	DLE	SP	0	@	P	`	p
0001	SOH	DC1	!	1	A	Q	a	q
0010	STX	DC2	"	2	B	R	b	r
0011	EXT	DC3	#	3	C	S	c	s
0100	EOT	DC4	$	4	D	T	d	t
0101	ENQ	NAK	%	5	E	U	e	u
0110	ACK	SYN	&	6	F	V	f	v
0111	BEL	ETB	'	7	G	W	g	w
1000	BS	CAN	(	8	H	X	h	x
1001	HT	EM	)	9	I	Y	i	y
1010	LF	SUB	*	:	J	Z	j	z
1011	VT	ESC	+	;	K	[	k	{
1100	FF	FS	,	<	L	\	l	|
1101	CR	GS	-	=	M	]	m	}
1110	SO	RS	.	>	N	^	n	~
1111	SI	US	/	?	O	_	o	DEL

ASCII 由 7 位二进制代码组成，可表示 128 个字符（2^7 = 128），其中包括 52 个大、小写英文字母，10 个阿拉伯数字（0～9），33 个控制码和 33 个标点和运算符号。

表 1-4 的前两列和最后一列的最后一个（DEL）为控制码，利用它们可以控制机器进行某种操作。控制码均为不可显示字符。其余 95 个代码所代表的是可显示字符，即可以打印、可以显示的字符。

1.5.3　一维条形码

条形码（Bar Code）技术起源于美国，由统一产品编码委员会（Uniform Product Code

Council）于 1973 年创建，这就是现在的统一产品编码（UPC）规范。UPC 应用成功之后，欧洲物品编码协会（European Article Numbering Association）于 1977 年成立，并创建了一个用于北美以外地区的兼容系统，这就是现在的欧洲物品编码（EAN）规范。2005 年 2 月，GS1 组织正式成立，来对 UPC 和 EAN 进行统一管理，这就是现在所谓的 GS1 体系。GS1 的官方网址是 https://www.gs1.org/，条形码及二维码等相关的技术资料都可以在这里找到。

GS1 体系标准的创建目标是提高业务流程的效率，以及通过使用全球唯一标识（Globally Unique Identification，GUI）来降低运营成本。

条形码技术的核心内容是通过利用光电扫描设备识别和读取这些条形码符号来实现机器的自动识别，并快速、准确地把数据录入计算机进行数据处理，从而达到自动管理的目的。条形码技术的应用解决了数据录入和数据采集的瓶颈问题，为物流管理提供了有利的技术支持。

条形码技术的研究对象主要包括标准符号技术、自动识别技术、编码规则、印刷技术和应用系统设计 5 个部分。

1. 识别原理

条码符号是由反射率差别最大的"黑条"和"空"（白条）按照一定的编码规则组合起来的一种信息符号。由于条码符号中"条""空"对光线具有不同的反射率，从而使条码扫描器接收到强弱不同的反射光信号，相应地产生电位高低不同的电脉冲。而条码符号中"条""空"的宽度则决定电位高低不同的电脉冲信号的长短。扫描器接收到的光信号需要经光电转换成电信号并通过放大电路进行放大。由于扫描光点具有一定的尺寸、条码印刷时的边缘模糊性以及一些其他原因，经过电路放大的条码电信号是一种平滑的起伏信号，这种信号被称为"模拟电信号"。"模拟电信号"需经整形变成通常的"数字信号"。根据码制所对应的编码规则，译码器便可将"数字信号"识读译成数字、字符信息。整个扫描及转换的过程如图 1-20 所示。

图 1-20　条码的扫描与转换

条形码扫描器一般由光源、光学透镜、扫描模组、模拟数字转换电路，以及塑料或金属外壳等构成。每种条形码扫描器都会对环境光源有一定的要求，如果环境光源超出最大容错要求，条形码扫描器将不能正常读取。

2. 条形码分类

在 GS1 的体系规范中，条码共分为 4 种系列，每种系列的具体样式如图 1-21 所示。

图 1-21　GS1 条码类型

每种系列的条码都有自己具体的应用场景，说明如下。

（1）EAN / UPC 系列

EAN / UPC 条码几乎印在世界上的所有消费品上。它们是所有 GS1 条形码中建立最久、使用最广泛的条形码。

（2）DataBar 系列

DataBar 条形码通常用于标记新鲜食品。除了在销售点使用的其他属性（例如物品质量）之外，这些条形码还可以保存诸如物品的批号或有效期之类的信息。

（3）一维（1D）条码

GS1-128 和 ITF-14 是用途广泛的一维条形码，可通过全球供应链跟踪物品。GS1-128 条码可以携带任何 GS1 ID 密钥，以及诸如序列号、有效期等信息。ITF-14 条码只能保存全球贸易商品编号（GTIN），适合在瓦楞纸上打印。

（4）二维（2D）条形码

二维（2D）条形码看起来像包含许多小的单个点的正方形或矩形。单个 2D 条形码可以保存大量信息，即使以小尺寸打印或蚀刻到产品上也可以保持清晰可读。从制造和仓储到物流和医疗保健，二维条码广泛用于各行各业。

每种系列的条码还会细分为不同的子类型，以满足更加具体的细节应用。

3. 条形码编码方式

每种类型的条形码都有自己特定的编码规范，这些编码规范可以在 GS1 官方的技术手册中找到。

此处以国内最常用的 EAN-13 条形码为例，说明条形码编码的相关技术要点。

EAN-13 条形码全部由数字 0 ~ 9 构成，总长度为 13 位数字且最后一位是校验位，每个数字采用 7 位二进制编码，这 7 位二进制又分为两黑和两白 4 个部分，不同的黑白组合用于表示不同的数字。

在条形码的前后各有一个边界标记"101"（即：黑白黑），它除表示条形码的开始和结束之外，还为扫码设备提供了用于表示"1"和"0"的"标准宽度",扫码设备可以据此识别出"条"和"空"所代表的"1"和"0"的数量;为保证扫码时不受方向的影响(即支持全向扫码),EAN-13 条码信息按 6 位数字一组分为左右两组,两组数字之间加入中界标记"01010"(即:白黑白黑白),而且左右两侧采用不同的二进制编码方案。

左侧使用编码方案 A,编码的特点是以"0"开始并以"1"结束,且"1"的个数为奇数;右侧使用编码方案 C,以"1"开始并以"0"结束,且"1"的个数为偶数,其实方案 C 的编码就是方案 A 编码的反码。

由于 EAN-13 条形码只能包含 12 位数字,但却要编码成 13 位数字(加 1 位校验数字),因此额外有一位数字要用特殊的方法来表示。方案 B 的作用就是和方案 A 组合使用来表示这一额外的数字(条形码中的第 1 个数字),表示方法是将左半部分的条码数字用方案 A 和 B 组合编码以表示不同的首位数字。例如一个书籍编号为"9787517003847",则首位数字 9 是由其后 6 位数字的编码方案组合形式倒推得到的,该组合方式是 7(A)8(B)7(B)5(A)1(A)7(A)。

最后说明一下 EAN-13 条码校验位的计算方法。计算过程是,将条码数字从个位(右侧)起的奇数位置上的数字取出求和并乘以 3,然后加上所有偶数位置上的数字并得到一个数值,最后用 10 减去该数值个位上的数即得到校验码。

例如有一个书籍编号为"9787517003847",其中最后一位"7"是校验位。该校验数字的计算方式是先求和:(4+3+0+1+7+7)×3+(8+0+7+5+8+9)=103,则校验位数值为:10-3=7。

4. 条形码申请与使用

条形码一个非常重要的应用领域是商业领域,并用于为不同的商品进行编码。因此,每种商品的生产、流通及销售等都必须符合法律和商业规范,这就要求商家要为每种需要使用条码的商品申请一个唯一的编码,以此制作的条码才具有合法性并允许流通使用。

条形码的编码管理也是分级的,也就是有国际管理机构,也有区域管理机构。通常申请条形码通过所在地的区域机构进行,比如国内商家就可以通过中国物品编码中心进行申请。根据相关的要求提供对应的材料,即可申请到属于自己商品的编码,之后将该编码制作成条码即可张贴在商品上使用。具体的申请要求及资费标准,请登录官方网站查询。

EAN-13 条形码的 12 位数字中,依次包括地域编码、商家编码以及商品编码等内容,可以唯一表示某个特定的商品。

最后说明一点,一个商品条码中的地域代码仅表示该编码是在该地域的管理机构申请的,并不表示相应商品是在该地域生产的,即并不能说明商品的产地。

1.5.4 二维条形码

二维条形码简称二维码,与一维条形码(Bar Code)相比它能存更多的信息,也能表示更多的数据类型。国内最常见的二维码是 QR Code,全称 Quick Response Code,是近年来流行的一种编码方式。

二维码(2-Dimensional Bar Code)是将某种特定的几何图形(方块,圆点)按一定规律摆放在二维平面上,从而形成分布的、黑白相间的、记录数据信息的图形;在代码编制上巧妙地利用构成计算机内部逻辑基础的"0""1"比特流的概念,使用若干个与二进制相对应的几何形体来表示文字数值信息,通过图像输入设备或光电扫描设备自动识读以实现信息自动处理。

1. 二维码的特点、分类与应用场景

在各种类型的二维条码中，最常用的码制有 Data Matrix、MaxiCode、Aztec、QR Code、Vericode、PDF417、Ultracode、Code 49、Code 16K 等。

二维码可以分为堆叠式（行排式）二维条码和矩阵式二维条码。

堆叠式（行排式）二维条码又称堆积式二维条码或层排式二维条码，其编码原理是在一维条码基础之上，按需要堆积成二行或多行。代表性的堆叠式二维条码有：Code 16K、Code 49、PDF417、Micro PDF417 等。图 1-22 所示即为一个堆叠式 PDF417 二维码。

矩阵式二维条码是在一个矩形空间通过黑、白像素在矩阵中的不同分布进行编码。在矩阵相应元素位置上，用"点"（方点、圆点或其他形状）的出现表示二进制"1"，用"空"（白）表示二进制的"0"，点的排列组合确定了矩阵式二维条码所代表的意义。代表性的矩阵式二维条码有 MaxiCode、QR Code、Data Matrix、Han Xin Code、Grid Matrix 等。图 1-23 所示即为一个矩阵式二维码。

除了这些常见的二维条码之外，还有 Vericode 条码、CP 条码、Codablock F 条码、田字码、Ultracode 条码及 Aztec 条码。

图 1-22　堆叠式二维码　　　　　　　　　图 1-23　矩阵式二维码

在日常生活中，二维码可以在如下场景中充分发挥作用。

- 信息获取，可以获取名片、地图、Wi-Fi 密码、资料等信息。
- 网站跳转，可以完成跳转到微博、手机网站、普通网站等功能。
- 广告推送，可以通过用户扫码，实现浏览商家推送的视频、音频广告等功能。
- 手机电商，可以通过用户扫码，完成手机直接购物下单的功能。
- 防伪溯源，可以通过用户扫码，来查看生产地等商品信息；同时后台也可以获取最终消费地的信息。
- 优惠促销，可以通过用户扫码，实现下载电子优惠券和抽奖等功能。
- 会员管理，用户通过手机即可获取电子会员信息，享受 VIP 服务等。
- 手机支付，用户扫描商品二维码，即可通过银行或第三方支付提供的手机端通道完成支付功能。
- 账号登录，用户通过扫描二维码进行各种网站或软件的登录功能。

2. 二维码的构成要素

不同类型二维条码在大小和样式上各不相同，但识别方式都是以矩阵图形的方式来进行。由于拍摄的环境和角度等各种因素的影响，二维码中需要加入一些结构元素来保证识别工作的正常进行。

QR 码（Quick Response Code）是国内最常用的二维码，它是 1994 年由日本 DW 公司发明。QR 码共有 40 种不同的尺寸（Version，版本）。Version 1 是 21 × 21 的矩阵，Version 2 是 25 × 25 的矩阵，Version 3 是 29 × 29 的矩阵，即 Version 每增加 1，QR 码矩阵的大小就会增加 4，Version

最高为 40，它是一个 177×177 的正方形矩阵。图 1-24 所示即为一个 45×45 大小的 v7 版本的 QR 二维码。

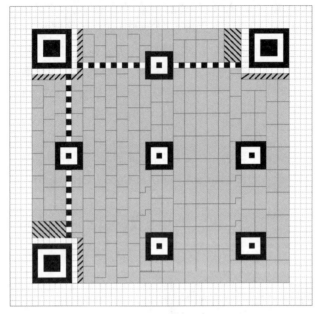

图 1-24　QR 二维码 V7（45×45）

QR 二维码中的图案由两部分构成：一是数据编码区域（Encoding Region），图 1-24 中的灰色区域即为此类；其余的二维码图案即为功能图案（Function Patterns）。

QR 二维码中的功能图案又分为静默区域、探测图案、分隔条、节拍图案和校准图案 5 种，说明如下。

- 静默区域（Quiet Zone），环绕图案四周的空白区域，用于将二维码图案与其他图案区分开来。在 QR 码的技术规范中，静默区域应该是 4 个模块（Modules）宽度。

💡 **说　明：**

模块（Modules）指图案中的最小元素，即一个黑块或白块。

- 探测图案（Finder Pattern）▣，指的是位于 QR 码左上、左下和右上角的三个完全相同的"黑－白－黑"正方形图案，功能是帮助确定 QR 码图案的覆盖区域。该图案的最内层是一个 3×3 模块黑色块，紧贴着的外层是一个 1 模块宽度的白色框，最外层是一个 1 模块宽度的黑色框。
- 分隔条（Separator）└，紧贴在每个探测图案外层，宽度为 1 个模块，颜色为"白色"，形状类似于大写字母"L"。其功能是将探测图案与数据编码区域分隔开。
- 节拍图案（Timing Patterns）▮▯▮，有水平和垂直各一条，宽度为 1 个模块，位置分别在顶部第 7 行和左侧第 7 列，紧贴并连接在两个"分隔条"之间，图案为"黑白"相间并且以"黑色"模块开始与结束。其功能有两个：一是确定 QR 码图案的密度与版本信息，再就是提供基准位置信息以确定图案的坐标方向。
- 校准图案（Alignment Patterns）▣，该图案在版本 2 及以上的 QR 码中才会出现。

除了最里层是一个单一模块外，图案的制式与"探测图案"相同。QR 码中校准图案的数量及放置位置在其技术规范中也有明确的规定，如图 1-24 所示。校准图案作用是帮助解码软件重新调整图像中模块的坐标映射，尤其是当图像有少许变形的情况发生时。

QR 二维码的数据编码区域又分为格式信息（Format Information）区域、版本信息（Version Information）区域和数据加纠错的编码字（Codewords）区域三个部分。其中，格式信息位于图 1-24 中标记为∕的区域，在 3 个探测图案的旁边；版本信息位于图 1-24 中标记为∖的区域，是两个 3×6 的模块区，版本信息只在版本 7 及以上的 QR 码中存在；其余的灰色区域即为数据加容错的编码字区域。

3．二维码的编码过程

本节以国内使用最广泛的 QR 码为例，简单说明一下其编码的基本过程。QR 码的编码过程大致分为如下 7 个步骤，说明如下。

（1）数据分析（Data Analysis）

这一步要做的工作，首先是分析输入数据流以确定要编码的字符种类。其次是确认纠错级别。纠错级别由低到高分为 L、M、Q、H 四级，级别越高则校验码信息的占比就越高，而实际信息的容量就越小。最后是确定所采用的 QR 码版本，这与总的信息量有关，所选择的版本必须能容纳所有数据信息。

（2）数据编码（Data Encoding）

此步骤要做的工作，首先是依照有效的模式规则将数据字符转换为二进制流。其次是将转换后的二进制流拆分成多个 8 bit 的编码字，必要时还要根据版本的要求添加填充字符（Pad Characters），以满足相应版本对编码字的数量要求。

（3）编制纠错码（Error Correction Coding）

此步骤要做的工作，首先是将步骤（2）产生的数据编码字序列拆分成指定数量的组（Groups）和块（Blocks），使每个块中包含指定数量的编码字。其次是利用"里得 - 所罗门"算法生成每个块的纠错编码字。

（4）结构化最终信息（Structure Final Message）

此步骤要做的工作，首先是将步骤（2）和步骤（3）产生的编码字按照数据码在前纠错码在后的顺序交错排列产生一组新的编码字序列。其次，如果 QR 码的编码区域在编制 8 位编码字后有剩余（残余区域），还需要用"0"填满该区域。

（5）模块填入矩阵（Module Placement in Matrix）

本步骤的工作就是将步骤 4 产生的编码字序列按顺序填入二维码矩阵的编码区域。填入的顺序是从右下角开始，然后按从右向左和从下向上的方向按位逐位填入，遇到功能区域时则自动跳过。

（6）数据掩码（Data Masking）

为了使 QR 码图案在视觉上明暗更均衡和容易读取和识别，在步骤（5）完成后，还需要对编码区域使用数据掩码做最后的调整。

（7）加入格式和版本信息（Format and Version Information）

这是最后一个步骤，工作内容是将版本信息、纠错级别信息和所使用的掩码信息通过特定的方法生成一个 15 bit 的格式信息，然后将其填入二维码的格式区即可。

将编码区域的中的"0"和"1"分别用"白色"和"黑色"模块表示，一个 QR 二级码就制作完成了。

最后需要说明的是，二维码的方便性并不等同于安全性，一些带有恶意链接信息的二维码会导致木马和病毒之类的 App 悄然安装到智能设备中，所以改进技术与防范二维码的滥用正成为一个亟待解决的问题。

1.5.5　汉字的编码

汉字在计算机内部也是以二进制代码的形式出现的，但由于汉字的数量庞大、字形复杂，其编码较西文字符要复杂得多。在输入、输出、存储等各个环节中，要涉及多种汉字编码，如汉字输入码、汉字机内码、汉字字形码等。

1．汉字输入码

汉字输入码与输入汉字时所用的汉字输入方法有关，同一个汉字在不同的输入方案下，产生的输入码是不同的。国内先后研制的汉字输入方案多达数百种，可分为音码、形码、音形码、数字码等几大类。常用的汉字输入法有全拼、双拼、区位码、快速码、自然码、五笔字型、首尾码、电报码等。

2．汉字机内码

用户从键盘上把一个汉字输入码输入到计算机时，将由系统自动完成从输入码到机内码的转换。汉字的机内码采用了较为统一的编码，目前国内大多使用两字节的变形国标码。

国标码是我国国家标准局 1981 年颁布的《信息交换用汉字编码字符集　基本集》所规定的汉字编码。该字符集包括汉字、各种数字和符号，共计 7 445 个。根据编码需要，将这些汉字和符号分成 94 个区，每区 94 位。采用十进制编码，由区号和位号 4 位十进制数组成区位码，如 16 区 1 位的汉字"啊"的区位码为"1601"。

区号和位号从 01 ~ 94，对应的十六进制为 01H ~ 5EH，为了避开 ASCII 中的控制符，将它们分别加上 32（20H）后，其十六进制为 21H ~ 7EH，这就是汉字的国标码。

国标码是 7 位二进制编码，与 ASCII 中的可显示字符重复。例如，"啊"的国标码是"30H"和"21H"。作为 ASCII，"30H"和"21H"分别代表"0"和"!"。在这种情况下，计算机无法判断某个字节代表的到底是 ASCII，还是汉字编码的一半。因此，需要将国标码再作某种变形处理。方法是将两个字节的国标码分别再加 128（80H），将此变形国标码作为汉字的机内码，如"啊"的机内码为"B0H，A1H"。

3．汉字字形码

在计算机的输出设备上表示汉字时，往往需要汉字的字形信息。例如，显示汉字或打印汉字时，都与汉字的形状有关。为了用数字化的方式来描述汉字的字形，一般可用点阵的方式形成汉字。汉字字形码就是确定汉字字形的点阵代码。将汉字点阵代码按一定顺序排列起来，就组成了汉字字模库，即"汉字库"。

图 1-25 是汉字"中"的 16×16 字模、位代码和点阵码。

汉字点阵有 16×16、24×24、32×32、48×48 等，点阵数越多，表示的字形信息越完整，显示的汉字越精细。

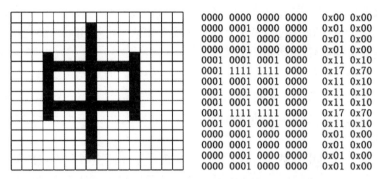

图 1-25 汉字"中"的 16×16 字模、位代码和点阵码

字体不同，组成汉字的点阵也不同，例如，有"宋体字库""楷体字库""黑体字库"等不同的汉字库。

除字模点阵码外，汉字还有矢量编码，能够实现汉字字形无失真的任意比例缩放。

4．Unicode 国际标准

为了表示世界上绝大多数国家的文字和符号，国际组织提出了 Unicode 标准，用十六进制 0~10FFFF 来映射所有字符，用来支持多种语言的信息交换。

具体实现时，Unicode 标准将唯一的码位按照不同编码方案映射为相应的编码，有 UTF-8、UTF-16、UTF-32 等多种编码方案。其中，UTF-8（8-bit Unicode Transformation Format）是一种可变长度字符编码，使用 1~4 个字节编码 Unicode 字符，又称"万国码"。UTF-8 的编码规则是如果只有一个字节则其最高二进制位为 0；如果是多字节，其第一个字节从最高位开始，连续的二进制位值为 1 的个数决定其编码的字节数，其余各字节均以 10 开头。UTF-8 的编码规则如下所示：

- 1 字节 0xxxxxxx
- 2 字节 110xxxxx 10xxxxxx
- 3 字节 1110xxxx 10xxxxxx 10xxxxxx
- 4 字节 11110xxx 10xxxxxx 10xxxxxx 10xxxxxx
- 5 字节 111110xx 10xxxxxx 10xxxxxx 10xxxxxx 10xxxxxx
- 6 字节 1111110x 10xxxxxx 10xxxxxx 10xxxxxx 10xxxxxx 10xxxxxx

因此 UTF-8 中可以用来表示字符编码的实际位数最多有 31 位，即上面 x 所表示的位。除去那些控制位（每字节开头的 10 等），这些 x 表示的位与 UNICODE 编码是一一对应的，位高低顺序也相同。

UTF-8 可用于在同一文件界面中显示中文简体繁体及其他语言（如英文、日文、韩文）。英文使用 1 B，欧洲文字使用 2 B，中文、亚洲文字使用 3 B。

1.5.6　多媒体信息编码

媒体是信息表示和传输的载体。多媒体是对多种媒体的融合，可以理解为直接作用于人感官的文字、图形、图像、动画、声音和视频等各种媒体的统称。这些多媒体信息虽然表现形式各不相同，但在计算机中都是以二进制表示，这就需要对各种媒体信息进行不同的编码。

1. 音频信息的数字化

声音是通过物体振动产生的声波。由物理学可知，复杂的声波由许许多多具有不同振幅和频率的正弦波组成。声波在时间和幅度上都是连续变化的，可用模拟波形表示。通常，把在时间和幅度上连续变化的信号称为模拟信号。

计算机无法处理模拟信号，因为计算机中是用有限字长的单元来存储、处理信息。若要用计算机对音频信息进行处理，就要将模拟信号转换为数字信号，这一转化过程称为模拟音频的数字化。数字信号就是时间和幅度都用离散的数字表示的信号。模拟音频的数字化过程包括采样、量化、编码。

采样和量化的过程可由模数（A/D）转换器实现。A/D 转换器以固定的频率去采样，经采样和量化的声音信号再经过编码后就成为数字音频信号，以数字波形文件保存在计算机的存储介质中。若要将数字声音输出，必须通过数模（D/A）转换器将数字信号转换成模拟信号。

（1）采样

采样的过程是每隔一定的时间间隔在模拟声音的波形上取一个幅度值，把时间上的连续信号变成时间上的离散信号。时间间隔称为采样周期，其倒数称为采样频率。

采样频率是指计算机每秒采集声音样本的数目。目前通用的采样频率有 3 个：44.1 kHz、22.05 kHz、11.025 kHz。采样频率越高，即把声波等分得越细，经过离散数字化的声波越接近于原始的声波，也就意味着声音的保真度越高，声音的质量越好。

（2）量化

采样只解决了音频波形信号在时间轴（即横轴）上把一个波形切成若干个等分的数字化问题，但每个等分的值即某一瞬间声波幅度的大小也需要用某种数字化的方法来反映。通常，把对声波波形幅度的数字化表示称为"量化"。

量化是将每个采样点得到的幅度值以数字存储。量化的过程是先将采样后的信号按整个波形的幅度划分成有限个区段的集合，把落入某个区段内的值样归并为一类，并赋予相同的量化值，如图 1-26 所示。如何分割采样信号的幅度呢？通常以 8 bit 或 16 bit 的方式来划分纵轴。也就是说，在一个以 8 bit 为记录模式的音效中，其纵轴将会被划分为 2^8 等级，用以记录其幅度大小。而一个以 16 bit 为采样模式的音效中，它在每一个固定采样的区间内所被采集的声音幅度，将以 2^{16} 个不同的量化等级加以记录，计算机将每一个间隔幅度值按照二进制数值存入存储器。

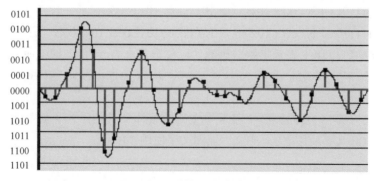

图 1-26　采样量化的过程

在相同的采样频率下，量化位数（即量化等级）越大，则采样精度越高，声音的质量越好，但占用的存储空间也相应越大。

（3）编码

模拟信号经过采样和量化以后，生成一系列的离散信号——脉冲数字信号。这种脉冲数字信号可以按照一定的方式进行编码。

所谓编码，就是将采样和量化后的数字数据以一定的格式记录下来，并在有效的数据中加入一些用于纠错、同步和控制的数据。

编码的形式很多，常用的编码方式是脉冲编码调制（Pulse Code Modulation，PCM）。PCM是把模拟信号转换为数字信号的一种调制方式，其主要优点是：抗干扰能力强、失真小、传输特性稳定，而且可以采用压缩编码、纠错编码和保密编码等来提高系统的有效性、可靠性和保密性。

2. 图像的数字化

在计算机中，图形与图像是一对既有联系又有区别的概念。

图形一般是指通过绘图软件绘制的有直线、园、圆弧、任意曲线等图元组成的画面。以矢量图形文件形式存储。矢量图形文件存储的是描述生成图形的指令，因此不必对图形中的每一点进行数字化处理。

图像是由扫描仪、数码照相机、数码摄像机等输入设备捕捉的真实场景画面的影像，是一种模拟信号。

图像的数字化是指将一幅真实的图像转变成为计算机能够接收的数字图像的过程。数字图像是以位图形式存储的，位图文件中存储的是构成图像的每个像素点的亮度、颜色。位图文件的大小与分辨率有关，放大和缩小会失真，占用的空间比矢量文件大。

数字图像以位图形式存储，如图 1-27 所示。该图像被均匀分成若干小方格，每一个小方格被称为一个像素，每个像素呈现不同的颜色（彩色）或层次（黑白图像）。如果是黑白图像，每个像素点仅需 1 位二进制表示；如果是灰度图像，每个像素点需要 8 位来表示 256（$2^8=256$）个黑白层次；如果是彩色 RGB 图像，每个像素点则需要 3 个 8 位来分别表示三原色：红、绿、蓝，即"24 位真彩色图像"。

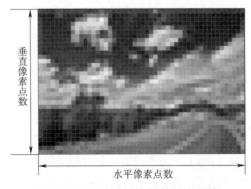

图 1-27　位图形式存储的数字图像

除了图像的颜色，人们通常还会关心图像的"尺寸"。图像尺寸一般指的是图像分辨率，即"水平像素点数 × 垂直像素点数"。图像是像素的集合，对每个像素进行编码，然后按一定顺序将所有编码组合在一起，就能构成整幅图像的编码。一幅图像需占用的存储空间是"水平像素点数 × 垂直像素点数 × 像素的位数"。例如一副图像分辨率是 640×480 像素的 24 位真彩色图像，需要占用的存储空间是 640×480×24/8=921 600 B=900 KB，是非常大的。因此，需要采用编码技术来压缩其信息量。

图像的编码既要考虑每个像素的编码，又要考虑如何组织行、列像素点进行存储。图像压缩通过分析图像行列像素点间的相关性来实现，压缩掉冗余的像素点，实现存储空间的降低。例如：原始数据为 00000000 00000010 00011000 00000000，压缩后的数据为 1110 0100 0000 1011，这里采用的压缩原则是用 4 位编码表示两个 1 之间 0 的个数。显然，压缩后的数据不能直接使用，所以使用前需要解压缩，恢复原来的形式。目前已出现很多种图像编码的方法，如 BMP（BitMap）、JPEG（Joint Photographic Group）、GIF（Graphic Interchange Format）、PNG（Portable Network Graphics）等。具体的图像编码方法可查阅相关资料进行深入学习。

编码压缩技术是实现图像传输与储存的关键。常见的有图像的预测编码、变换编码、分形编码、小波变换图像压缩编码等。

为了使图像压缩标准化，20 世纪 90 年代，国际电信联盟（ITU）、国际标准化组织 ISO 和国际电工委员会（IEC）制定一系列静止和活动图像编码的国际标准，已批准的标准主要有 JPEG 标准、MPEG 标准、H.261 等。

3. 视频信息的数字化

视频是由一系列的静态图形按照一定的顺序排列组成，每一幅称为一帧。电影、电视通过快速播放每帧画面，再加上人眼视觉效应便产生了连续运动的效果。当帧速率达到 12 帧/秒（12 fps）以上时，可以产生连续的视频显示效果。视频信息需要巨大的存储量。

视频数字化过程同音频数字化过程相似，也需要经过采样、量化和编码 3 个步骤。

（1）采样

采样是通过周期性地以某一规定时间间隔截取模拟信号，从而将模拟信号变换为数字信号的过程。视频信息的采样也用两个指标来衡量：一是采样频率，二是采样深度。

采样频率是指在一定时间、以一定的速度对单帧视频信号的捕获量，及以每秒所捕获的画面帧数来衡量。例如，要捕获一段连续的画面时，可以用每秒 25~30 帧的采样速度对该视频信号进行采样。采样深度是指经采样后每帧所包含的颜色位数（即色彩值），如采样深度为 8 位，每帧可达到 256 级单色灰度。

（2）量化

采样过程是把模拟信号变成时间上的脉冲信号，量化过程则是进行幅度上的离散化处理。

量化是对每个离散点——像素的灰度或颜色样本进行数字化处理，在样本幅值的动态范同内进行分层、取整，以正整数表示。采用有限个量化电平来代替无数个取样电平，使原来幅度连续变化的模拟信号变成一系列离散的量化电平值。

最佳量化的目标是使用最少的电平数实现最小量化误差。设计最佳量化器的方法有两种：一种是客观的计算方法，它根据量化误差的均方值为最小的原则，计算出判决电平和量化器输出的电平值；另一种是主观准则设计方法，它根据人眼的视觉特性设计量化器。一般说来，对于二进制方式，其量化比特数取为 8 位，因而其量化电平数为 2^8=256 级，基本满足人眼的视觉特性。因此，目前在数字视频领域广泛采用 8 位量化。

（3）编码

经采样和量化后得到的数字视频的数据量非常大，数据量的大小是帧乘以每幅图像的数据量。例如，要在计算机连续显示分辨率为 1 280×1 024 像素的 24 位真彩色高重量的电视图像，按每秒 30 帧计算，显示 1 分钟，则需要：

1 280（列）×1 024（行）×3（B）×30（帧／秒）×60（秒）≈6.6（GB）

一张 650 MB 的光盘只能存放 6 秒左右的电视图像，所以要对视频信号进行压缩编码。

视频信号压缩的目的标就是在保证视觉效果的前提下减少视频数据率。其方法是从时间域和空间域两方面去除冗余信息，减少数据量。编码技术主要有：帧内编码，也称空间编码，压缩时仅考虑本帧数据而不考虑相邻帧间的冗余信息，帧内压缩一般达不到很高的压缩比；另一种是帧间编码，也称时间编码，它通过比较在时间轴上不同帧的数据进行压缩，是基于视频连续的前后两帧变化很小的特点，这样可以大大减少数据量。

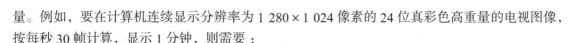

1.6　计 算 思 维

计算思维是以计算机科学与技术为基础，结合其他学科的知识来解决现实问题的一种思维方式，是现在及不远的将来人类全面进入计算机时代以后，人人都必须具备的基础能力。

1.6.1　计算思维的概念

2006 年 3 月，美国卡内基·梅隆大学计算机科学系主任周以真（Jeannette M. Wing）教授在美国计算机权威期刊 *Communications of the ACM* 杂志上给出并定义了计算思维（Computational Thinking）。周以真教授给出的定义是：计算思维是运用计算机科学的基础概念进行问题求解、系统设计，以及人类行为理解等涵盖计算机科学之广度的一系列思维活动。

为了让人更容易理解计算思维，周教授又将其进一步定义为：

- 通过约简、嵌入、转化和仿真等方法，把一个看来困难的问题重新阐释成一个已知问题如何解决的方法。
- 是一种递归思维，是一种并行处理，是一种把代码译成数据又能把数据译成代码，是一种多维分析推广的类型检查方法。
- 是一种采用抽象和分解来控制庞杂的任务或进行巨大复杂系统设计的方法，是基于关注分离的方法。
- 是一种选择合适的方式去陈述一个问题，或对一个问题的相关方面建模使其易于处理的思维方法。
- 是按照预防、保护及通过冗余、容错、纠错的方式，并从最坏情况进行系统恢复的一种思维方法。
- 是利用启发式推理寻求解答，即在不确定情况下的规划、学习和调度的思维方法。
- 是利用海量数据来加快计算，在时间和空间之间，在处理能力和存储容量之间进行折中的思维方法。

经过多年的实践与发展，计算思维在学术界也逐步达成一定的共识，那就是：

- 计算思维是一种思维过程，可以脱离计算机、互联网、人工智能等技术独立存在。
- 计算思维是人的思维而不是计算机的思维，是人用计算思维来控制计算设备，从而更高效、快速地完成单纯依靠人力无法完成的任务，解决计算时代之前无法想象的问题。

● 计算思维是未来世界认知、思考的常态思维方式，是人类理解并驾驭未来世界基本能力。

也就是说，计算思维教育不需要人人成为程序员、工程师，而是在未来时代拥有一种与其适配的思维模式。计算思维是人类在未来社会求解问题的重要手段，而不是让人像计算机一样机械地运转。

1.6.2 计算思维的方法论

计算思维实质上是针对各类问题的一种统一的解题思路，也就是普遍适用的解决问题的思维模式。既然是普适的就一定有着共同的解决问题的基本过程，因此在 2011 年，周以真教授再次更新计算思维的定义，提出计算思维应包括算法、解构、抽象、概括和调试五个基本要素。经过多年的具体实践，大家比较公认的计算思维必备 4 要素是解构、模式识别、抽象和算法设计，如图 1-28 所示。

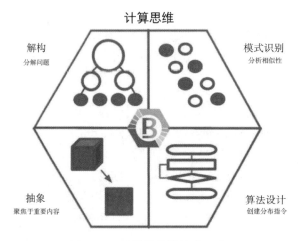

图 1-28　计算思维的构成要素

按照解决问题的过程步骤，将上述 4 个要素说明如下。

（1）解构（Decomposition）

也可译为"分解"，这一步骤的主要工作内容是把数据、过程或问题分解成更小的、易于管理的部分。我们可以形象地将"解构"理解为"大化小"。

（2）模式识别（Pattern Recognition）

这步工作的主要内容是分析理解简单问题的实质，寻找问题之间的联系，并将相似的问题归类在一起。这一步可以形象地理解为"小并小"。

（3）抽象（Abstraction）

这步工作的主要内容是将归类的问题抓住实质（重要内容）进行高度概括，为高效解决问题指引方向。这一步可以形象地理解为"概括小"。

（4）算法设计（Algorithmic Design）

这一步工作的主要内容是用切实可行的方法，解决每个小问题，以达到解决复杂问题的最终目标。具体来讲就是为解决每一类问题撰写一系列详细步骤。对该步骤的形象理解就是"解决小"。

总的来说，计算思维教育培养的是面向未来生活的解决问题的思考方式，也就是在未来全面利用计算机技术解决问题的情况下，适用于各种问题的一种通用的解题思路。因此，计算思维不仅会渗透到每个人的学习和生活中，还会影响其他学科的发展，创造并形成一系列新的学科分支。

习　题

一、简答题

1. 计算机的发展大致分为哪 4 个阶段？各个阶段所使用的标志性物理器件是什么？

2. 计算机按工作原理可分为哪几类？微型计算机属于其中哪一类？

3. 计算机硬件系统由哪几部分组成？软件系统可以分为哪几类？

4. 计算机程序设计语言分为哪几类？各有什么特点？

5. 简述计算机的工作原理。

6. 简述操作系统的功能。你所了解的操作系统有哪些？

7. 什么是位？什么是字节？常用哪些单位来表示存储器的容量？它们之间的换算关系是什么？

8. 微机中常用的输入 / 输出设备有哪些？

9. 微机中常用的外部存储器有哪些？

10. 简述原码、反码、补码的编码规则。

11. 完成下列不同数制之间数的转换。

（1）将以下十进制数转换为二进制数和十六进制数。

34，65，126，130，255，514，14.25，31.625，0.2

（2）将以下二进制数转换为十进制数和十六进制数。

1100，10111001，11.01，10111.1，10011110.1101

（3）将以下十六进制数转换为二进制数和十进制数。

10，25，102，3AC8，2E.13，10B.0C，110.05D

二、选择题

1. 微型计算机的发展经历了从集成电路到超大规模集成电路等几代的变革，各代变革主要是基于（　　　）。

    A. 存储器　　　　　　　　B. 输入 / 输出设备　　　C. 微处理器　　D. 操作系统完整的

2. 下面对计算机特点的说法中，不正确的是（　　　）。

    A. 运算速度快

    B. 计算精度高

    C. 具有逻辑判断能力

    D. 随着计算机硬件设备及软件的不断发展和提高，其价格也越来越高

3. 计算机系统由（　　　）组成。

    A. 运算器、控制器、存储器、输入设备和输出设备

B. 主机和外围设备

C. 硬件系统和软件系统

D. 主机箱、显示器、键盘、鼠标、打印机

4. 组成计算机 CPU 的两大部件是（　　　）。

　　A. 运算器和控制器　　　　　　　　　　B. 控制器和寄存器

　　C. 运算器和内存　　　　　　　　　　　D. 控制器和内存

5. 以下软件中，（　　　）不是操作系统软件。

　　A. Windows　　　　　　B. UNIX　　　　　　C. Linux　　　　D. Microsoft Office

6. 微型计算机的内存容量主要指（　　　）的容量。

　　A. RAM　　　　B. ROM　　　　　　C. CMOS　　　　　　D. Cache

7. 任何程序都必须加载到（　　　）中才能被 CPU 执行。

　　A. 磁盘　　　　B. 硬盘　　　　　　C. 内存　　　　　　D. 外存

8. 配置高速缓存是为了解决（　　　）。

　　A. 内存与外存之间速度的不匹配　　　B. CPU 与外存之间速度的不匹配

　　C. CPU 与内存之间速度的不匹配　　　D. 主机与外设之间速度的不匹配

三、填空题

1. 未来计算机将朝着微型化、巨型化、　_____　和智能化方向发展。

2. 世界上第一台微型计算机是　_____　位计算机。

3. 根据用途及其使用的范围，计算机可分为　_____　和专用机。

4. 微型计算机的主机由控制器、运算器和　_____　构成。

5. 操作系统包括处理机管理、设备管理、存储器管理、　_____　和作业管理五大类管理功能。

6. CPU 通过　_____　与外围设备交换信息。

7. 总线是连接计算机各部件的一簇公共信号线，由地址总线、数据总线和　_____　组成。

8. Cache 是介于　_____　之间的一种可高速存取信息的芯片。

9. 为了将汉字输入计算机而编制的代码，称为汉字　_____　码。

10. 为了能存取内存的数据，每个内存单元必须有一个唯一的编号，称为　_____　。

四、课外阅读

1. 请上网查阅有关计算机的两位奠基人：阿兰·图灵和冯·诺依曼的生平及重要贡献。

2. 请上网查阅最新的全球超级计算机 TOP500 排行榜情况，了解我国高性能计算计的研制能力。

3. 请写一份你的个人计算机硬件配置报告。

第2章

>>> 操作系统应用基础

计算机系统是由硬件系统和软件系统两大部分组成的，软件系统分为系统软件和应用软件两大类，系统软件用于管理计算机本身和应用程序，而操作系统是系统软件的核心与基石，其他所有软件都是基于操作系统运行的。本章主要讲述操作系统的概念、操作系统的基本功能、分类及发展，并以 Windows 10 操作系统为例，介绍如何使用操作系统管理和控制计算机的软硬件资源。

本章教学目标：

- 了解操作系统的基本功能和分类。
- 熟悉 Windows 10 的基本操作和系统管理。
- 掌握文件和文件夹的概念和管理。
- 掌握附件中常用小工具的使用。

2.1 操作系统概述

操作系统是管理计算机软硬件资源的程序。操作系统设计的主要目标是高效、方便和稳定。对于大型机来说，操作系统的主要目的是为充分优化硬件系统的利用率，使整个系统高效执行；个人计算机的操作系统是为了方便用户使用；掌上计算机的操作系统则是为用户提供一个可以与计算机方便交互并执行程序的环境。

本节通过跟踪操作系统的发展，从批处理系统、多道程序设计、分时系统到个人计算机系统，以及并行的、实时的、嵌入式的系统，讲述操作系统是什么、做什么，以及是怎样设计和构造的，同时也解释了操作系统的概念是如何发展的。

2.1.1 操作系统的定义

操作系统（Operating System，OS）是控制和管理计算机硬件资源和软件资源，并为用户提供交互操作界面的程序集合。操作系统是直接运行在"裸机"上的最基本的系统软件，任何其他软件都必须在操作系统的支持下才能运行。操作系统在整个计算机系统中具有极其重要的特殊地位，计算机系统可以粗分为硬件、操作系统、应用软件和用户四个部分，计算机系统层次结构如图 2-1 所示。

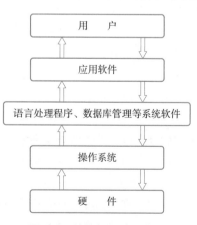

图 2-1 计算机系统层次图

从图 2-1 中可以看出，操作系统是用户和计算机的接口，同时也是计算机硬件和其他软件的接口。操作系统的功能包括管理计算机系统的硬件、软件及数据资源，控制程序运行，改善人机界面，为其他应用软件提供支持等，使计算机系统所有资源最大限度地发挥作用，提供了各种形式的用户界面，使用户有一个好的工作环境，为其他软件的开发提供必要的服务和相应的接口。

从不同的角度观察操作系统，可以得到不同的定义和解释。

从用户的使用角度看，操作系统是计算机系统的窗口和界面。当计算机配置了操作系统之后，用户就不再直接使用计算机硬件，而是利用操作系统所提供的命令和服务去使用计算机。对于这种情况，操作系统设计的主要目的是为了方便用户使用，性能是次要的，不大考虑资源利用率。

从资源管理角度看，操作系统是管理计算机系统资源的软件。计算机系统资源包括硬件资源（CPU、存储器、输入输出设备等）和软件资源（文件、程序、数据等）。操作系统负责控制和管理计算机系统中的全部资源，确保这些资源能被高效合理的使用，确保系统能够有条不紊的运行。根据操作系统所管理的资源的类型，可把整个操作系统分为处理机管理、存储器管理、设备管理、文件管理四大部分。其中，处理机管理负责 CPU 的运行和分配；存储器管理负责主存储器的分配、回收、保护与扩充；设备管理负责输入输出设备的分配、回收与控制；文件管理负责文件存储空间和文件信息的管理。

2.1.2 操作系统的基本功能

操作系统的主要功能是资源管理、程序控制和人机交互等。计算机系统的资源可分为设备资源和信息资源两大类。设备资源指的是组成计算机的硬件设备，如 CPU、存储器、打印机、显示器、键盘输入设备和鼠标等。信息资源指的是存放于计算机内的各种数据，如文件、程序库、数据库、系统软件和应用软件等。从资源管理的角度看，操作系统对计算机进行控制和管理的功能主要分为 CPU 管理、存储管理、设备管理、文件管理四个部分。

1. CPU 管理

CPU 是计算机系统中最重要的硬件资源，任何程序只有占有了 CPU 才能运行。计算机系统中程序分为系统类程序和应用类程序两种类型，系统类程序随系统启动并常驻内存中，以便实时响应系统调用；应用类程序通常存放在外存中，需要时再调入内存运行。

驻留内存的程序需要资源分配、运行调度、相互协调和通信等管理。存放在外存中的程序除了需要和常驻内存程序类似管理之外，还需要调入、调出、启动和撤销等管理。这些管理都以进程为标准执行单位，所以 CPU 管理通常也称为进程管理。

进程可以简单看作是程序的一次执行活动，在这一过程中，进程被创建、运行，直到完成任务被撤销为止，是系统进行资源分配和调度的一个独立单位。随着操作系统研究的不断深入，进程的概念也在不断地充实和完善。

运行中的进程具有三个基本状态：

① 就绪状态，指当进程已分配到除 CPU 以外的所有必要资源后，只要再获得 CPU，便可立即执行，进程这时的状态称为就绪状态。

② 执行状态，指进程已获得 CPU，其程序正在执行。

③ 阻塞状态，指正在执行的进程由于发生某事件而暂时无法继续执行时，便放弃 CPU 而

处于暂停状态。致使进程阻塞的典型事件有请示 I/O，申请缓冲空间等。通常处于阻塞状态的进程会排成一个队列。

处于就绪状态的进程，在调度程序分配了 CPU 后，该进程便可以执行，相应地，它就由就绪状态变为执行状态。正在执行的进程也称为当前进程，如果因分配给它的时间片已用完而被暂停执行时，该进程便由执行状态又恢复到就绪状态；如果因发生某事件而使进程的执行受阻（例如，请求访问某临界资源，而该资源正被其他进程访问时），使之无法继续执行，该进程将由执行状态转变为阻塞状态。图 2-2 列出了进程的三种基本状态以及各状态之间的转换关系。

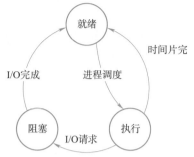

图 2-2　进程的三种基本状态及其转换

CPU 管理的主要功能，是创建和撤销进程（线程），对诸进程（线程）的运行进行协调，实现进程（线程）之间的信息交换，以及按照一定的算法把 CPU 分配给进程（线程）。

（1）进程控制

要使作业运行，必须先为它创建一个或几个进程，并为之分配必要的资源，当进程运行结束时，立即撤消该进程，以便能及时回收该进程所占用的各类资源。进程控制的主要功能是为作业创建进程、撤消已结束的进程，以及控制行程在运行过程中的状态转换。进程控制还有创建若干线程的功能和撤消已完成任务的线程的功能。

（2）进程同步

进程是以异步方式运行的，为使多个进程能有条不紊地运行，系统中必须设置进程同步机制。进程同步的主要任务是为多个进程（含线程）的运行进行协调。协调方式有两种：①进程互斥方式，这是指诸进程（线程）在对临界资源进行访问时，应采用互斥方式；②进程同步方式，指在完成共同任务的诸进程（线程）间，由同步它们的执行次序加以协调。

为了实现进程同步，系统中必须设置进程同步机制。最简单的用于实现进行互斥的机制，是为每一个临界资源设置一把锁，当锁打开时，进程（线程）可以对该临界资源进行访问；而当锁关上时，则禁止进程（线程）访问该临界资源。实现进程同步的最常用的是信号量机制。

（3）进程通信

为了加速应用程序的运行，应在系统中建立多个进程，并且再为每一个进程建立若干个线程，由这些进程（线程）相互合作去完成一个共同的任务。而在这些进程（线程）之间，又往往需要交换信息。例如，有三个相互合作的进程，它们是输入进程、计算进程和打印进程。输入进程负责将所输入的数据传送给计算进程；计算进程利用输入数据进行计算，并把计算结果传送给打印进程；最后由打印进程把计算结果打印出来。进程通信的任务就是用来实现在相互合作的进程之间的信息交换。

当相互合作的进程（线程）处于同一个计算机系统时，通常在它们之前是采用直接通信方式，即由源进程利用发送命令直接将消息挂到目标进程的消息队列上，以后由目标进程在其消息队列中取出消息。

（4）调度

在后备队列上等待的每个作业，通常都要经过调度才能执行。在传统的操作系统中，包括作业调度和进程调度两步。作业调度的基本任务，是从后备队列中按照一定的算法，选择出若干作业，为它们分配其必需的资源（首先是分配内存）。在将它们调入内存后，便分别为它们建立进程，使它们都成为可能获得处理机的就绪进程，并按照一定的算法将它们插入结果队列。而进程调度的任务，则是从进程的就绪队列中选中一新进程，把 CPU 分配给它，并为它设置运行现场，使进程投入执行。

2. 存储管理

操作系统中的存储管理是指对内存空间的控制和管理。主要任务是为多道程序的运行提供良好的环境，方便用户使用存储器，提高存储器的利用率以及能从逻辑上扩充内存。

计算机存储系统分为内存储器和外存储器。CPU 可以直接访问内存，但不能直接访问外存，外存中的数据和程序必须调入内存，才能被 CPU 访问和处理。例如，如果 CPU 需要处理磁盘中的数据，那么这些数据必须首先通过 CPU 产生 I/O 调用传送到内存中。

存储管理主要有下列四个功能。

- 存储分配。主要考虑如何提高存储空间利用率，常用存储分配方式有直接分配、静态分配和动态分配三种方式。
- 虚拟存储。虚拟内存是计算机系统内存管理的一种技术。由于物理内存容量有限，虚拟存储器通过交换功能，在逻辑上对内存空间加以扩充，为用户提供比实际内存空间大得多的地址空间。
- 地址变换。将外存空间中的逻辑地址转换为内存空间中的物理地址。如果一个程序要执行，那么它必须先映射成绝对地址并装入内存。随着程序的执行，进程可以通过产生绝对地址来访问内存中的程序。程序执行完毕后，其内存空间得以释放，下一个程序可以装入内存并执行。
- 存储保护。保护各类程序（系统程序和应用程序）及数据区免遭破坏。为确保正确操作，必须保护操作系统不被用户程序所访问，并保护用户程序不为彼此所访问。如果程序出现某种失败，操作系统必须对这个程序进行异常终止。

3. 设备管理

设备管理是对硬件资源中除 CPU、存储器之外的所有设备进行管理。设备管理的主要任务是负责控制和操纵各类外围设备，提供每种设备的驱动程序和中断处理程序，实现不同的 I/O 设备之间、I/O 设备与 CPU 之间、I/O 设备与通道以及 I/O 设备与控制器之间的数据传输和交换，屏蔽硬件细节，为用户提供一个透明、高效、便捷的 I/O 操作服务。

设备管理的功能包括监视系统中所有设备的状态、设备分配和设备控制等。设备控制包括设备驱动和设备中断处理，具体过程是在设备处理程序发出驱动某设备工作的 I/O 操作指令后，再执行相应的中断处理。

4. 文件管理

文件是存放在外部介质上的具有唯一名称的一组相关信息的集合。文件管理的主要任务是对计算机系统中各种系统文件、应用文件以及用户文件等软件资料进行管理，实现按名存取，保证文件安全，并提供使用文件的操作和命令。

在计算机中，对文件的操作主要有创建、删除、打开、关闭、修改、复制、移动、保存、更名、共享和传递等。操作系统通过管理大容量存储介质（如磁盘、光盘等）及控制它们的设备，来实现文件的管理。文件通常以文件夹的形式存放，以方便组织和管理。最后，多个用户访问文件时，需要控制由什么人按什么方式（例如，读、写）来访问文件。

2.1.3 操作系统分类

操作系统种类繁多，很难用单一标准统一分类。但无论是哪一种操作系统，其主要目的都是实现在不同环境下，为不同应用目的提供不同形式和不同效率的资源管理，以满足不同用户的操作需要。

根据操作系统用户界面的使用和对作业处理方式的不同，可分为批处理操作系统、分时操作系统、实时操作系统；从用户使用计算机的角度，操作系统又分为个人计算机操作系统、网络操作系统、分布式操作系统和嵌入式操作系统；根据源码开放程度，可分为开源操作系统和闭源操作系统。

1．批处理操作系统

批处理操作系统（Batch Processing Operating System）是一种早期用在大型计算机上的操作系统，用于处理许多商业和科学应用，其特点是：用户脱机使用计算机、作业成批处理和多道程序运行。

批处理操作系统的工作方式是：用户事先把上机的作业准备好，该作业包括程序、数据和一些有关作业性质的控制信息，然后提交给计算机操作员。作业通常是用穿孔卡片来写的。计算机操作员将许多用户的作业按类似需求组成一批作业，输入到计算机中，在系统中形成一个自动转接的连续的作业流，系统自动、依次执行每个作业。最后由操作员将作业结果交给用户。在这种执行环境下，因为机械 I/O 设备速度比电子设备的速度要慢很多，CPU 经常空闲。目前，批处理系统已经不多见了。

2．分时操作系统

分时操作系统（Time Sharing Operating System，TSOS）允许多个终端用户同时共享一台计算机资源，彼此独立互不干扰，用户感到好像一台计算机只为他所用。分时操作系统的工作方式是：一台主机连接若干个终端，每个终端有一个用户在使用，终端机可以没有 CPU 与内存。用户交互式地向系统提出命令请求，系统接受每个用户的命令，采用时间片轮转方式处理服务请求，并通过交互方式在终端上向用户显示结果。

分时操作系统将 CPU 的时间划分成若干个片段，称为时间片。操作系统以时间片为单位，轮流为每个终端用户服务。分时是指若干道程序对 CPU 运行时间的分享。分时系统具有多路性、交互性、独占性和及时性等特点。

多路性是指多个联机用户可以同时使用一台计算机，宏观上看是多个用户同时使用一个CPU，微观上是多个用户在不同时刻轮流使用 CPU。交互性是指多个用户或程序都可以通过交互方式进行操作。独占性是指由于分时操作系统是采用时间片轮转方法为每个终端用户作业服务，用户彼此之间都感觉不到计算机为其他人服务，就像整个系统为他所独占。及时性指系统对用户提出的请求及时响应。

常见的通用操作系统是分时系统与批处理系统的结合。其原则是：分时优先，批处理在后。UNIX 是其典型的代表。

3. 实时操作系统

实时操作系统（Real Time Operating System，RTOS）是指使计算机能及时响应外部事件的请求，在严格规定的时间内完成对该事件的处理，并控制所有实时设备和实时任务协调一致地工作的操作系统。实时操作系统的主要特点是资源的分配和调度首先要考虑实时性，然后才是效率。当对处理器或数据流动有严格时间要求时，就需要使用实时操作系统。

实时操作系统有明确的时间约束，处理必须在确定的时间约束内完成，否则系统会失败，通常用在工业过程控制和信息实时处理中。例如，飞行器控制、导弹发射、数控机床、飞机票（火车票）预定等。实时操作系统除具有分时操作系统的多路性、交互性、独占性和及时性等特性之外，还必须具有可靠性。在实时系统中，一般都要采取多级容错技术和措施用以保证系统的安全性和可靠性。

4. 个人计算机操作系统

个人计算机操作系统（Personal Computer Operating System）是随着微型计算机的发展而产生的，用来对一台计算机的软件资源和硬件资源进行管理，通常分为单用户单任务操作系统（典型代表是 DOS）和单用户多任务操作系统（典型代表是 Windows 98）两种类型。个人计算机操作系统的最终目标不再是最大化 CPU 和外设的利用率，而是最大化用户方便性和响应速度。

个人计算机操作系统主要供个人使用，功能强、价格便宜，可以在几乎任何地方安装使用。它能满足一般人操作、学习、游戏等方面的需求。个人计算机操作系统的主要特点是计算机在某一时间内为单个用户服务，使用方便，用户无须专门学习也能熟练操纵机器。

5. 分布式操作系统

分布式操作系统（Distributed Operating Systems）是通过网络将大量的计算机连结在一起，以获取极高的运算能力、广泛的数据共享以及实现分散资源管理等功能为目的的操作系统。分布式操作系统主要具有资源共享、加速计算、可靠性和可通信等优点。

资源共享可以实现分散资源的深度共享，如分布式数据库的信息处理、远程站点文件的打印等；加快计算，是指如果可以将一个特定的大型计算分解成能够并发运行的子运算，并且分布式系统允许将这些子运算分布到不同的站点，那么这些子运算可以并发运行，加快了计算速度；可靠性，由于在整个系统中有多个 CPU 系统，如果一个 CPU 系统发生故障，其他站点可以继续工作；可通信，指当许多站点通过通信网络连接在一起时，不同站点的用户可以交换信息。

6. 嵌入式操作系统

嵌入式操作系统（Embedded Operating System，EOS）是用于嵌入式系统环境中，对各种装置等资源进行统一调度、指挥和控制的操作系统。嵌入式操作系统具有如下特点。

- 系统内核小。由于嵌入式系统一般是应用于小型电子装置，系统资源相对有限，所以内核较之传统的操作系统要小得多。
- 专用性强。嵌入式系统的个性化很强，其中的软件系统和硬件的结合非常紧密，一般要针对硬件进行系统的移植，即使在同一品牌、同一系列的产品中也需要根据系统硬件的变化和增减不断进行修改。
- 高实时性。高实时性是嵌入式软件的基本要求。而且软件要求固态存储，以提高速度；软件代码要求高质量和高可靠性。
- 系统精简。嵌入式系统一般没有系统软件和应用软件的明显区分，不要求其功能设计及实现上过于复杂，这样一方面利于控制系统成本，同时也利于实现系统安全。

嵌入式系统广泛应用在生活和工作的各个方面，涵盖范围从便携设备到大型固定设施，如数码照相机、手机、平板计算机、家用电器、医疗设备、交通灯、航空电子设备和工厂控制设备等，越来越多的嵌入式系统安装有实时操作系统。

2.2 几种常见的典型操作系统

操作系统从 20 世纪 60 年代出现以来，技术不断进步，功能不断扩展，产品类型也越来越丰富。为了对操作系统有一定的感性认识，下面就目前流行的个人计算机和服务器中常用的几种操作系统作简单介绍。

2.2.1 UNIX 操作系统

UNIX 操作系统是当今世界流行的多用户、多任务操作系统，支持多种处理器架构，属于分时操作系统，也是唯一能在各种类型计算机上（从微型计算机、工作站、小型机到巨型机等）都能稳定运行的全系列通用操作系统。UNIX 最早于 1969 年在美国 AT&T 的贝尔实验室开发，是应用面最广、影响力最大的操作系统。

UNIX 操作系统实现技术中有很多优秀的技术特点，在操作系统的发展历程中，它们一直占据着技术上的制高点。UNIX 操作系统的特点和优势很多，下面仅列出几个主要的特点，便于对 UNIX 操作系统有一个初步的了解。

- 多用户、多任务。UNIX 操作系统内部采用分时多任务调度管理策略，能够同时满足多个用户的相同或不同的请求。
- 开放性。开放性意味着系统设计、开发遵循国际标准规范，能够很好地兼容，很方便的实现互联。UNIX 操作是目前开放性最好的操作系统。
- 可移植性。UNIX 操作系统内核的大部分是用 C 语言实现的，易读、易懂、易修改，可移植性好，同时也是 UNIX 操作系统拥有众多用户群以及不断有新用户加入的重要原因之一。
- 由于 UNIX 操作系统的开发是基于多用户的环境进行的，因此在安全机制上考虑得比较严谨，其中包括了对用户的管理、对系统结构的保护及对文件使用权限的管理等诸多因素。
- 具有网络特性。新版 UNIX 操作系统中，TCP/IP 协议已经成为 UNIX 操作系统不可分割的一部分，优良的内部通信机制、方便的网络接入方式、快速的网络信息处理方法，使 UNIX 操作系统成为构造良好网络环境的首选操作系统。

2.2.2 Linux 操作系统

Linux 是免费使用和开放源码的类 UNIX 操作系统，是一个基于 POSIX（Portable Operating System Interface，可移植操作系统接口）和 UNIX 的多用户、多任务、支持多线程和多 CPU 的操作系统。Linux 可安装在各种计算机硬件设备中，比如手机、平板计算机、路由器、视频游戏控制台、台式机、大型机和超级计算机。

Linux 是由分兰赫尔辛基大学计算机系学生 Linux Torvalds 在 1991 年开发的一个操作系统，主要用在基于 Intel x86 系列 CPU 的计算机上。Linux 能运行主要的 UNIX 工具软件、应用程序和网络协议。Linux 主要具有如下特点。

- 完全免费。Linux 最大的特点在于它是一个源代码公开的操作系统，其内核源代码免费。用户可以任意修改其源代码，无约束的继续传播。因此，吸引了越来越多的商业软件公司和无数程序员参与了 Linux 的修改、编写工作，使 Linux 快速向高水平、高性能发展。如今，Linux 已经成为一个稳定可靠、功能完善、性能卓越的操作系统。

- 多用户、多任务。Linux 支持多用户，各个用户对于自己的文件设备有自己特殊的权利，保证了各用户之间互不影响。

- 友好的界面。Linux 提供了 3 种界面：字符界面、图形用户界面和系统调用界面。

- 支持多种平台。Linux 可以运行在多种硬件平台上，如具有 x86、680x0、SPARC、Alpha 等处理器的平台。此外，Linux 还是一种嵌入式操作系统，可以运行在掌上计算机、机顶盒或游戏机上。

注意：

Linux 是一种外观和性能与 UNIX 相同或更好的操作系统，但是源代码和 UNIX 一点关系都没有。换句话讲，Linux 不是 UNIX，但像 UNIX。

2.2.3 Windows 操作系统

Windows 是由微软公司推出的基于图形窗口界面的多任务的操作系统，是目前最流行、最常见的操作系统之一。随着计算机软硬件的不断发展，微软的 Windows 操作系统也在不断升级，从最初的 Windows 1.0 到大家熟知的 Windows 95/98/XP、Windows 7、Windows 8、Windows 10，各种版本的持续更新，Windows 操作系统已经成为微型计算机的主流操作系统。下面以目前使用较广的 Windows 10 为例，简要介绍 Windows 操作系统的主要特点。

- 所见即所得图形用户界面。Windows 把常用的应用程序以小图标的形式放在桌面，用户操作方便。用户可以根据自己的需要和爱好来设置个性化的桌面。

- 多用户、多任务。早期的 Windows 操作系统（Windows95/98）是单用户、多任务，从 Windows XP 开始，就具有了多用户、多任务的管理功能。

- 任务栏功能被加强：自 Windows 95 开始任务栏的变化非常惊人，Windows10 的任务栏不但有更复杂全面的功能，同时外观效果也和之前的产品有很大的不同。全新的任务栏不再是简单的文本罗列，所有的程序使用图标表示，很好了利用了空间，其功能更加强大。

- 得力的语音助手。Windows10 的 Cortana 就能够迅速查找出所需要的文件，并根据大数据支持及日常生活习惯做出个性化建议、设置提醒等。

- 强大的多任务管理能力。Windows10 能让用户有条不紊地应对多重任务的复杂局面，对不同任务进行合理归类，优化窗口布局，轻松找到目标应用。

2.2.4 Mac OS X（苹果）操作系统

Mac OS X 是苹果公司（原苹果电脑公司，2007 年 1 月更名为苹果公司）推出的全球领先

的操作系统，它整合了 UNIX 的稳定性、安全性、可靠性，以及 Macintosh 界面的易用性，并同时以专业人士和消费者为目标市场。Mac OS X 以简单易用和稳定可靠著称，完美地融合了技术与艺术，从里到外都给人一种全新的感觉。该系统主要具有如下特点：

- 稳定、安全、可靠。Mac OS X 构建于安全可靠的 UNIX 系统之上，并包含了旨在保护 Mac 和其中信息的众多功能。用户可在地图上定位丢失的 Mac 计算机，并进行远程密码设置等操作。
- 简单易用。Mac OS X 从开机桌面到日常应用软件，处处体现了简单、直观的设计风格。系统能自动处理许多事情，查找、共享、安装和卸载等一切操作都十分轻松简单。
- 先进的网络和图形技术。Mac OS X 提供超强性能、超炫图形处理能力，并支持互联网标准。

2.2.5 Android（安卓）操作系统

Android 是基于 Linux 内核的开放源代码操作系统，是 Google 公司在 2007 年 11 月 5 日公布的手机操作系统。现在，Android 系统不但应用于智能手机，也在平板计算机市场急速扩张。

Android 系统采用软件堆层（software stack，又名软件叠层）的架构，底层 Linux 内核只提供基本功能，其他的应用软件则由各公司自行开发，部分程序以 Java 编写。

Android 平台系统主要具有如下特点。

- 开放性。在优势方面，Android 平台首先就是其开放性，开放的平台允许任何移动终端厂商加入到 Android 联盟中来。而对于消费者来讲，最大的受益是其丰富的软件资源。
- 摆脱运营商的束缚。在过去很长的一段时间，手机应用往往受到运营商制约，使用什么功能接入什么网络，几乎都受到运营商的控制。现在，用户可以更加方便地连接网络，手机随意接入网络已不是运营商口中的笑谈。
- 丰富的硬件选择。由于 Android 的开放性，众多的厂商会推出功能特色丰富的多种产品，却不会影响到数据同步和软件的兼容。
- 无缝结合的 Google 应用。Google 从搜索巨人到互联网的全面渗透，Google 服务如地图、邮件、搜索等已经成为连接用户和互联网的重要纽带，而 Android 平台手机将无缝结合这些优秀的 Google 服务。

2.3 Windows 10 的基本操作

2.3.1 Windows10 操作系统简介

1. Windows10 简介

Windows10 是美国微软公司 2015 年 7 月发布的新一代跨平台及设备应用的操作系统，分别面向不同用户和设备。该版本在易用性、安全性等方面更加优秀，是目前最优秀的操作系统之一。

Windows10 操作系统计算机端和移动端，共有 7 个版本，分别是:家庭版、专业版、企业版、教育版、移动版、移动企业版、物联网核心版。

2．系统特色

（1）"开始"菜单

Windows 10 中的"开始"菜单将改进的传统风格与新的现代风格有机地结合在一起。不仅照顾了 Windows 7 等老用户的使用习惯，又同时考虑到了 Windows 8/Windows 8.1 用户的习惯，依然提供主打触摸操作的开始屏幕，两代系统用户切换到 Windows 10 后不会有太多的违和感。

（2）虚拟桌面

Windows10 可以让用户在同一个操作系统下使用多个桌面环境，即用户可以根据自己的需要，在不同桌面间进行切换。微软还在"任务视图"模式中增加了应用排列建议选择——即不同的窗口会以某种推荐的排版显示在桌面环境中，单击右侧的加号即可添加一个新的虚拟桌面。

（3）应用商店

来自 Windows 应用商店中的应用可以和桌面程序一样以窗口化方式运行，可以随意拖动位置、拉伸大小，也可以通过顶栏按钮实现最小化、最大化和关闭应用的操作。当然，也可以像 Windows 8/Windows 8.1 那样全屏运行。

（4）分屏多窗

可以在屏幕中同时摆放四个窗口，Windows 10 还会在单独窗口内显示正在运行的其他应用程序。同时，Windows 10 还会智能给出分屏建议。微软在 Windows 10 侧边新加入了一个"Snap Assist"按钮，通过它可以将多个不同桌面的应用展示在此，并和其他应用自由组合成多任务模式。

（5）任务管理

任务栏中出现了一个全新的按键"任务视图"。桌面模式下可以运行多个应用和对话框，并且可以在不同桌面之间自由切换。能将所有已开启窗口打开并排列，以方便用户迅速找到目标任务。通过单击该按钮可以迅速预览多个桌面中打开的所有应用，单击其中一个可以快速跳转到该页面。传统应用和桌面化的应用在多任务中可以更紧密地结合在一起。

（6）系统用户

相比过去将所有用户都视为初级用户的做法，微软在新 Windows 10 中特别照顾了高级用户的使用习惯，如在命令提示符中增加了对粘贴键（<Ctrl+V>）的支持——用户终于可以直接在指令输入窗口下快速粘贴文件夹路径。

（7）通知中心

在 Windows Technical Preview Build 9860 版本之后，增加了行动中心（通知中心）功能，可以显示信息、更新内容、电子邮件和日历等消息，还可以收集来自 Windows 8 应用的信息，但用户尚不能对收到的信息进行回应。9941 版本后通知中心还有了"快速操作"功能，提供快速进入设置或开关设置。

（8）设备平台

Windows 10 为所有硬件提供一个统一的平台，支持广泛的设备类型，从互联网设备到全球企业数据中心服务器。其中一些设备屏幕只有 4 英寸，有些屏幕则有 80 英寸，有的甚至没有屏幕。有些设备是手持类型，有的则需要远程操控。这些设备的操作方法各不相同，手触控、笔触控、鼠标键盘控制，以及动作控制，微软都全部支持，微软正在从小功能到云端整体构建这一统一平台。用户可以跨平台地在 Windows 设备（手机、平板计算机、个人计算机及 Xbox）上运行相同应用。

（9）Microsoft Edge 浏览器

Microsoft Edge 浏览器，已在 Windows10 Technical Preview Build 10049 及以后版本开放使用，项目代号为 Spartan（斯巴达）。同时，Windows 10 中 Internet Explorer 与 Microsoft Edge 共存，前者使用传统排版引擎，以提供旧版本兼容支持；后者采用全新排版引擎，带来不一样的浏览体验。在 Build 2015 大会上，微软提出把这个全新的代号为斯巴达的浏览器正式取名为 Microsoft Edge。这意味着，在 Windows 10 中，IE 和 Edge 会是两个不同的独立浏览器，功能和目的也有着明确的区分。

（10）Cortana For Windows10

Windows10 中的 Cortana 位于底部任务栏开始按钮右侧，支持语音唤醒。可以支持要求小娜为你打开相应的文件，也可以搜索本地文件，或直接展示在某段时间内所拍摄的照片。也可以在底部搜索栏中输入例如 Skype，她还会直接把你带到应用商店中。

（11）上帝模式

在桌面上新建一个文件夹，并对该文件夹重命名为"GodMode.{ED7BA470-8E54-465E-825C-99712043E01C}"，会出现一个命名"GodMode"的图标，跟控制面板类似，可以快速进行设置，无须在系统选项中一个个寻找。

（12）其他功能

- 超级按钮已经被微软小娜和操作中心替代。
- 微软通过通用程序的方式使得 Windows 10 兼容 IOS 和 Android 平台的 App。
- 微软针对账户安全问题添加了 Windows Hello 生物特征授权方式，只要有指纹识别器和计算机 PIN 码，用户只需要动动手指、露个脸即可登录到 Windows，相对于传统的密码合建，这种登录方法即方便又安全。

3．Windows10 操作系统的基本配置

安装 Windows 10 的基本配置要求如下。

- 处理器：1.0 GHz 或更快的处理器。
- 内存：1 GB（32 位）或 2 GB（64 位）。
- 硬盘空间：16 GB（32 位操作系统）或 20 GB（64 位操作系统）。
- 显卡：DirectX 9 或更高版本（包含 WDDM 1.0 驱动程序）。
- 显示器：800×600 像素。

2.3.2 鼠标及快捷键基本操作

1．鼠标操作

鼠标是操作计算机过程中使用最频繁的设备之一，利用鼠标可以方便、快速、准确地完成包括输入字符（手写输入）在内的所有操作。例如，选择菜单、打开窗口、运行程序，以及执行复制、移动、删除等基本操作。

下面是使用鼠标时的一些基本操作。

- 单击左键：按下左键，再松开，用于选择某个对象。
- 单击右键：按下右键，再松开，往往会弹出与指向对象相关的快捷菜单。

- 双击：快速单击左键两次，用于打开选中的对象，如启动程序或打开窗口。
- 拖动：指向对象，按住左键或右键移动鼠标，到达目标位置后释放鼠标，如拖动窗口上的滚动滑块、拖动图标等。

在鼠标操作中，单击、双击、拖动均指左键，除非说明为右键。

2. Windows10 常用快捷键

- <Win> 键：按 <Win> 键桌面与"开始"菜单切换按键。
- <Win + R>：打开"运行"对话框。
- <Win + Q>：快速打开搜索栏。
- <Win + I>：快速打开 Windows 10 设置栏。
- <Ctrl + Alt + Del>：快速打开任务管理器。
- <Win + ←>：最大化窗口到左侧的屏幕上（与开始屏幕应用无关）。
- <Win + →>：最大化窗口到右侧的屏幕上（与开始屏幕应用无关）。
- <Win + ↑>：最大化窗口（与开始屏幕应用无关）。
- <Win + ↓>：最小化窗口（与开始屏幕应用无关）。
- <Win + D>：显示桌面，第二次按键恢复桌面（不恢复开始屏幕应用）。
- <Win + E>：打开"此电脑"。
- <F1>：显示帮助。
- <Ctrl + Shift + Esc>：打开任务管理器。
- <Ctrl+A>：全选。
- <Ctrl + C>（或 <Ctrl+Insert>）：复制选择的项目。
- <Ctrl + X>：剪切选择的项目。
- <Ctrl + V>（或 <Shift+Insert>）：粘贴选择的项目。
- <Ctrl + Z>：撤销操作。
- <Ctrl + Y>：重新执行某项操作。
- <Delete>（或 <Ctrl+D>）：删除所选项目并将其移动到"回收站"。
- <Shift + Delete>：不将所选项目移动到"回收站"，而直接将其删除。
- <F2>：重命名选定项目。
- <Ctrl + Alt + Tab>：使用箭头键在打开的项目之间切换。
- <Ctrl + 鼠标滚轮>：更改桌面上的图标大小。
- <Win + Tab>：使用 Aero Flip 3-D 循环切换任务栏上的程序。
- <Ctrl + Win + Tab>：通过 Aero Flip 3-D 使用箭头键循环切换任务栏上的程序。
- <Alt + Esc>：以项目打开的顺序循环切换项目。

3. Windows 10 新增功能快捷键

- 贴靠窗口：<Win + 左 / 右 >、<Win + 上 / 下 >，窗口可以变为 1/4 大小放置在屏幕 4 个角落。
- 切换窗口：<Alt + Tab>，不是新的，但任务切换界面改进。
- 任务视图：<Win + Tab>，松开键盘界面不会消失。

- 创建新的虚拟桌面：<Win + Ctrl + D>。
- 关闭当前虚拟桌面：<Win + Ctrl + F4>。
- 切换虚拟桌面：<Win + Ctrl + 左 / 右 >。

2.3.3 Windows10 桌面

"桌面"是启动计算机登录到系统后看到的整个屏幕界面，它是用户和计算机进行交流的窗口。桌面是组织和管理资源的一种有效方式，与现实生活中的办公桌面常放置一些常用办公用品一样。Windows 10 桌面主要由"此电脑""回收站"等图标和位于屏幕下方的"开始"按钮以及"任务栏"组成。

1. 图标

桌面图标是指代表应用程序、文档、文件夹、快捷方式等各种对象的小图形，这些图标有些是系统提供的，有些是用户创建的。用户可以根据需要隐藏、创建、添加、删除、排列、和移动图标。这些操作，大部分都可通过右击桌面空白处，在弹出的快捷菜单中完成。例如，把桌面图标根据修改日期排序，只需在快捷菜单中选择"排列方式"→"修改日期"，如图 2-3 所示。

图 2-3　排列桌面图标

Windows 10 的桌面快捷菜单内容更加丰富，带有图标显示的选项也更加美观，符合桌面的整体风格。在快捷菜单中，有关于桌面的一些功能被更加直观地添加到其中，如显示设置和个性化选项，便于用户找到这些设置，随时对桌面外观进行更改。

在默认的状态下，Windows 10 安装之后桌面上只保留了"回收站"图标，添加其他桌面图标的方法是：单击图 2-3 菜单中的"个性化"菜单项，然后在弹出的设置窗口中单击左侧的"主题"，在右侧的相关设置中点击"桌面图标设置"；在打开的"桌面图标设置"对话框中选择需要添加的图标项，如"计算机"和"网络"等，如图 2-4 所示。

图 2-4　添加桌面图标

2. 任务栏

"任务栏"默认情况下位于桌面的底部,从左到右依次为"开始"按钮、搜索按钮、Cortana 搜索、任务视图按钮、任务区、通知区域和"显示桌面"按钮,如图 2-5 所示。

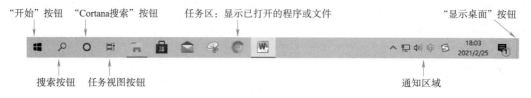

图 2-5　Windows 10 任务栏

"任务区"将最近使用的同一类型的文件汇集到任务栏的图标中,让任务栏的空间更简洁,可以通过"缩略图"预览打开窗口的内容并快速简单切换到所需窗口。当鼠标指针停留在某个"缩略图"上时,该应用程序就会在当前窗口突出显示,还能通过关闭"缩略图"快速关闭窗口,让操作更为便捷。可以把经常使用的程序直接拖到任务栏以固定到任务栏中,或者右击某个程序的快捷方式,在快捷菜单中选择"固定到任务栏"。若从任务栏中取消固定,可在任务栏中右击某个程序图标,选择"从任务栏取消固定"即可。

Cortana 搜索、任务视图是 Windows 10 的新增功能,单击"cortana 搜索"按钮,在界面中可以通过打字或语音输入方式帮助用户快速打开某一应用,也可以实现聊天、看新闻、设置提醒等操作。任务视图可以让一台计算机同时拥有多个桌面。如图 2-6 所示,Windows 10 默认只显示一个桌面,若想添加多个桌面,首先要单击"任务视图"按钮,然后单击桌面上的"新建桌面"按钮,即可添加一个桌面。若想添加多个桌面,可继续单击"新建桌面"按钮。通过切换不同桌面显示不同内容。

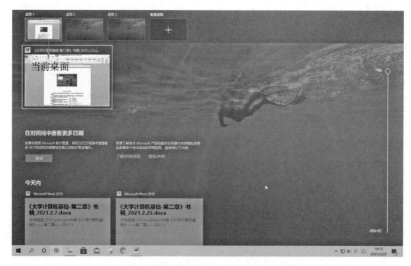

图 2-6　Windows 的任务视图

任务区：显示已打开的程序或文件。

通知区域代表一些运行时常驻内存的应用程序，如音量、闹钟、病毒防火墙、网络状态等。

任务栏的最右侧为"显示桌面"按钮，把鼠标指针停留在该按钮上，所有打开的窗口变为透明，单击该按钮，返回到桌面。

如果任务栏的系统默认设置不适合要求，可根据需要设置任务栏，方法如下。

① 将鼠标指针移动至任务栏空白处，然后右击任务栏。

② 在弹出的任务栏属性菜单中选择"任务栏设置"菜单项。

③ 在打开的"任务栏"窗口中（见图2-7），单击"任务栏"选项卡，可以看到许多关于任务栏的设置项目，根据需要进行设置。

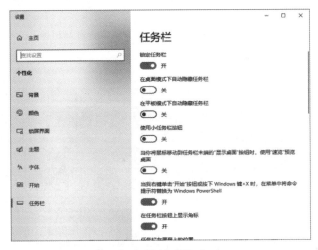

图2-7 "任务栏"窗口

3."开始"菜单

单击任务栏最左侧"开始"按钮 ■ 或按下键盘上的<Win>快捷键，就可以打开"开始"菜单。

"开始"菜单是计算机程序、文件夹和设置的主门户。Windows 10中几乎所有的操作都可以通过"开始"菜单来完成，常见操作包括：启动程序、打开常用的文件夹、搜索文件和文件夹、调整计算机设置、获取有关Windows操作系统的帮助信息、关闭计算机、注销Windows或切换到其他用户账户等。

"开始"菜单主要组成部分如图2-8所示。

- 最左侧的五个图标分别为：用户、文档、图片、设置、电源。
- 左侧的大窗格为最近最常使用程序的快捷方式列表。
- 右侧的系统控制区是用来固定应用磁贴或图标的区域，方便快速打开应用。用户可以右击左侧的应用项目，在弹出的快捷菜单中选择"固定到'开始'屏幕"，应用图标或磁贴就会出现在右侧区域中。

Windows10的"开始"菜单可以直接卸载程序，用户无须找到控制面板，选择快捷菜单中的"卸载"即可。

用户可以通过改变"开始"菜单属性对它进行设置。右击桌面空白处，在弹出的快捷菜单中选择"个性化"→"开始"，打开"开始"对话框进一步设置"开始"菜单。

技 巧：

Windows 10 允许用户快速缩小图标尺寸，<Ctrl+ 向上或向下 >键可快速缩放"开始"菜单，或将把鼠标指针放到菜单边缘进行缩放。

提 示：

如果取消"开始"菜单右侧的系统控制区，可以一个个右击那些磁贴，然后从快捷菜单中选择"从开始屏幕取消固定"就可以了。

说 明：

本书用"..."→"..."→"..."表示对屏幕对象（主要是菜单）的连续操作。例如，"单击'开始'按钮，选择'属性'"，可标记为"单击'开始'→'属性'"。

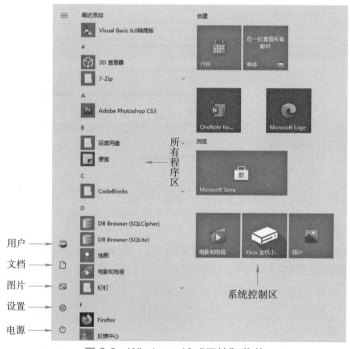

图 2-8　Windows 10 "开始"菜单

2.3.4　窗口和对话框

1. 窗口

Windows 绝大多数功能都是以窗口为载体的，当用户打开一个文件或者应用程序时，都会出现一个窗口，窗口是用户操作的基本对象之一。

虽然 Windows 对应不同的程序和文档会打开不同的窗口，但其外观和操作方法基本相同。了解窗口的组成，有助于我们掌握 Windows 窗口的基本操作。

图 2-9 所示为文件资源管理器窗口，是一个典型的 Windows 的窗口，其主要组成部分如下。

● 标题栏：用于显示窗口的名称，拖动标题栏可移动整个窗口。右侧有 3 个窗口控制按钮，分别为最小化、最大化（还原）和关闭按钮。

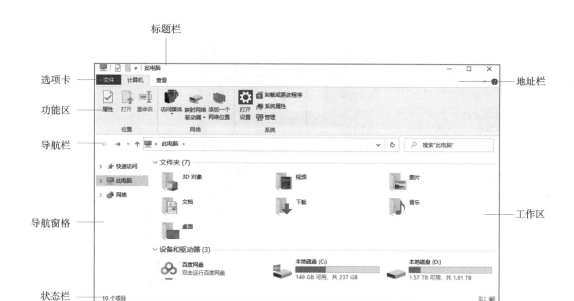

图 2-9 "文件资源管理器"窗口

- 地址栏：用于显示当前磁盘、文件夹路径或网页地址。单击旁边的黑三角下拉按钮可以切换位置。
- 搜索栏：根据关键字快速查找。
- 选项卡：包含了窗口的常用功能命令。
- 导航窗格：包含常用的文件夹，单击可以快速切换到其他位置。
- 工作区：位于窗口内部，用来放置有关的操作对象，如图标、文本等。
- 状态栏：在窗口的底部，用来显示窗口的状态，以及进行某种操作时与该操作有关的提示信息。
- 滚动条：当工作区中的内容太多，无法完整显示时，会自动出现垂直滚动条或水平滚动条，实现窗口内容的滚动。

窗口的操作：

- 窗口的移动：拖动窗口的标题栏即可将窗口移动到指定位置。窗口最大化时是无法移动的。
- 改变窗口大小：可以使用右上角的最大化、最小化、恢复按钮改变窗口大小，也可以拖动窗口边缘调整。
- 窗口的切换：当同一时间打开不止一个窗口时，可以单击任务栏中的程序图标实现窗口的切换，也可以单击该窗口的某部位切换。Windows 10 还提供了快捷键 <Alt+Tab> 来实现窗口切换，切换效果如图 2-10 所示。
- 窗口的排列：当同一时间打开多个窗口，并希望同时显示出每个窗口时，可以设置窗口的排列方式。Windows 10 提供了层叠、堆叠和并排 3 种窗口排列方式。右击任务栏空白处，即可弹出快捷菜单，如图 2-11 所示，选择相应的窗口排列方式即可。

图 2-10　Windows 10 的窗口切换效果　　　　　图 2-11　设置窗口排列方式

提　示：

从 Windows 7 时代开始，当需要将一个窗口快速缩放至屏幕 1/2 尺寸时，只需将它直接拖动到屏幕两边即可。在 Windows 10 中这项功能大大加强，除了左、右、上这三个热区外，我们还能拖至左上、左下、右上、右下四个边角，来实现更加强大的 1/4 分屏。

2. 对话框

对话框是 Windows 与用户进行信息交流的一个界面，为了获得必要的操作信息，Windows 会打开对话框向用户提问，通过对选项的选择、属性的设置或修改完成必要的交互性操作。Windows 还使用对话框来显示一些附加信息或警告信息，或解释没有完成操作的原因。

对话框的组成和窗口有相似之处，但对话框要比窗口更侧重于与用户的交流。与常规窗口不同，对话框无最大化（还原）、最小化按钮。图 2-12 是一个 Windows 10 对话框的实例，有关对话框的组成说明可参考表 2-1。

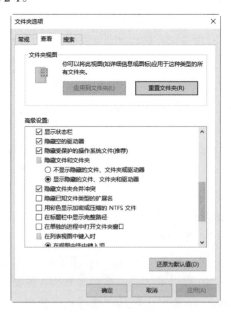

图 2-12　Windows 10 对话框

表 2-1 对话框组成说明

对　象	说　　明
标题栏	位于对话框的顶部，左端显示对话框的名称，右端为"关闭"按钮 ✕，大部分对话框含有一个"帮助"按钮 ❓
选项卡	紧挨标题栏下面，用来选择对话框中某一组功能，如图 2-12 中所示的"常规""搜索"等
单选钮 ◉	用来在一组选项中选择一个，且只能选择一个，被选中的按钮中央出现一个圆点
复选框 ☑	用于列出可以选择的项目，可以根据需要选择一个或多个。被选中的复选框中显示"√"标记，单击可取消选择
文本框	用于输入文本和数字，通常在右端有一个下拉按钮。可直接输入，或从下拉列表中选取预置的文本或数字

2.3.5 菜单和工具栏

Windows 的菜单和工具栏提供了应用程序的访问途经，选择菜单命令或单击工具栏上的按钮，可以完成一些特定的功能。

1. 菜单

（1）打开菜单

Windows 有几种不同类型的菜单，打开方法如下。

- "开始"菜单：单击任务栏上的"开始"按钮。
- 下拉菜单：单击窗口菜单栏上的菜单名。
- 窗口控制菜单：单击窗口标题栏左端的窗口控制图标。
- 对象快捷菜单：右击某个对象图标。

提 示：

对象的快捷菜单包含了该对象当前可以执行的一些主要命令。

（2）菜单项的约定

虽然不同的菜单项代表不同的命令，但其操作方式却有相似之处。Windows 为了方便用户识别，为菜单项加上了某些特殊标记，有关的说明如表 2-2 所示。

表 2-2 菜单项的约定

菜 单 项	说　　明
黑色字符	正常的菜单项，表示可以选用
暗淡字符	变灰的菜单项，表示当前不可选用
后面带省略号"…"	执行命令后会打开一个对话框，供用户输入信息或修改设置
后面带三角"▶"	级联菜单项，表示含有下级菜单，鼠标指向或单击，会打开一个子菜单
分组线	菜单项之间的分隔线条，通常按功能将一个菜单分为若干组
前面带符号"●"	选择标记，在分组菜单中，有且仅有一个选项标有"●"，表示被选中
前有符号"√"	选择标记，"√"表示命令有效，再次单击可删除标记，表示命令无效
后面带组合键	用组合键可直接执行菜单命令，如按＜ Ctrl+V ＞可执行粘贴命令

2. 工具栏

工具栏由一系列小图标组成，通常为菜单中的常用命令。单击这些小图标可快速完成不同的功能，为用户提供了一种比菜单更为简捷的操作方式。

许多窗口允许用户根据需要显示、隐藏或自定义工快捷具栏。如果希望屏幕上显示某个工具栏，右击菜单栏或工具栏的空白处，在弹出的快捷菜单中选择所需工具栏，该工具栏名称的左边会出现"√"标记，表示该工具栏被选中。要隐藏工具栏，可再次单击弹出菜单中的工具栏名称。移动鼠标，指针指向"工具栏"上的按钮，稍停片刻，将显示按钮的名称。

2.3.6　Windows 10 的中文输入

Windows 10 提供了多种汉字输入法，在系统安装时已经预装了微软拼音、全拼、双拼等输入法。如果用户需要可以安装其他汉字输入法使用。

1. 汉字输入法热键

安装 Windows 10 中文版后，系统将自动设置若干输入法热键，下面是系统设置的 3 种常用操作热键。

- <Ctrl+Space>：输入法 / 非输入法切换（实际操作中可用来切换中文 / 英文输入）。
- <Shift+Space>：全角 / 半角切换。
- <Ctrl+.>（句点）：中文 / 英文标点符号切换。

2. 汉字输入法状态条

当用户选用了一种中文输入法后，屏幕上会出现对应的输入法状态条，图 2-13 中从左到右列出的分别是微软拼音、微软五笔和搜狗五笔输入法的状态条。若设置默认输入法，可单击【开始】→【设置】→【设备】→【输入】，打开输入窗口，在"高级键盘设置"中设置默认输入法。

图 2-13　几种不同输入法的状态条

下面介绍状态条中几个主要按钮的作用及含义。

- "中文 / 英文输入"按钮**中**：单击该按钮可在中、英文两种输入方式之间切换。在英文输入方式下，该按钮变为**英**。需要输入英文字符时，更为简捷的方法是利用 <Ctrl+Space> 组合键先关闭输入法，然后在输入完英文字符后，再按 <Ctrl+Space> 组合键回到原先的输入法。
- "全角 / 半角"按钮●/ ♪：单击该按钮或使用 <Shift+Space> 组合键切换。
- "中文 / 英文标点"按钮°，/ °，：单击该按钮或使用 <Ctrl+.>（句点）组合键切换。
- 输入法设置按钮▦：单击该按钮，可以打开或关闭默认的软键盘，或右击其他输入法状态条上的"开启 / 关闭软键盘"按钮▦，可在弹出的快捷菜单上选择其他软键盘。

3. 中文标点的输入

要输入中文标点，必须使当前输入法处于中文标点输入状态。例如，当选择"微软拼音输入法"时，应使"中文 / 英文标点"按钮显示为°，。

表 2-3 列出了中文标点在键盘上的对应位置。

表 2-3 中文标点键位表

标 点	名 称	键 位	说 明	标 点	名 称	键 位	说 明
。	句号	.		)	右括号	)	
，	逗号	,		〈《	单、双书名号	<	自动嵌套
；	分号	;		〉》	单、双书名号	>	自动嵌套
：	冒号	:		……	省略号	^	双符处理
？	问号	?		——	破折号	-	双符处理
！	惊叹号	!		、	顿号	\	
""	双引号	"	自动配对	·	间隔号	@	
''	单引号	'	自动配对	—	连接号	&	
（	左括号	(		￥	人民币符号	$	

2.4 文件和文件夹的管理

Windows 把计算机的所有软、硬件资源均用文件或文件夹的形式来表示，所以管理文件和文件夹就是管理整个计算机系统。本章介绍文件和文件夹的概念、"文件资源管理器"窗口的组成及使用、文件和文件夹的基本操作。

2.4.1 文件和文件夹简介

1. 文件和文件夹的概念

文件就是用户赋予了名字并存储在外部介质上的信息的集合，它可以是用户创建的文档，也可以是可执行的应用程序或一张图片、一段声音等。

文件夹是用来存放文件和子文件夹的地方，是系统组织和管理文件的一种形式，是为了方便用户查找、维护而设置的，故应将文件分门别类地存放在不同的文件夹中。

2. 文件和文件夹的命名

在为文件命名时，建议使用描述性的名称作为文件名，这样有助于用户回忆文件的内容或用途。Windows 10 使用长文件名，文件和文件夹的命名应遵循如下约定。

● 文件（夹）名包括主文件名和扩展名，最多可以有 256 个字符（包括空格）。其中，包含驱动器和路径信息，因此实际使用的文件名的字符数应小于 256。

● 每一文件都扩展名，用以标识文件类型和与其相关联的程序。

● 文件（夹）名中不能出现以下字符：\ / : * ? " < > | 、"。

● 系统保留用户命名文件时的大小写格式，但不区分其大小写。

● 搜索和排列文件时，可以使用通配符"*"和"? "。其中，"? "代表文件中的一个任意字符，而 "*"代表文件名中的 0 个或多个任意字符。

● 可以使用多分隔符的名字，如 Work.Plan.2013.doc。

● 同一个文件夹中的文件不能同名。

2.4.2 文件资源管理器

"文件资源管理器"是 Windows 操作系统提供的资源管理工具，通过资源管理器查看计算机上的所有资源，能够清晰、直观地对计算机上文件和文件夹进行管理。例如，可以非常方便地完成移动文件、复制文件、打开文件、打印文档和维护磁盘等操作。此外，还可以利用"地址栏"和"搜索框"工具来查找文件和文件夹。

1. 认识"文件资源管理器"窗口

双击桌面上"此电脑"图标或右击"开始"菜单，选择"文件资源管理器"（对应快捷键 <Windows + E>），就可打开"文件资源管理器"窗口。"文件资源管理器"窗口组成如图 2-9 所示。

在"文件资源管理器"左边的导航窗格中，默认显示快速访问、此电脑和网络，它们都是该文件夹根，右边的窗格用于显示选定的磁盘和文件夹中的内容。双击文件夹图标或单击左窗格中的 ▶ 按钮，则显示下一级子文件夹，同时 ▶ 变为 ⌄ ，再次单击 ⌄ 按钮，该对象重新折叠。

> **提 示：**
> 若在导航窗格中显示所有文件夹，操作方法为：单击"查看"选项卡，在"窗格"组中单击"导航窗格"，从下拉列表选项中选中"显示所有文件夹"。

2. 文件和文件夹的显示方式

在"文件资源管理器"中，有多种浏览文件和文件夹的方法，可以根据需要随时改变文件和文件夹的显示方式。

单击"查看"选项卡，在"布局"组中选择"超大图标""大图标""详细信息"等某一项，可立即改变文件和文件夹的显示方式，如图 2-14 所示。

图 2-14 "布局"组

3. 文件和文件夹的排列方式

为了方便查看，可以对文件和文件夹按不同的顺序排列。在"文件资源管理器"窗口中，单击"查看"选项卡，在"当前视图"组中单击"排序方式"，从下拉列表选项中可以根据需要选择不同的排列方式，如按文件和文件夹的"名称""大小""类型"，或者按"修改日期"等，以递增或递减的方式排列。

4. 设置预览窗格或详细信息窗格

单击"查看"选项卡的"窗格"组中单击"预览窗格"或"详细信息空格"，即可在内容窗格部分显示预览情况或某个文件的详细信息情况。

2.4.3 文件和文件夹的管理

1. 创建新文件夹

在 Windows 10 中，可以在桌面、驱动器以及任意的文件夹上创建新的文件夹。不过，最好将它放在合适的地方。要创建文件夹，可用下列方法。

- 单击"主页"选项卡，在"新建"组中点击"新建文件夹"，即可在当前位置出现图标 █新建文件夹 ，将默认名称"新建文件夹"修改成较为贴切的文件夹名。
- 右击要创建文件夹的空白处，在弹出的快捷菜单中选择"新建"→"文件夹"。

> **提 示：**
> 这两种方法还可用来创建新文件，在"主页"选项卡的"新建"组选择"新建项目"或右击，在快捷菜单中选择需要建立的文件类型。

2. 选择文件或文件夹

在对文件或文件夹操作之前，通常需要选定文件或文件夹。常见的有下面几种方法。

- 选定单个文件或文件夹，单击即可。
- 选定多个相邻的文件或文件夹，可先单击第一个文件或文件夹，然后按住 <Shift> 键，找并到单击最后一个文件或文件夹。
- 选定多个不相邻的文件或文件夹，单击第一个文件或文件夹后，按住 <Ctrl> 键，再单击其余要选择的文件或文件夹。
- 若要选择所有的文件或文件夹，可在"主页"选项卡的"选择"组单击"全部选择"或按组合键 <Ctrl+A>。

提 示：

在"主页"选项卡的"选择"组中还可进行"全部取消"或"反向选择"，进行选定项目的取消选定及反向选定。

3. 复制文件或文件夹

复制文件或文件夹就是将文件或文件夹的一个副本放到其他地方去，其步骤如下。

① 在源窗口选定要复制的对象。

② 单击"主页"选项卡中"剪贴板"组的"复制"按钮，或按 <Ctrl+C> 组合键。

③ 打开目标窗口，单击"主页"选项卡中"剪贴板"组的"粘贴"按钮，或按 <Ctrl+V> 组合键。

用鼠标拖动也可进行文件或文件夹的复制。如果复制前后的存放位置不在同一个驱动器中，将被选择的对象直接拖到目标窗口即可完成复制。如果在同一驱动器中，则拖动时必须按住 <Ctrl> 键，否则为移动文件或文件夹。

如果要复制到桌面或 U 盘中，还可使用快捷菜单中的"发送到"命令。另外，还可利用快捷菜单复制文件或文件夹。

提 示：

在"主页"选项卡中单击"复制路径"，还可复制文件或文件夹所在路径。

4. 移动文件或文件夹

移动文件或文件夹的操作与复制非常相似，区别是在文件或文件夹被移动后，将会从原来位置删除，而只出现在新的位置上。另外，操作时只需在上面"复制文件或文件夹"操作的第②步选择"剪切"按钮，或按下 <Ctrl+X> 组合键，其他步骤与复制完全一样。

5. 删除文件或文件夹

当有些文件或文件夹不再需要时，可将其删除。删除后的文件或文件夹将被移动到"回收站"中，可以选择将其彻底删除或还原到原来的位置。在选定了文件或文件夹后，删除文件有以下几种方法。

- 直接按键盘上的 <Delete> 键。
- 单击"主页"选项卡中"组织"组的"删除"按钮。
- 右击文件或文件夹，从弹出的快捷菜单中选择"删除"命令。
- 直接将选定对象拖到桌面上的"回收站"。

提　示：

如果在"回收站"的属性设置中，选中"显示删除确认对话框"复选框，则在删除文件时将弹出"删除文件"对话框。另外，按下 <Shift+Delete> 组合键将直接删除文件，而不放入回收站。

6. 重命名文件或文件夹

文件或文件夹的重命名就是给文件或文件夹重新命名一个新的名称，使其更符合用户要求。打开"此电脑"或"文件资源管理器"，在选定需要改名的文件或文件夹后，可按以下几种方法进行重命名。

- 右击，在弹出的快捷菜单中选择"重命名"命令。
- 在文件或文件夹名称处直接单击两次（两次单击间隔时间应稍长一些，以免使其变为双击），使其处于编辑状态，再输入新的名称。
- 单击"主页"选项卡中"组织"组的"重命名"按钮。

7. 更改文件或文件夹的属性

文件和文件夹的属性记录了文件和文件夹的重要信息，是系统区别文件和文件夹的重要标志，也是计算机进行查找的主要依据。用户可查看、修改和设定文件或文件夹的属性。

右击文件或文件夹，在弹出的快捷菜单中选择"属性"命令，弹出图 2-15（a）所示的"×××属性"对话框。在"常规"选项卡的属性栏中记录了文件的图标、名称、位置、大小等不能任意更改的信息。另外，还提供了可以更改的文件的"打开方式"和属性。其中"只读"属性表明只能对该文件进行读的操作，不允许更改和删除。若将文件设置为"隐藏"属性，则该文件在常规显示中将不被看到，可避免文件因意外操作被删除或损坏。

更改文件夹属性的操作与更改文件的属性操作完全一样，但在文件夹"常规"选项卡中，没有"打开方式"和"更改"按钮，如图 2-15（b）所示。

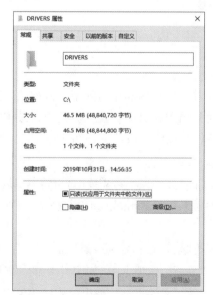

（a）设置文件属性　　　　　　　（b）设置文件夹属性

图 2-15　文件和文件夹的"属性"对话框

8．显示隐藏的项目及文件扩展名

在系统默认状态下，有些文件或文件夹是不显示在文件夹窗口中的，如系统文件、隐藏文件等，而且文件的扩展名也是默认被隐藏的。如果需要修改或删除这些文件或显示文件的扩展名，则首先必须将它们显示出来。操作的一般方法为：单击"查看"选项卡，在"显示 / 隐藏"组中，根据需要选择"文件扩展名"或"隐藏的项目"，如图 2-16 所示。

图 2-16 "显示 / 隐藏"组

2.4.4 文件和文件夹的查找

有时候用户需要查看某个文件或文件夹的内容，却忘记了该文件或文件夹存放的具体位置或具体名称，这时 Windows 10 提供的搜索文件或文件夹功能就可以帮助用户查找该文件或文件夹。Windows 10 提供的搜索工具的功能相当强大，它把搜索文件或文件夹，搜索计算机、网上用户以及网上资源的功能集中在一起。

1．使用"任务栏"中的搜索

在"开始"菜单右侧的 🔎 图标就是搜索栏，在搜索栏内输入搜索关键词，如"音乐"，即可分类显示所有与音乐相关的文件或应用程序。在默认情况下，该搜索功能只会自动在"开始"菜单、控制面板、Windows 文件夹、Program File 文件夹、Path 环境变量指向的文件夹、Libraries、Run 历史里面搜索文件，但速度非常快。

Cortana 搜索 ◎ 位于搜索栏的右侧，可以通过语音要求小娜打开相应的文件，也可以搜索本地文件，或直接展示在某段时间内所拍摄的照片或直接把你带到应用商店中。

> 💡 **提 示：**
>
> 右击任务栏空白处，打开快捷菜单，可以设置是否显示 Cortana 搜索按钮或是否显示搜索框。

2．使用窗口搜索栏搜索

如果知道要搜索的文件所在的目录，则使用窗口搜索栏搜索更加快捷高效。Windows 10 将搜索工具条集成到工具栏，不仅可以随时查找文件，还可以对任意文件夹进行搜索。

① 打开"此电脑"或"文件资源管理器"窗口。

② 单击左侧导航窗格中"此电脑"选项，在展开的下一级列表中选择想要查找文件可能存放的分区盘符或文件夹。

③ 在搜索栏输入所要查找的文件或文件夹的全名或部分名称，可以使用通配符"*"和"？"，如输入"*.doc"查找扩展名为"doc"的所有文件。

④ 要进一步缩小搜索范围，可以在搜索栏内选择一项或多项，如设定所要查找的文件的大小、修改日期等选项。

例如在搜索栏内输入"图片"关键词，所有包含有"图片"这两个字的搜索结果都会同时以黄色高亮形式显示出来，并且会标明其所在位置，非常清楚（见图 2-17）。这样能进一步节省搜索时间，实现精确定位。

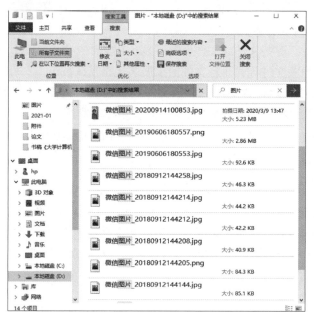

图 2-17 使用窗口"搜索栏"搜索

如果用户需要经常进行某一个指定条件的搜索，可以在搜索完成之后单击工具栏的"保存搜索"按钮，系统会将这个搜索条件保存起来。之后，用户可以在文件资源管理器左侧的导航空格中用户名下的"搜索"中看到这个条件，单击它即可打开上次的搜索结果。

Windows 10 搜索的默认设置并不一定适用于每一个用户，通过个性化的设置，就可以让Windows10 的搜索更符合自己的习惯。例如，缩小搜索范围、不搜索子目录和自定义索引目录等设置，就可以有效提升搜索效率。

2.5　Windows 10 的系统管理

2.5.1　鼠标的设置

如果不喜欢鼠标的默认设置，可以按自己的意愿重新设定鼠标。例如，可以更改鼠标上某些按钮的功能，或调整双击的速度。对于鼠标指针而言，可以更改其外观，改善其可见性，或将其设置为在输入字符时隐藏。要改变鼠标的设置，在"Windows 设置"中单击"设备"→"鼠标"→"其他鼠标选项"，打开"鼠标属性"对话框，如图 2-18 所示。

该对话框包括"鼠标键"、"指针"、"指针选项"、"滑轮"和"硬件"5 个选项卡（随鼠标的不同而改变），根据需要完成相应的设置。

提　示：

选中"切换主要和次要的按钮"复选框可以改变主次按钮并将右边的按钮作为主要按钮，适用于习惯使用左手的用户。现在多数鼠标都具有一个鼠标轮，可以用来实现滚动文档等操作。

图 2-18 "鼠标 属性"对话框

2.5.2 个性化设置

个性化设置主要是用于更改桌面项目的外观、应用主题或屏幕保护程序，或者自定义"任务栏""开始菜单"等设置。

1. 外观和主题

桌面上所有看得见的元素和声音称为主题，改变主题将会得到另一种桌面外观。如果想设置个性化的系统工作背景和外观，可单击"开始"→"设置"→"个性化"，或右击桌面空白处，在弹出的快捷菜单中选择"个性化"命令，即可打开个性化设置窗口。

在个性化设置窗口中单击"主题"，可以选择一个自己喜欢的主题。用户也可通过单击"在Microsoft Store中获取更多主题"下载其他喜欢的主题，从而在利用系统工作时使用自己喜欢的颜色和界面，使工作感觉轻松有趣。

若单击"背景"，可以选择"图片"、"纯色"或"幻灯片放映"模式作为桌面背景。也可以单击"浏览"按钮来选择计算机中存放的图片，并设置图片在屏幕上的显示位置。

2. 设置锁屏界面

设置锁屏界面是当用户长时间没有进行任何键盘和鼠标操作的情况下，减少电源损耗、保护电脑屏幕并且保障系统安全和保护个人隐私的实用程序。在个性化设置窗口中选择"锁屏界面"，可以设置锁屏背景，可选择在锁屏界面上显示详细状态的应用，也可以进行屏幕超时设置和屏幕保护程序设置。

2.5.3 显示设置

用户可以根据自身在计算机显示方面的需求，如调整分辨率、显示方向及多显示器的设置等。单击"开始"→"设置"→"系统"→"显示"，或可右击桌面空白处，在弹出的快捷菜单中选择"显示设置"命令，即可打开显示设置窗口，如图 2-19 所示。

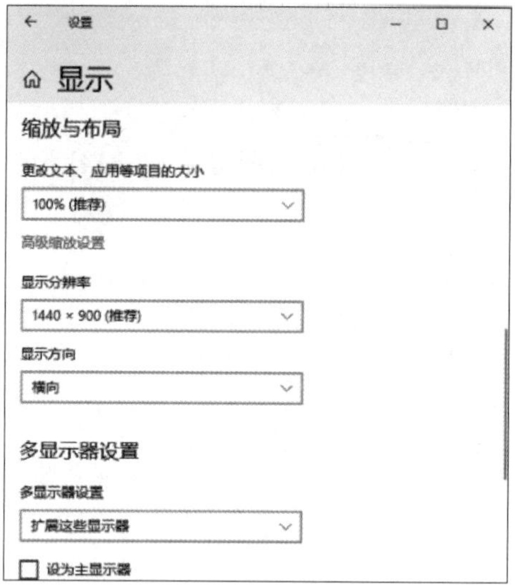

图 2-19　显示设置

"缩放与布局"可更改文本或项目的字体大小，在"显示分辨率"的下拉列表中可以选择合适的分辨率。"多显示器设置"可以设置多台显示的显示方式，是扩展还是复制等。

2.5.4　设备和打印机设置

设备和打印机在使用之前，需要添加和安装驱动程序才能正常使用。单击"开始"→"设置"→"设备"→"打印机和扫描仪"，打开打印机和扫描仪设置窗口。

如果需要添加设备，单击"添加打印机或扫描仪"按钮，系统自动查找设备，找到设备后会查找设备的驱动程序，用户按照提示操作即可完成安装。

如果要手动添加打印机，可按如下步骤操作（以 IP 地址添加方式为例）：

① 单击"我需要的打印机不在列表中"按钮，打开"添加打印机"对话框，此页面添加本地打印机或添加网络打印机。如图 2-20 所示。

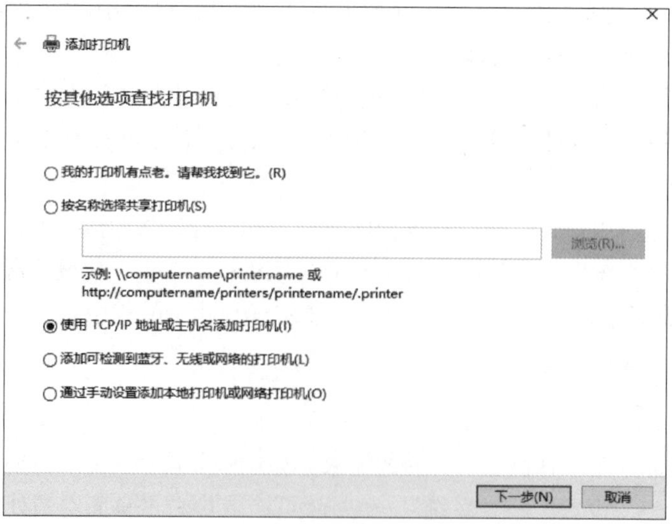

图 2-20　"添加打印机"对话框

② 单击"下一步"按钮，输入打印机的主机名或 IP 地址后单击"下一步"按钮，选择要使用的驱动程序版本。

③ 选择打印机的"厂商"和"打印机"类型进行驱动加载，例如"EPSON LP-2200 打印机"，单击"下一步"。如果 Windows 10 系统在列表中没有打印机的类型，可以"从磁盘安装"添加打印机驱动。或单击"Windows Update"按钮，然后等待 Windows 联网检查其他驱动程序。

④ 系统显示出所选择的打印机名称，确认无误后，单击"下一步"进行驱动安装。

⑤ 打印机驱动加载完成后，系统会出现是否共享打印机的界面，可以选择"不共享这台打印机"或"共享此打印机以便网络中的其他用户可以找到并使用它"。如果选择共享此打印机，需要设置共享打印机名称。

⑥ 单击"下一步"，完成添加打印机，设备处显示所添加的打印机并打印测试页，若测试页打印成功，则打印机安装完成。

2.5.5 程序设置

在使用计算机的过程中，经常需要安装、更新程序或删除已有的应用程序。单击"开始"→"设置"→"应用"→"应用和功能"打开图 2-21 所示的"应用和功能"窗口。

1. 卸载或更改程序

对于不再使用的应用程序，应该卸载删除，有的软件安装完成后，在其安装目录或程序组的快捷菜单中会有一个名为"Uninstall+ 应用程序名"或"卸载 + 应用程序名"的文件或快捷方式，执行该程序可自动卸载应用程序。如果有的应用程序没有带 Uninstall 程序，或需要更改某些应用程序的安装设置时，在"应用和功能"窗口中单击该程序，选择"卸载"按钮，按提示进行操作即可。

注 意:

删除应用程序不要通过打开其所在文件夹，然后删除其中文件的方式来删除某个应用程序。因为有些 DLL 文件安装在 Windows 目录中，因此不可能删除干净，而且很可能会删除某些其他程序也需要的 DLL 文件，导致破坏其他依赖这些 DLL 文件的程序。

2. 打开或关闭 Windows 功能

Windows 10 提供了丰富且功能齐全的组件，包括程序、工具和大量的支持软件，可能由于需求或者硬件条件的限制，很多功能没有打开，或者有些功能当前不需要。在使用过程中，可随时根据需要打开或关闭 Windows 功能，方法如下。

① 单击图 2-21 右侧的"程序和功能"，打开"程序和功能"窗口。

② 单击"程序和功能"窗口中的"启用或关闭 Windows 功能"，打开图 2-22 所示窗口。

③ 在此界面可以选择要启用或关闭的 Windows 功能，单击"确定"即可完成打开或关闭。

图 2-21　"应用和功能"窗口

图 2-22　"Windows 功能"窗口

2.5.6　账户管理

从 Windows 98 系统开始，计算机支持多用户多任务，多人使用同一台计算机时，可以在系统中分别为这些用户设置自己的用户账户，每个用户用自己的账号登录 Windows 系统，并且多个用户之间的 Windows 设置是相对独立、互不影响的。

在安装系统时，系统会自动创建用户账户，如果需要，可以创建新的账户，还可以根据情况将新账户设置为不同的类型。

在 Windows 10 操作系统中，有两种账户类型供用户选择，分别为本地账户和 Microsoft 账户。本地账户是一种为特定设备创建的账户。使用该账户创建或存储的信息是与该计算机绑定的，无法从其他设备访问。Microsoft 账户是一种并不与设备本身绑定的"关联账户"，Microsoft 账户可以在任意数量的设备上使用，可以从登录的任何设备通过云存储访问 Windows Store 应用程序、设置和数据。

本地账户又分为本地标准账户和管理员账户。

- 标准账户可以使用大多数软件以及更改不影响其他用户或计算机安全的系统设置。
- 管理员账户拥有对全系统的控制权，可以改变系统设置，安装、删除程序和访问计算机上所有的文件。除此之外，还可以创建和删除计算机上的用户账户，更改其他人的账户名、图片、密码、账户类型等。

1．创建本地账户

只有管理员才能创建新账户，所以必须以管理员身份登录。创建本地新账户可按下列步骤操作。

① 单击"开始"→"设置"→"账户"或"开始"→"用户"→"更改账户设置"，打开管理账户窗口，如图 2-23 所示。

② 单击左侧的"家庭和其他用户"，在右侧面板中选择"将其他人添加到这台电脑"，然后选择"我没有这个人的登录信息"→"添加一个没有 Microsoft 账户的用户"。

③ 设置用户名、密码和密码的提示信息，单击"下一步"，即可完成新用户的创建，当前默认创建的账户类型为"标准账户"，如图 2-24 所示。

图 2-23 管理账户窗口

图 2-24 创建新账户后的窗口

2. 更改账户

若要对账户的名称、密码、图片、账户类型等进行更改和设置，或者删除该账户，可以通过以下三种方法设置。

方法一：在图 2-24 窗口中选择"登录选项"，可以设置人脸或指纹等登录，也可选择"密码"重新设置该登录账户的密码信息。

方法二：右击桌面的"此电脑"，在弹出的快捷菜单中选择"管理"菜单项，打开"计算机管理"窗口，然后单击"本地用户和组"→"用户"，即可查看本机的所有账户，右击所要更改或删除的账户名称，可重新设置密码或删除该用户。

方法三：单击"开始"→"Windows 系统"→"控制面板"，选择"用户账户"，在"管理账户"窗口中单击希望更改的一个账户，打开"更改账户"窗口，如图 2-25 所示。在这里可以很方便地对账户的名称、密码、图片、账户类型等进行更改。

图 2-25 "更改账户"窗口

Windows 10 允许用户不关闭正在运行的程序而快速切换到另一个用户，这样可以在别的用户完成工作后，继续自己的工作，而且被放到后台执行的应用程序对当前运行的应用的程序影响很小。这种不注销当前用户而切换到另一个用户的方式叫"快速用户切换"，操作步骤是单击"开始"→"用户"，直接选择其他用户即可。

2.5.7 系统和安全设置

Windows 10 系统和安全模块包括防火墙、管理工具、电源、备份、还原以及系统更新等功能，用于查看并更改系统和安全状态，备份并还原文件和系统设置，更新计算机，查看 RAM 和处理器速度以及检测防火墙等，主要是维护系统安全运行。

1. 查看计算机信息

查看计算机基本信息。打开"开始"→"Windows 系统"→"控制面板"→"系统和安全"→"系统"，或右击"此电脑"，在弹出的快捷菜单中选择"属性"命令，均可打开"系统"窗口，如图 2-26 所示，在这里可以查看计算机的基本信息，如操作系统的名称和版本、处理器的信息等。

看计算机设备信息。选择图 2-26 窗口左侧的"设备管理器"，或右击"此电脑"，选择"属性"→"设备管理器"，打开设备管理器窗口，可查看各种硬件设备信息，如处理器、网络适配器和系统设备信息等，如图 2-27 所示。

图 2-26　查看计算机信息

图 2-27　设备管理器

2. 安全性和维护设置

单击图 2-26 窗口左下角的"安全性与维护"，打开"安全和维护"窗口，如图 2-28 所示。单击"更改安全性与维护设置"，可看到 Windows10 操作系统的各种安全提示，在这里可选择需要把该项目前面的勾选框进行勾选或者取消，来选择是否有提示出现。

图 2-28　安全与维护

3. 系统的备份与还原

打开"开始"→"Windows 系统"→"控制面板"→"系统和安全"，单击"备份和还原"超链接，在打开的"备份和还原"窗口中单击"设置备份"，显示如图 2-29 所示。

图 2-29　备份与还原

在打开的窗口中提供了多种备份文件保存位置，可以是本机计算机磁盘，也可以是 DVD 光盘，甚至可以备份保存到 U 盘等设备中；依次单击"下一步"按钮，确认备份信息无误后，单击"保存设置并运行备份"按钮；随后，系统将开始执行备份操作，待 Windows 备份完成后，将自动弹出提示对话框，单击"关闭"按钮完成备份操作。

如果出现磁盘数据丢失或操作系统崩溃的现象，可以还原以前备份的数据。在"备份和还原"窗口中单击"从备份还原文件"超链接。在打开的界面中单击"还原我的文件"按钮，打开"还原文件"对话框，选择已保存的备份文件。返回"还原文件"对话框，单击"下一步"，选择还原位置后单击"还原"按钮即可开始还原操作。

2.5.8 任务管理器

Windows 的任务管理器提供了有关计算机性能的信息，并显示了计算机上所运行的程序和进程的详细信息，可以显示最常用的度量进程性能的单位；如果连接到网络，那么还可以查看网络状态并迅速了解网络是如何工作的。

右击任务栏空白处，选择"任务管理器"，或按下 <Ctrl+Shift+Esc>（或 <Ctrl+Alt+Del>）组合键，即可打开任务管理器的简略信息窗口，单击"详细信息"，可进入到任务管理器的详细界面，如图 2-30 所示。

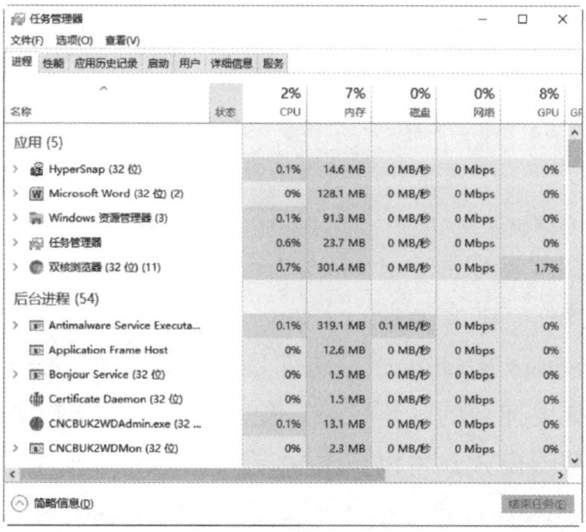

图 2-30 任务栏管理器

任务管理器提供了"文件"、"选项"和"查看"三个选项卡，其下还有"进程"、"性能"、"应用历史记录"、"启动"、"用户"、"详细信息"和"服务"七个选项卡。

任务管理器显示所有当前正在运行的进程，包括应用程序、后台服务等，以及隐藏在系统底层深处运行的病毒程序或木马程序都可以在这里找到。在"进程"选项卡中找到需要结束的应用或进程名，单击"结束任务"命令，就可以强行终止，不过这种方式将丢失未保存的数据，而且如果结束的是系统服务，则系统的某些功能可能无法正常使用。

"性能"选项卡可显示当前系统的 CPU 利用率、内存使用量及磁盘、以太网等数据。

Windows10 操作系统下无须使用 360 软件管家等类似软件或者敲命令行的方式来管理开机启动项，可以直接在"启动"选项卡中进行设置。如果要禁止可开启开机时运行的程序，选中对应程序名称，单击"禁用"或"启用"即可。

2.6 Windows 10 附件

Windows 10 的"Windows 附件"下有不少实用的小工具，比如记事本、写字板、计算器、画图……这些系统自带的工具虽然体积小巧、功能简单，但是却常常发挥很大的作用，让我们使用计算机更便捷、更有效率。

2.6.1 记事本

"记事本"是 Windows 提供的一个用来创建简单文档的文本编辑器，可以用来查看或编辑纯文本文件（.TXT）。由于"记事本"保存的 TXT 文件不包含特殊的字符或其他格式，故可以被 Windows 中的大部分应用程序调用。"记事本"使用方便、快捷、应用广泛，如一些应用程序的自述文件"Readme"通常是以记事本的形式保存的。另外，也常用"记事本"编辑各种高级语言的程序文件，它也是创建 Web 页 HTML 文档的一种较好的工具。

在"记事本"中用户可以使用不同的语言格式创建文档，而且可以用不同的编码进行打开或保存文件，如 ANSI、UTF-8 或 Unicode、Unicode big-endian 等格式。当使用不同的字符集工作时，程序将默认保存为标准的 ANSI（美国国家标准化组织）文档。

打开"记事本"的方法很简单，右击桌面或计算机某文件夹空白处，在弹出的快捷菜单中，选择"新建"→"文本文档"，或者单击"开始"→"Windows 附件"→"记事本"，即可打开"记事本"应用程序。

2.6.2 截图工具

Windows 10 系统自带的截图工具，可以按照常规用矩形、窗口、全屏方式截图，也可以根据需要按任意形状截图，图片截取后，还可以对图片进行简单的加工，给重要地方加个下画线或者用"荧光笔"圈出等操作，非常方便。

单击"开始"→"Windows 附件"→"截图工具"，即可打开截图工具窗口，如图 2-31 所示，单击"新建"按钮即可选择要捕获的屏幕区域。单击"模式"下拉菜单可以选择截图方式。

启动后软件直接进入截图模式，可以按 ESC 键（或者主界面上的"取消"按钮）取消，需要截取诸如菜单选项（快捷菜单）等内容时可以按 <Ctrl + PrtSc> 组合键（打印屏幕，有的键盘上可能是 <PrScrn>）激活它来进行截取。

截图成功后，系统会自动打开"截图工具"，可以将截图保存为 HTML、PNG、GIF 或 JPEG 等格式的文件。

截图完成之后，Windows 10 还提供了一些简单的处理工具：保存、复制、发邮件、笔、荧光笔、橡皮。"截图工具"示例如图 2-32 所示。

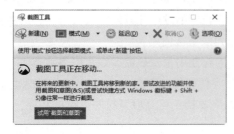

图 2-31 "截图工具"窗口

图 2-32 "截图工具"示例

2.6.3 命令提示符

Windows 10 的"命令提示符"程序又被称为"MS-DOS 方式"。MS-DOS 是 Microsoft Disk Operating System 的缩写，是一种在早期的个人计算机上广泛使用的命令行界面操作系统。"MS-DOS 方式"是在 32 位系统（如 Windows 98、Windows NT 和 Windows 2000 等）中仿真 MS-DOS 环境的一种外壳。因为 MS-DOS 应用程序运行安全、稳定，有的用户还在使用。

在 Windows 7 系统下可以直接运行 DOS 程序，中文版 Windows 10 中的"命令提示符"进一步提高了与 DOS 操作命令的兼容性。当需要运行 DOS 程序时，单击"开始"→"Windows 系统"→"命令提示符"，即可打开图 2-33 所示的"命令提示符"窗口。

在"命令提示符"窗口中，如果需要执行复制、粘贴等操作，右击标题栏，在弹出的快捷菜单中指向"编辑"，可以看到其级联子菜单中有"标记""复制""粘贴"等命令，如图 2-34 所示。

图 2-33 "命令提示符"窗口

图 2-34 "命令提示符"窗口快捷菜单

对于使用 Turbo C、QB 等编写程序的用户，有时需要在其编程环境和 Windows 之间来回复制源代码或数据，借助图 2-34 所示的"编辑"子菜单，可以实现上述工作。从"命令提示符"窗口复制文本到 Windows，操作步骤如下。

① 在"命令提示符"窗口打开 DOS 应用程序，并使之运行在"窗口"模式下。

② 单击"编辑"子菜单中的"标记"命令，使之处于"标记"状态。

③ 拖动鼠标，选择要复制的文本。

④ 单击"编辑"子菜单中的"复制"命令，将被选定的内容复制到剪贴板。

⑤ 单击任务栏上的 Windows 应用程序，移动光标到需要复制数据的位置，按 <Ctrl+V> 组合键，或单击 Windows 应用程序窗口工具栏中的"粘贴"按钮，完成复制。

如果需要将 Windows 应用程序中的数据复制到 DOS 应用程序，可标选定要复制的文本，然后按 <Ctrl+C> 组合键，或单击应用程序工具栏上的"复制"按钮，将选中的内容复制到剪贴板上，再切换到窗口模式下的 DOS 应用程序，移动光标到需要复制的位置后，单击"编辑"子菜单中的"粘贴"命令。

提 示：

Windows10 中的命令提示符里开始使用 <Ctrl+V> 来粘贴剪贴板内容。

2.6.4 管理工具

为了优化系统资源，使系统能快速、安全地运行，Windows 提供了若干管理工具。本小节仅介绍"磁盘清理"和"磁盘碎片整理程序"两个工具。

1. 磁盘清理

系统工作一段时间后，会产生很多垃圾文件，如临时下载的程序文件、上网时留下的缓冲文件、已安装但不再使用的程序等。利用 Windows 10 提供的磁盘清理工具，可以轻松而又安全地实现磁盘的清理，释放磁盘空间，从而提高计算机的性能。单击"开始"→"Windows 管理工具"→"磁盘清理"，选择要清理的磁盘，单击"确定"即可开始清理磁盘。

2. 碎片整理和优化驱动器

磁盘（尤其是硬盘）经过长时间的使用后，会出现很多零散的空间和磁盘碎片，一个文件可能会被分别存放在不同的磁盘空间中，这样在访问该文件时系统就需要到不同的磁盘空间中去寻找该文件的不同部分，从而影响了运行的速度。同时，由于磁盘中的可用空间也是零散的，创建新文件或文件夹的速度也会降低。"碎片整理"可以将那些非连续存放的文件，经重新整理后存储在连续的磁盘空间，并将空余的碎片合并在一起成为连续的空间，实现提高运行速度的目的。

Windows 10 系统默认每周启动一次磁盘碎片整理程序，用户可根据需要设置磁盘碎片整理程序配置。单击"开始"→"Windows 管理工具"→"碎片整理和优化驱动器"，打开"优化驱动器"窗口，单击"更改设置"，进行设置即可。

习　题

一、选择题

1. 人与裸机间的接口是（　　）。

    A. 应用软件   B. 操作系统

    C. 支撑软件   D. 都不是

2. 操作系统是一套（　　）程序的集合。

    A. 文件管理   B. 中断处理

    C. 资源管理   D. 设备管理

3. 操作系统的功能不包括（　　）。

    A. CPU 管理   B. 日常管理

    C. 作业管理   D. 文件管理

4. 批处理系统的主要缺点是（　　）。

    A. CPU 使用效率低   B. 无并行性

    C. 无交互性   D. 都不是

5. 要求及时响应、具有高可靠性、安全性的操作系统是（　　）。

    A. 分时操作系统   B. 实时操作系统

    C. 批处理操作系统   D. 都是

6. 能够实现通信及资源共享的操作系统是（　　　）。

  A. 批处理操作系统   B. 分时操作系统

  C. 实时操作系统   D. 网络操作系统

7. 在下列系统中，（　　　）是实时系统。

  A. 计算机激光照排系统   B. 办公自动化系统

  C. 化学反应堆控制系统   D. 计算机辅助设计系统

8. 用户使用文件时不必考虑文件存储在哪里、怎样组织输入输出等工作，我们称为（　　　）。

  A. 文件共享   B. 文件按名存取

  C. 文件保护   D. 文件的透明

9. 对文件的管理是对（　　　）进行管理。

  A. 主存   B. 辅存

  C. 地址空间   D. CPU 处理过程的管理

10. 存储管理的主要目的在于（　　　）。

  A. 协调系统的运行

  B. 提高主存空间利用率

  C. 增加主存的容量

  D. 方便用户和提高主存利用率

二、填空题

1. 计算机系统使用方便和_____是操作系统的两个主要设计目标。

2. 操作系统对文件的管理，采用_____。

3. 存储管理的目的是尽可能方便用户和_____。

4. 进程是一个_____态概念，而程序是一个_____态概念。

5. 启动任务管理器的组合键是_____。

6. 回收站是_____盘中的一块区域，通常用于_____逻辑删除的文件。

7. 文件的扩展名反映文件_____。

8. 通配符 "*" 表示_____，"?" 表示_____。

9. 在 Windows 中，把一个文件 play.doc 的属性设置为_____时，默认情况下在窗口中不显示出来。

10. 采用虚拟存储器的目的是_____。

三、操作题

1. 文件及文件夹的操作。

（1）在 D 盘的根目录下以学生自己姓名建立一新文件夹，在该文件夹中建立名为 "图像" 文件夹与 "MP3" 文件夹。

（2）查找 C 或 D 盘中所有 JPG 格式的文件，选择其中几个，放入 "图像" 文件夹中，再查找 MP3 格式的文件，选择 1 个放入 "MP3" 文件夹中，重命名为 "SONG.MP3"。

（3）在桌面上为 SONG.MP3 创建一个快捷方式图标，并打开该文件。

（4）删除 "图像" 文件夹，并清空回收站。

（5）在E盘的根目录下建立一个以自己学号命名的文件夹,属性设为"隐藏",单击"查看"选项卡，在"显示/隐藏"组中选择"隐藏的项目"，将该隐藏文件设为可见。

2. Windows 10基本操作。完成下述操作，并将每一步的最后设置界面使用截图工具进行截图，保存到"操作练习.DOC"文档中。

（1）创建上帝模式：在桌面上新建一个文件夹，并对该文件夹重命名为"GodMode.{ED7BA470-8E54-465E-825C-99712043E01C}"，会出现一个命名"GodMode"的图标。

（2）创建一新账户"学生"，账户类型为本地的"标准用户"。

（3）以"详细信息"的查看方式显示C盘下的文件，并将文件按修改日期的顺序进行排序。

（4）设置屏幕保护程序为"3D文字"，文字内容为"好好学习"，等待时间为1分钟。

（5）设置回收站的属性，所有驱动器均使用同一设置（回收站最大空间为5%）。

（6）把截图工具小工具锁定到任务栏。

第3章

>>> 信息素养

在信息化社会中，信息素养是一个人需要具备的基本能力。当人们面对大量的信息时，如何获取信息、处理信息并有效地评价与利用信息，会对将来的学习工作和生活产生重要的影响。信息素养和很多学科都有着紧密的联系，强调对信息技术的认识和理解，以及信息的应用能力。本章将在 Office 2010 环境下介绍信息排版、电子表格处理以及演示文稿等方面的知识，这是和人们学习生活更为贴近的一种能力，是必备的一类信息素养。

本章教学目标：

- 熟练 Word 环境下的文档处理，文字编辑排版，制作表格、图文综合排版等操作。
- 熟悉 Excel 电子表格制作，掌握公式与函数的操作，图表的插入以及相关数据管理功能。
- 学习 PowerPoint 演示文稿制作，掌握幻灯片的设计和编辑，为其添加动画特效，设置幻灯片之间的切换方式并完成放映。

3.1 文字处理软件 Word

在日常生活中，常常需要对文字进行输入、编辑和排版，Word 是一款功能强大且实用的文字处理软件，具有丰富的文字处理、表格处理和图文混排功能，能制作出图文并茂的各种办公和商业文档。

3.1.1 字符格式设置

字符格式设置包括改变字符的字体、字号、颜色，以及设置粗体、斜体、下画线等修饰效果。在 Word 中，中文字体格式默认为宋体、五号字；西文字体为 Times New Roman 等。以下列出了一些常见的字符格式和特殊效果。

中文字体：宋体**黑体**楷体仿宋华文行楷华文隶书

西文字体：Arial**Arial Black**TimesNewRoman

一号字二号字三号字　四号字　　五号字　六号字

10磅14磅18磅22磅24磅28磅

粗体斜体**粗斜体**下画线1下画线2　X^2　字符

字符缩放 150%　字　符　间　距　5　磅

在 Word 中设置字符格式通常有三种方法。

- 使用"字体"组。通过"开始"选项卡"字体"组中的各个工具按钮设置字符格式,如图 3-1 所示。
- 使用浮动工具栏。选择需要设置格式的文本,会出现一个半透明的工具栏,其中列出了一些常用的工具按钮。
- 使用"字体"对话框。单击"字体"组右下角的对话框启动按钮 ,打开"字体"对话框,如图 3-2 所示。

图 3-1 "字体"组

图 3-2 "字体"对话框

3.1.2 段落格式设置

段落包括缩进、对齐、行间距、段间距、列表等多种格式属性。设置段落格式主要采用以下两种方法。

- 单击"开始"选项卡"段落"组的相关按钮设置段落格式,如图 3-3 所示。
- 单击"段落"组右下角的对话框启动按钮,打开"段落"对话框,如图 3-4 所示。

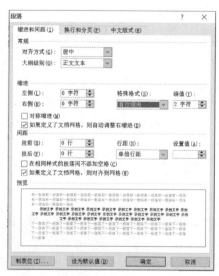

图 3-3 "段落"组

图 3-4 "段落"对话框

1. 段落缩进

段落缩进使段落之间的层次更加清晰，段落缩进包括 4 种类型，如图 3-5 所示。

- 首行缩进，控制段落中第一行的缩进量，一般为 2 个字符。
- 悬挂缩进，控制除第一行以外，其他各行的缩进量。
- 左缩进，控制段落整体与页面左边距的缩进量。
- 右缩进，控制段落整体与页面右边距的缩进量。

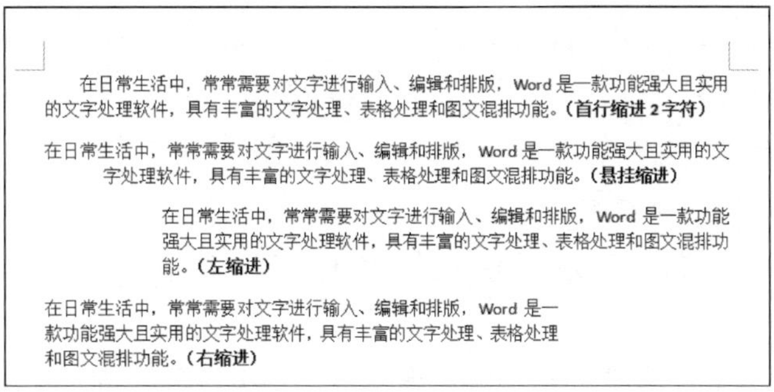

图 3-5　段落缩进示例

设置段落缩进，也可以通过水平标尺的缩进标记实现，如图 3-6 所示。

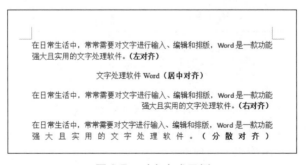

图 3-6　水平标尺缩进标记

2. 对齐方式

Word 提供了左对齐、居中对齐、右对齐、两端对齐和分散对齐 5 种对齐方式，默认为两端对齐。对齐方式示例如图 3-7 所示。

图 3-7　对齐方式示例

3. 行间距与段间距

行间距与段间距是调整文档美观的一项必不可少的内容。行间距是行与行之间的垂直距离。一般情况下采用单倍行距，也可以设置为 1.5 倍行距、2 倍行距、最小值、固定值和多倍行距。设置行距时，需要选择应用行距的段落或文本行。段间距用来表示文本与上下段落之间的距离，常用来设置标题与正文之间的距离。行间距示例如图 3-8 所示，段间距示例如图 3-9 所示。

行间距与段间距是调整文档美观的一项必不可少的内容。行间距是行与行之间的垂直距离。一般情况下采用单倍行距，也可以设置为 1.5 倍行距、2 倍行距、最小值、固定值和多倍行距。设置行距时，需要选择应用行距的段落或文本行。段间距用来表示文本与上下段落之间的距离，常用来设置标题与正文之间的距离。

行间距与段间距是调整文档美观的一项必不可少的内容。行间距是行与行之间的垂直距离。一般情况下采用单倍行距，也可以设置为 1.5 倍行距、2 倍行距、最小值、固定值和多倍行距。设置行距时，需要选择应用行距的段落或文本行。段间距用来表示文本与上下段落之间的距离，常用来设置标题与正文之间的距离。

图 3-8　行间距示例（1.5 倍行距）

在日常生活中，常常需要对文字进行输入、编辑和排版，Word 是一款功能强大且实用的文字处理软件，具有丰富的文字处理、表格处理和图文混排功能，能制作出图文并茂的各种办公和商业文档。

9.1.1　字符格式设置

字符格式设置包括改变字符的字体、字号、颜色，以及设置粗体、斜体、下划线等修饰效果。在 Word 中，中文字体格式默认为宋体、五号字；西文字体为 Times New Roman 等。以下列出了一些常见的字符格式和特殊效果。

图 3-9　段间距示例（标题上下间距 9 磅）

4．列表形式的段落

Word 提供的项目符号和编号功能，可以更清晰地表示文档中的要点、方法、步骤等层次结构，是段落应用的一种格式。

单击"开始"选项卡"段落"组中的"项目符号"下拉按钮，选择所需的项目符号，也可以自定义项目符号为其他的字符或图片。单击"编号"下拉按钮，选择相应的编号样式，如数字、字母、罗马数字等，或者自定义编号样式、编号格式和对齐方式等。列表形式的段落示例如图 3-10 所示。

段落缩进包括 4 种类型：
◇　首行缩进
◇　悬挂缩进
◇　左缩进
◇　右缩进

段落格式化包括五方面：
A.　段落缩进
B.　对齐方式
C.　行间距
D.　段间距
E.　列表形式的段落

段落缩进包括 4 种类型：
☺　首行缩进
☺　悬挂缩进
☺　左缩进
☺　右缩进

段落格式化包括五方面：
I.　段落缩进
II.　对齐方式
III.　行间距
IV.　段间距
V.　列表形式的段落

图 3-10　列表段落示例

3.1.3　表格应用

当需要处理诸如简历表、课程表、通讯录等数据信息时，经常使用表格来完成。表格可以有条理地表达数据之间的复杂关联，清晰地进行数据对比，并进行简单的计算和排序。

在 Word 中插入表格，采用以下三种方式。

- 选择"插入"选项卡的"表格"组，单击"表格"按钮，在虚拟表格中拖动鼠标，选择所需行数和列数，如图 3-11 所示。
- 如果插入的表格超出了 8 行 10 列，在图 3-11 中，选择"插入表格"命令，打开"插入表格"对话框，如图 3-12 所示。
- 在图 3-11 中，选择"绘制表格"命令，鼠标指针变为笔形状，可以绘制任意复杂的表格。

当插入表格后，Word 会增加一个"表格工具"选项卡，可以对表格进行编辑和美化工作。

图 3-11 插入表格

图 3-12 "插入表格"对话框

【例 3-1】 制作表格，如图 3-13 所示。

超市商品销售表

时间商品		一季度			二季度		
		一月	二月	三月	四月	五月	六月
食品	饼干	130	190	150	160	170	180
	干果	350	420	330	310	350	300
	巧克力	510	590	530	580	550	490
洗化	洗发水	270	260	200	230	210	280
	洗面奶	310	290	330	300	350	370
	洗衣液	430	410	450	490	460	470

图 3-13 超市商品销售表

① 单击"插入"选项卡"表格"组中的"表格"按钮，插入 8 行 8 列的表格。

② 合并单元格。选择表格第一列 3 至 5 单元格，选择"表格工具 / 布局"选项卡，在"合并"组中单击"合并单元格"按钮，如图 3-14 所示。参照此步骤，合并表格中的其他相应单元格，生成表格如图 3-15 所示。

图 3-14 合并单元格

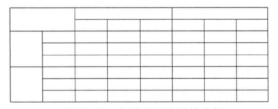

图 3-15 合并单元格后的表格

③ 调整行高或列宽。拖动表格中最后一条水平线到适当位置，在"表格工具 / 布局"选项卡的"单元格大小"组中，单击"分布行"按钮，如图 3-16 所示，此时表格中平均分布各行。

④ 绘制斜线表头。选择"表格工具 / 设计"选项卡，在"绘图边框"组中单击"绘制表格"按钮，如图 3-17 所示，在表头位置绘制斜线。

⑤ 输入表格信息。

⑥ 设置表格内对齐方式。单击表格左上角的 ⊞ 图标，选中整个表格。选择"表格工具 / 布局"选项卡，在"对齐方式"组中，选择水平居中，此外还可以设置文字方向为横排或竖排，如图 3-18 所示。

图 3-16　平均分布表格各行

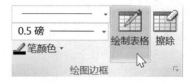

图 3-17　绘制表格

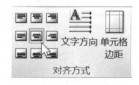

图 3-18　设置对齐方式

3.1.4　图文混排

为了使文章更具吸引力，除了文字外还需要有图片的点缀。Word 提供了丰富的图形素材，包括剪贴画、图片、艺术字和自选图形等对象。

1.　插入剪贴画

剪贴画是 Word 自带的图片格式，用来修饰文档。选择"插入"选项卡的"插图"组，单击"剪贴画"按钮，如图 3-19 所示，在文档右侧打开"剪贴画"任务窗格，单击"搜索"按钮后，可以看到所有 Word 提供的剪贴画缩略图，如图 3-20 所示。将鼠标指针移至缩略图上，会显示该图的宽度、高度、大小以及文件格式等相关信息。

图 3-19　"插图"组

图 3-20　"剪贴画"任务窗格

2.　插入图片

有时文章中需要插入的图片来自其他的途径，如用绘图软件绘制的图片，或者相机拍摄的照片等，单击"插入"选项卡"插图"组的"图片"按钮，打开"插入图片"对话框，选择相应的图片文件。

3.　插入艺术字

Word 提供了很多内置的艺术字样式，如图 3-21 所示。单击"插入"选项卡"文本"组中的"艺术字"下拉按钮，选择所需的艺术字样式后，在文章相应位置出现艺术字占位符，在其中输入具体的文字。

4.　插入形状

Word 提供了一系列的自选图形形状，包括各种线条、椭圆、矩形等基本形状，各类箭头及流程图等，如图 3-22 所示。选择"插入"选项卡的"插图"组，单击"形状"下拉按钮，选择需要插入的形状。

在插入图形素材后，还需要对图形进行必要的格式设置，包括图形的大小、边框和填充效果、颜色亮度和对比度、图片样式、三维格式、图片与文字的环绕方式以及对齐方式等。完成这些格式设置通常采用两种方法。

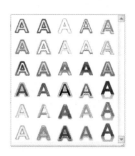

图 3-21　艺术字样式

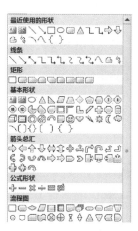

图 3-22　自选形状

- 选择插入的图形，出现"图片工具 / 格式"选项卡，通过选项卡中的各工具按钮进行格式设置，如图 3-23 所示。

图 3-23　"图片工具 / 格式"选项卡

- 在"图片工具 / 格式"选项卡中，单击"图片样式"组右下角的对话框启动按钮，打开"设置图片格式"对话框，如图 3-24 所示。

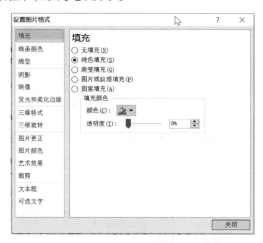

图 3-24　"设置图片格式"对话框

3.1.5　Word 综合排版

一篇图文并茂的文章，包含文字、图片、艺术字、表格、文本框等多个对象，这些对象不能杂乱无章地排列在一起。文档的清晰美观程度与版面的布局密切相关，诸如文本的合理布局、文本与图形的灵活定位等内容，因此在编辑文档之前首先要在全局把握文档的排版。在 Word 中，版面布局的方式有很多种，例如表格排版、分栏排版和文本框排版等。

【例 3-2】制作图 3-25 所示版面的文档。

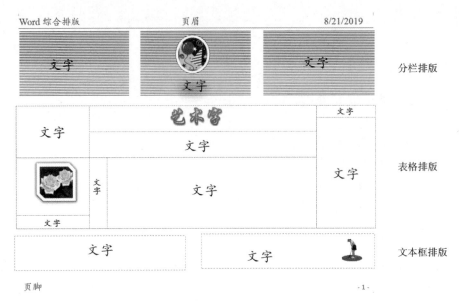

图 3-25　Word 综合排版示例

（1）页面设置

在进行文档编辑和布局以前，要先完成页面设置，主要包括设置纸张大小、定义页边距、设置文字方向以及页面背景等。通常完成页面布局采用两种方法。

- 选择"页面布局"选项卡的"页面设置"组，如图 3-26 所示，单击相关的工具按钮完成页面设置。

图 3-26　"页面设置"组

- 单击"页面设置"组右下角的对话框启动按钮，打开"页面设置"对话框，如图 3-27 所示。

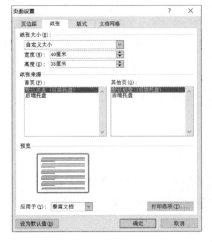

图 3-27　"页面设置"对话框

（2）分栏操作

分栏的布局样式多用于报刊或杂志。输入文本信息，选择需要分栏的文本，在"页面布局"选项卡的"页面设置"组中，单击"分栏"下拉按钮，下拉列表中提供了两栏、三栏、偏左和偏右 4 种分栏效果，如图 3-28 所示，选择需要的选项。单击列表中的"更多分栏"命令，打开"分栏"对话框，如图 3-29 所示，提供了更详细的设置方案，包括自定义栏数、设置栏宽以及栏间距等。

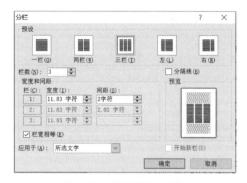

图 3-28 "分栏"下拉列表　　　　图 3-29 "分栏"对话框

（3）插入图片并设置格式

在文档中插入图片，在"图片工具 / 格式"选项卡中设置图片的大小、颜色、样式、对齐方式以及与文字的环绕方式等格式。

当插入图片时，默认的图文混排方式为"嵌入型"，如图 3-30 所示。如果需要将图片移动到任意位置，并且文字环绕在图片周围，如图 3-31 所示，在"图片工具 / 格式"选项卡的"排列"组中，单击"自动换行"按钮，在下拉列表中选择"四周型环绕"。

图 3-30 "嵌入型"图文混排　　　　图 3-31 "四周型环绕"图文混排

（4）表格排版

表格是综合排版的一个主要手段。插入一个 3 行 3 列的表格，选择"表格工具 / 布局"选项卡，单击"合并"组的"合并单元格"按钮或"拆分单元格"按钮，完成不规则表格中单元格的合并与拆分；也可以单击"表格工具 / 设计"选项卡中的"绘制表格"按钮，在表格的相应位置画出需要的线条，完成图 3-25 中的表格排版布局。

在表格中输入文字信息，也可以在表格中插入图片、艺术字等对象。表格只是作为排版的一个工具，因此制作完成后需要将表格的线条隐藏，单击"表格工具 / 设计"选项卡中的"边框"按钮，在下拉列表中选择"无框线"命令。

（5）文本框的使用

文本框是 Word 提供的一个很好的排版工具。文本框是一个容器，在其中可以添加文字、图片和表格等对象。当移动文本框时，可以把文字、图片和表格放置到文档的任意位置。在"插入"选项卡的"文本"组中，单击"文本框"按钮，弹出图 3-32 所示的下拉列表，可以选择 Word 提供的内置风格的文本框，也可以单击"绘制文本框"命令，拖动鼠标，在文档中画出相应大小的文本框。

选择插入的文本框，在"绘图工具 / 格式"选项卡中设置文本框的颜色、线条、填充效果、文字方向、大小以及文字环绕方式等，也可以右击，打开"设置形状格式"对话框，在其中完成相关格式设置。

文本框作为排版工具，其边框也需隐藏。选择"绘图工具 / 格式"选项卡，在"形状样式"组中，单击"形状轮廓"按钮，在下拉列表中选择"无轮廓"，如图 3-33 所示。

图 3-32 "文本框"下拉列表

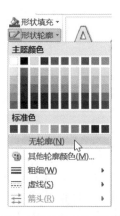

图 3-33 "形状轮廓"下拉列表

（6）插入页眉和页脚

页眉和页脚常用来显示文档名称、章节标题、作者姓名、日期、页码等文字和图形。页眉在每页的顶端，页脚在每页的底端。在一页中设置了页眉和页脚，该文档的所有页面均会显示。也可以在文档的不同部分设置不同的页眉和页脚。

在"插入"选项卡的"页眉和页脚"组中，单击"页眉"按钮，在下拉列表中选择适当的页眉样式，此时正文变成灰色不可编辑状态，在可编辑的页眉区插入相应的文字或图片。同时，在页脚区也可以插入相应的内容，如页码等。

当页眉和页脚区处于可编辑状态时，会显示"页眉和页脚工具 / 设计"选项卡，如图 3-34 所示，根据需要插入日期、时间、页码、图片等信息，也可以在文档的首页或奇偶页设置不同的页眉和页脚。

图 3-34 "页眉和页脚工具 / 设计"选项卡

3.1.6 长文档排版

1. 样式排版

对于书刊、论文等拥有几十页或者更长篇幅的长文档，为了提高排版的效率，通常采用"样式"统一段落的风格。同一层次的标题或段落具有相同的文本和段落格式，因此可以定义相应的样式，避免了重复性的工作，并且使文档格式的修改更加方便。

【例 3-3】长文档的样式排版。文章中包含了三级标题，排版后的格式如图 3-35 所示。

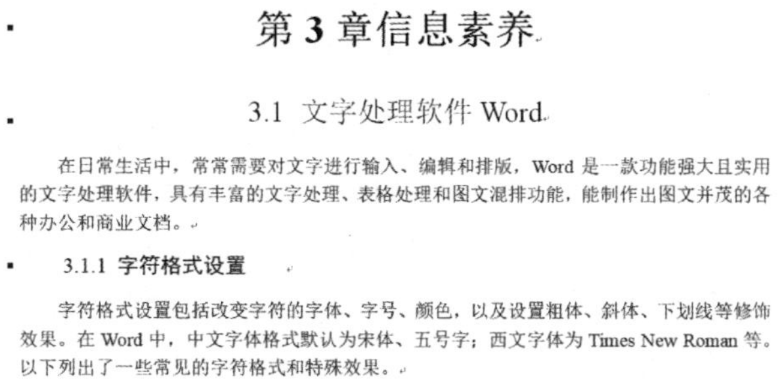

第 3 章 信息素养

3.1 文字处理软件 Word

在日常生活中，常常需要对文字进行输入、编辑和排版，Word 是一款功能强大且实用的文字处理软件，具有丰富的文字处理、表格处理和图文混排功能，能制作出图文并茂的各种办公和商业文档。

3.1.1 字符格式设置

字符格式设置包括改变字符的字体、字号、颜色，以及设置粗体、斜体、下划线等修饰效果。在 Word 中，中文字体格式默认为宋体、五号字；西文字体为 Times New Roman 等。以下列出了一些常见的字符格式和特殊效果。

图 3-35 长文档排版

（1）建立样式

单击"开始"选项卡"样式"组右下角的对话框启动按钮，弹出"样式"任务窗格，如图 3-36 所示。单击下方的"新建样式"按钮，打开"根据格式设置创建新样式"对话框。设置一级标题格式，名称为"标题一"，字体"宋体"，二号字，粗体，居中对齐，如图 3-37 所示。如果需做进一步的格式设置，单击左下角的"格式"按钮，在列表中选择"段落"命令，打开"段落"对话框，设置大纲级别"1 级"，段前、段后间距均为 20 磅。

图 3-36 "样式"任务窗格

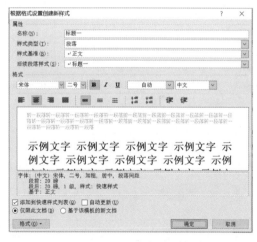

图 3-37 新建样式

用同样的方法建立其他级别的样式。

"标题二"，宋体，三号字，居中对齐，段前、段后间距 12 磅，大纲级别"2 级"。

"标题三"，黑体，小四号字，两端对齐，首行缩进 2 字符，段前、段后间距 9 磅，大纲级别"3 级"。

"正文一"，宋体，五号字，左对齐，首行缩进 2 字符，大纲级别"正文文本"。

"图表标题"，宋体，小五号字，居中对齐。

（2）应用样式

样式建立完成后，选择"开始"选项卡的"样式"组，在列表中可以看到新建的几种样式名称，如图 3-38 所示。

图 3-38 "样式"列表

选择或将光标定位在标题“第 3 章信息素养”中，在“样式”列表中单击“标题一”，即可完成该样式的应用。依次将建立好的“标题二”“标题三”“正文一”“图表标题”应用于文档的相应段落部分。

2. 创建目录

目录是根据文档内容列出的一个多级标题清单，能够清晰地反映文档的层次结构，可以帮助读者快速地检索到需要阅读的内容。目录一般包括目录项和页码两部分。目录项通常是文档的标题文本，如一级标题、二级标题等，因此在文档中定义准确的标题内容与合理的标题样式是生成良好目录的前提。目录中的标题层次不需要太多，往往定义到三级标题比较合适。页码是文档中该目录项内容出现的起始页码。

【例 3-4】进一步完善例 3-3 中的长文档，在文档的起始页插入目录。

定位光标到需要插入目录的位置。选择“引用”选项卡的“目录”组，单击“目录”按钮，在下拉列表中选择相应的目录样式，如图 3-39 所示。也可以选择“插入目录”命令，打开“目录”对话框，如图 3-40 所示，设置目录的模板格式、显示级别、页码的对齐方式以及制表符前导符等。插入的目录如图 3-41 所示。

图 3-39 “目录”列表

图 3-40 “目录”对话框

第 9 章 信息素养........1
9.1 文字处理软件 Word........1
9.1.1 字符格式设置........1
9.1.2 段落格式设置........2
9.1.3 表格应用........4
9.1.4 图文混排........5
9.1.5 Word 综合排版........7
9.1.6 长文档排版........10
9.2 电子表格软件 Excel........12
9.2.1 Excel 的数据类型........12
9.2.2 Excel 表格制作........13
9.2.3 公式与函数........14
9.2.4 数据图表的设计........16
9.2.5 数据的管理与分析........17

图 3-41 目录效果

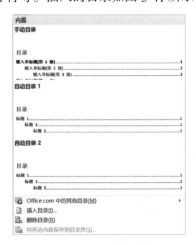

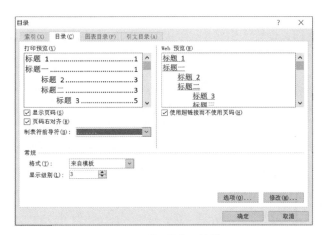

3.2 电子表格软件 Excel

电子表格软件 Excel 广泛应用于财务、统计、行政、金融等众多领域，可以高效地完成各类精美电子表格和图表的设计，进行各种复杂的数据计算和统计分析。

3.2.1 Excel 的数据类型

1. 数值型数据

数值型数据由 0 ~ 9 的数字以及一些特殊符号组成，包括正号（+）、负号（-）、小数点（.）、百分号（%）、指数符号（E、e）、分数线（/）、货币符号（￥、$）和千分隔符（,）等。默认情况下，数值型数据在单元格中靠右对齐。

不同的数字符号有不同的输入方法，需要遵循不同的输入规则。当输入的数值不包括千分隔符，并且数值较大时（整数部分大于 11 位），Excel 会自动转化为科学计数法表示数据。当输入分数时，要在整数和分数之间加一个空格，否则 Excel 会自动识别为日期型数据。例如：表示分数"5/6"，应输入"0 5/6"；输入分数"4 1/5"表示数据 4.2。

2. 文本型数据

文本型数据包含汉字、英文字母、数字、空格以及其他符号。在默认情况下，文本在单元格中靠左对齐。

在电子表格中，常常会遇到电话号码、编号等全部由数字组成的字符串，需要作为文本来处理，此时需要在第一个数字前加单引号"'"。例如输入编号'080501，单元格中显示为080501，作为文本型数据靠左对齐。

3. 日期时间型数据

Excel 默认的日期格式为"yyyy-mm-dd"，在输入时可以使用"/"或"-"来分隔日期中的年、月和日，如输入"2019/8/18"或者"2019-8-18"。时间的默认格式为"hh:mm:ss"，时、分、秒以":"来分隔。如果在单元格中同时输入日期和时间，需要在日期和时间之间加一个空格。日期时间型数据默认靠右对齐。

3.2.2 Excel 表格制作

1. 数据的输入

在工作表中输入数据有两种方式，如图 3-42 所示。

- 直接在单元格中输入数据。

图 3-42　数据输入

- 在编辑栏中输入。选择要输入的单元格为活动单元格，在编辑栏中输入数据，单击"输入"按钮✔，输入完成。

2. 数据的快速填充

Excel 的自动填充功能可以用来输入重复数据或者有规律的数据，包括数值序列、文本和数字的组合序列以及日期时间序列等。

（1）使用填充柄填充数据

在起始单元格中输入数据，将鼠标指针指向单元格的右下角，当指针变成"+"形状（填充柄）

时，按住左键横向或纵向拖动到目标位置后会弹出"自动填充选项"按钮 ，在下拉菜单中选择所需菜单项，即可完成数据的填充，如图3-43所示。

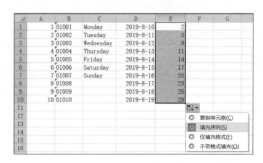

（2）使用对话框填充数据

在"开始"选项卡的"编辑"组中，单击"填充"下拉按钮，在下拉列表中选择"系列"命令，打开"序列"对话框，如图3-44所示。在对话框中进行相关的设置，可以实现等差数列、等比数列和日期等有规律数据序列的填充。例如，在列的方向实现步长为9的等比序列，如图3-45所示。

图3-43　使用填充柄填充数据

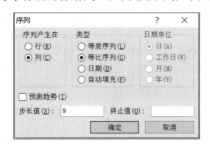

图3-44　"序列"对话框

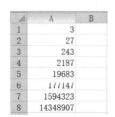

图3-45　填充等比数列

3. 格式化工作表

美观、规范和专业的格式，能够使工作表更好、更清晰地展现数据，包括设置字体、对齐方式、数据格式、表格边框和填充底纹等。格式化工作表一般通过两种方式来完成。

- 通过"开始"选项卡的"字体"、"对齐方式"和"数字"组中的相关按钮完成格式设置。
- 通过单击"字体"、"对齐方式"和"数字"组右下角的对话框启动按钮，打开"设置单元格格式"对话框进行格式设置，如图3-46所示。

图3-46　"设置单元格格式"对话框

【例3-5】建立"学生成绩表"，输入表格数据并进行相关格式设置，如图3-47所示。

图 3-47 学生成绩表

提示:

Excel 包含三个基本元素,分别是工作簿、工作表和单元格。工作簿是 Excel 中存储和处理数据的文件,系统默认的扩展名为 .xlsx。工作表是用来存储和处理数据的电子表格,一个工作簿中默认包含 3 张工作表 Sheet1、Sheet2 和 Sheet3。单元格是工作表行列交叉处的方格,是 Excel 中进行数据处理的最小单位。

3.2.3 公式与函数

对于工作表中的大量数据,常常需要进行复杂的计算和管理分析,Excel 提供了公式与函数的功能。公式是对单元格中的数值进行加减乘除等运算,而函数是 Excel 预定义的内置公式。

1. 运算符与优先级

Excel 的运算符包括 4 种类别,分别是算术运算符、比较运算符、文本运算符和引用运算符,具体运算符的使用方法以及优先级如表 3-1 所示。

表 3-1 Excel 运算符

类　别	运　算　符	说　明	举　例	优先级
引用运算符	:(冒号)	区域运算符,两个单元格引用之间的所有单元格	SUM(A5:D15)	1
	,(逗号)	联合运算符。将多个单元格引用合并为一个引用	SUM(A5:D15,C10:G20)	
	(空格)	交叉运算符。表示两个单元格引用中所共有的单元格	SUM(A5:D15 C10:G20)	
算术运算符	-(负号)	取负数运算	-5	2
	%	百分数运算	10%	3
	^	乘幂运算	2^4（值 16）	4
	* 和 /	乘法运算、除法运算	3*5、3/5	5
	+ 和 -	加法运算、减法运算	A1+B1、A1-B1	6
文本运算符	&	连接两个文本字符串,生成新的字符串	"Good "&" morning"	7
比较运算符	<、<=、>、>=、=、<>	小于、小于等于、大于、大于等于、等于、不等于	25<>10、A1<=A2	8

提示:

在 Excel 公式中,通常使用单元格地址来引用单元格中的数据。如 SUM(A5:D15) 表示对单元格 A5 到 D15 之间的所有数据求和。

2. 公式的创建

Excel 进入公式输入状态，必须以等号（=）开头。可以在单元格中直接输入公式，也可以在编辑栏中输入公式。在单元格中显示计算结果，而在编辑栏中显示公式本身。对于工作表中功能相似的公式，Excel 提供了公式的复制填充功能，工作效率得到了极大的提高。

【例 3-6】在"学生成绩表"中，计算每位学生三门课程的总分。

具体操作步骤如下。

① 选择单元格 I3，输入公式"=F3+G3+H3"，得到第一位学生三门课程的总分。

② 将指针指向 I3 单元格右下角的填充柄，向下拖动到单元格 I12，进行公式的复制填充，得到所有学生的总分，如图 3-48 所示。

在 Excel 公式中，对单元格的引用分为相对引用和绝对引用。相对引用要求直接使用单元格的列标和行号作为其引用的单元格数据，如 A10。在进行公式复制填充时，需要单元格引用随着公式地址的变化而变化，指向与当前公式所在单元格相对位置不变的单元格。绝对引用要求在列标和行号的前面分别加上"$"符号，如 $A$10。绝对引用表示单元格的绝对地址，不管公式被复制到什么位置，其中的单元格引用都不会改变。

在例 3-6 中，如果将公式改为绝对引用"=$F$3+$G$3+$H$3"，结果如图 3-49 所示。

	学生成绩表							
学号	姓名	性别	班级	出生日期	数学	外语	计算机	总分
019060101	张明	男	计算机1班	2001-9-15	75	72	92	=F3+G3+H3
019060102	刘亚红	女	计算机1班	2001-3-23	62	71	68	201
019060103	赵大鹏	男	计算机1班	2002-4-19	90	86	95	271
019060104	王晓丹	女	计算机1班	2002-11-20	80	70	76	226
019060105	欧阳瑞	男	计算机1班	2001-10-21	63	52	61	176
019060201	吴丹	女	计算机2班	2001-7-10	69	75	82	226
019060202	李海亮	男	计算机2班	2000-6-15	93	96	88	277
019060203	陈小菲	女	计算机2班	2003-12-20	65	87	73	225
019060204	孙雯雯	女	计算机2班	2002-1-23	89	72	79	240
019060205	周朋宇	男	计算机2班	2001-8-26	50	76	67	193

图 3-48　公式的复制填充

数学	外语	计算机	总分
75	72	92	=$F$3+$G$3+$H$3
62	71	68	239
90	86	95	239
80	70	76	239
63	52	61	239
69	75	82	239
93	96	88	239
65	87	73	239
89	72	79	239
50	76	67	239

图 3-49　绝对地址引用

3. 函数的使用

Excel 提供了很多内置函数，如常用函数、数学与三角函数、日期与时间函数、统计函数、财务函数、查找与引用函数等。函数具有一定的语法格式：

函数名（参数 1，参数 2，……）

在 Excel 表格中插入函数，通常采用"插入函数"向导的方法来完成，分为选择函数和设置参数两个步骤。

【例 3-7】"学生成绩表"如图 3-50 所示，完成以下工作。

	学生成绩表									
学号	姓名	性别	班级	出生日期	数学	外语	计算机	总分	排名	等级
019060101	张明	男	计算机1班	2001-9-15	75	72	92	239	4	B
019060102	刘亚红	女	计算机1班	2001-3-23	62	71	68	201	8	B
019060103	赵大鹏	男	计算机1班	2002-4-19	90	86	95	271	2	A
019060104	王晓丹	女	计算机1班	2002-11-20	80	70	76	226	5	B
019060105	欧阳瑞	男	计算机1班	2001-10-21	63	52	61	176	10	C
019060201	吴丹	女	计算机2班	2001-7-10	69	75	82	226	5	B
019060202	李海亮	男	计算机2班	2000-6-15	93	96	88	277	1	A
019060203	陈小菲	女	计算机2班	2003-12-20	65	87	73	225	7	B
019060204	孙雯雯	女	计算机2班	2002-1-23	89	72	79	240	3	A
019060205	周朋宇	男	计算机2班	2001-8-26	50	76	67	193	9	B

图 3-50　函数应用

① 依据所有学生的总分进行排名。

② 依据总分进行等级划分，要求 240 分以上的为 "A"，180~239 分为 "B"，180 分以下为 "C"。

① 依据所有学生的总分进行排名，操作步骤如下。

a. 选择 J3 单元格，单击编辑栏的 "插入函数" 按钮 **fx**，或单击 "公式" 选项卡 "函数库" 组中的 "插入函数" 按钮，打开 "插入函数" 对话框，选择 "RANK" 函数，如图 3-51 所示。

b. 单击 "确定" 按钮，打开 "函数参数" 对话框，设置相应参数，如图 3-52 所示。

图 3-51 "插入函数" 对话框

图 3-52 RANK "函数参数" 对话框

② 依据总分进行等级划分。

选择 IF 函数进行条件逻辑判断，由于划分为三个等级，因此在 "函数参数" 对话框中，参数设置出现了函数嵌套，如图 3-53 所示，具体公式 "=IF(I3>=240,"A",IF(I3>=180,"B","C"))"。

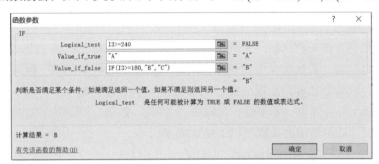

图 3-53 IF "函数参数" 对话框

3.2.4 数据图表的设计

为了更直观地表示数据的大小、掌握数据变化的趋势以及比较分析数据，Excel 引入了图表功能。Excel 提供了柱形图、折线图、饼图、条形图等多种图表类型，根据实际需求选择相应的图表类型。

【例 3-8】在 "学生成绩表" 中创建图表，要求对 "计算机 1 班" 学生三门课程的成绩进行对比分析。操作步骤如下。

① 在表格中选择用于创建图表的数据区域，包括相关的行标题、列标题和对应数据。当选择不连续区域时，在拖动鼠标的同时需要按住 <Ctrl> 键。

② 在 "插入" 选项卡的 "图表" 组中，选择某一图表类型，在下拉列表中选择相应的图表样式，如 "柱形图" 📊 中的 "三维柱形图"。生成图表如图 3-54 所示。

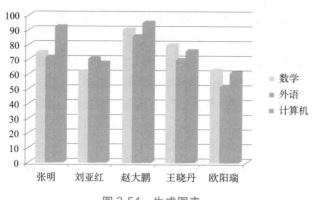

图 3-54　生成图表

选择图表区域，Excel 会增加"设计"、"布局"和"格式"三个"图表工具"选项卡，可以对图表进行编辑和修改，包括更改图表的类型、更新图表中的数据、更改图表的样式、设置图表的标签布局以及设置图表的格式等操作。

3.2.5　数据的管理与分析

Excel 提供了许多强大的功能来对数据进行管理和分析，如排序、筛选和分类汇总等。利用这些功能，可以方便地完成许多日常生活中的数据处理工作，也可以为企事业单位的管理决策提供有力的依据。

1．数据清单的建立

数据清单是指包含相关数据的一系列工作表数据行，从形式上看是一个二维表。可以把数据清单看成一个数据库。数据清单中的每一行对应数据库中的一条记录；数据清单中的列对应数据库中的字段，列标题也称为字段名称。例如，在"学生成绩表"中，每一位学生的信息占一行，为一条记录；每一列为一个字段，列标题"学号""姓名""班级"等为该字段的字段名。

要使工作表成为数据清单必须满足以下格式要求。

- 一个数据清单最好能单独占据一个工作表。
- 在数据清单的第一行创建字段名（即列标题），一般是文本型的数据。字段名应与其他数据相区别，可以采用不同的格式，如字体、字号等。
- 数据清单的每一行代表一个记录，用于存放一组相关的数据。
- 数据清单的每一列代表一个字段，必须具有相同的数据类型。
- 避免在数据清单中出现空行或空列。
- 如果工作表中还有其他数据，数据清单与其他数据之间至少要留出一个空行或空列。

💡 提　示：

　　对数据进行管理，如排序、筛选和分类汇总等操作，只有在数据清单的格式下才能正确进行。创建和修改数据清单的最简便的方法就是直接在工作表中输入数据。

2．数据排序

为了提高工作效率，在实际工作中常常需要对杂乱无章的数据进行排序。在数据清单中，可以根据一列或多列的内容按升序或降序对记录重新排序，但不会改变每一行记录的内容。对于数值型数据按照大小顺序排列，文本型数据按字符对应 ASCII 码值的大小排列，日期型数据按照时间先后排列。

（1）简单排序

简单排序是指根据某一列（字段）为关键字进行的排序。单击要排序列中的任意单元格，在"数据"选项卡的"排序和筛选"组中，单击"升序"按钮↓或"降序"按钮↓。

（2）复杂排序

在简单排序完成后，常常会出现有多个数据相同的情况，如果还需要进一步排序，可以选择复杂排序，即对数据清单中的多列（字段）为关键字进行的排序。

【例 3-9】打开"学生成绩表"，先根据"总分"升序排列，"总分"相同的再按照"计算机"成绩降序排列。具体操作步骤如下。

① 单击数据清单中的任意单元格，在"数据"选项卡的"排序和筛选"组中，选择"排序"命令，打开"排序"对话框。

② 在"排序"对话框中，需要设置主要关键字为"总分"，次要关键字为"计算机"，并分别设置排序次序，如图 3-55 所示。

图 3-55　复杂排序

3．数据筛选

在实际应用中，常常需要从大量的数据中查询出符合某些条件的数据，Excel 提供了数据筛选的功能，将满足条件的数据显示出来，而暂时隐藏其他数据。

（1）自动筛选

【例 3-10】在"学生成绩表"中，要求筛选出"计算机 1 班"数学成绩在 70~90 分之间的学生信息。具体操作步骤如下。

① 选择数据清单中的任意单元格，在"数据"选项卡的"排序和筛选"组中，单击"筛选"按钮，此时数据清单的每个列标题右侧均出现一个下拉按钮。

② 单击"班级"右侧的下拉按钮，选择"计算机 1 班"。

③ 单击"数学"右侧的下拉按钮，进行二次筛选，在下拉列表中选择"数字筛选"中的"自定义筛选"命令，如图 3-56 所示，在打开的"自定义自动筛选方式"对话框中设置数学成绩的范围，如图 3-57 所示，筛选后的结果如图 3-58 所示。

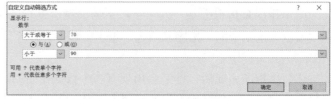

图 3-56　自定义筛选　　　　　　图 3-57　"自定义自动筛选方式"对话框

	A	B	C	D	E	F	G	H	I	J	K
1					学生成绩表						
2	学号	姓名	性别	班级	出生日期	数学	外语	计算机	总分	排名	等级
3	019060101	张明	男	计算机1班	2001-9-15	75	72	92	239	4	B
6	019060104	王晓丹	女	计算机1班	2002-11-20	80	70	76	226	5	B

图 3-58　自动筛选结果

（2）高级筛选

对于一些较为复杂的筛选操作，有时利用自动筛选无法完成，可以使用高级筛选功能。完成高级筛选，首先需要设置条件区域，要求该区域与数据清单之间必须留出至少一个空行。条件的书写规则如下。

● 第一行必须是条件中涉及的待筛选数据所在列的列名（字段名）。

● 当两个条件同时成立，即为"与"的关系时，必须将条件写在相应字段名下方的同一行。

● 当两个条件只需满足其中任意一个条件，即为"或"的关系时，必须将条件写在相应字段名下方的不同行。

【例 3-11】在"学生成绩表"中，筛选出男生"计算机"成绩在 80 分以上，或者"等级"为 A 的学生信息。具体操作步骤如下。

① 在单元格区域 C14:E16 建立条件区域，设置筛选条件。

② 在数据清单中选择任一单元格，在"数据"选项卡的"排序和筛选"组，单击"高级"命令，打开"高级筛选"对话框，相关设置如图 3-59 所示。

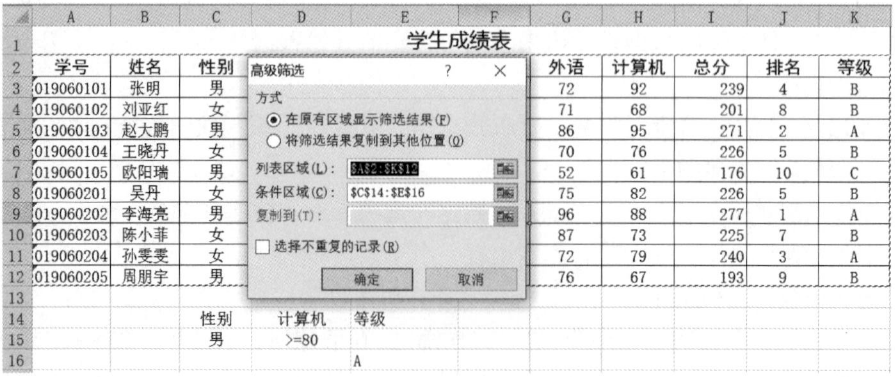

图 3-59　高级筛选

4. 分类汇总

分类汇总是指通过排序操作，将数据清单中字段值相同的记录分类集中，然后进行求和、求平均、计数等汇总操作。

【例 3-12】在"学生成绩表"中，按"班级"进行分类，对每个班级学生的数学、外语和计算机成绩分别进行汇总求平均值。具体操作步骤如下。

① 将数据清单按照"班级"进行升序排列。

② 在"数据"选项卡的"分级显示"组中，单击"分类汇总"命令，打开"分类汇总"对话框，如图 3-60 所示，进行分类字段、汇总方式、选定汇总项等相关设置，汇总结果如图 3-61 所示。

图 3-60 "分类汇总"对话框

			A	B	C	D	E	F	G	H	I	J	K
							学生成绩表						
			学号	姓名	性别	班级	出生日期	数学	外语	计算机	总分	排名	等级
			019060101	张明	男	计算机1班	2001-9-15	75	72	92	239	4	B
			019060102	刘亚红	女	计算机1班	2001-3-23	62	71	68	201	8	B
			019060103	赵大鹏	男	计算机1班	2002-4-19	90	86	95	271	2	A
			019060104	王晓丹	女	计算机1班	2002-11-20	80	70	76	226	5	B
			019060105	欧阳璐	男	计算机1班	2001-10-21	63	52	61	176	10	C
						计算机1班 平均值		74	70.2	78.4			
			019060201	吴丹	女	计算机2班	2001-7-10	69	75	82	226	5	B
			019060202	李海亮	男	计算机2班	2000-6-15	93	96	88	277	1	A
			019060203	陈小菲	女	计算机2班	2003-12-20	65	87	73	225	7	B
			019060204	孙雯雯	女	计算机2班	2002-1-23	89	72	79	240	3	A
			019060205	周丽宇	男	计算机2班	2001-8-26	50	76	67	193	9	B
						计算机2班 平均值		73.2	81.2	77.8			
						总计平均值		73.6	75.7	78.1			

图 3-61 分类汇总结果

3.3 演示文稿制作软件 PowerPoint

PowerPoint 是 Office 系列办公软件中的一个组件，具有强大的演示文稿制作与编辑功能，在多媒体演示、产品推介、个人演讲等多方面得到广泛应用。

3.3.1 PowerPoint 的视图模式

不同的视图模式提供了观看和操作文档的不同方式。PowerPoint 提供了 4 种常用视图模式，分别是普通视图、幻灯片浏览视图、备注页视图和幻灯片放映视图。视图切换一般通过两种方法来完成。

图 3-62 演示文稿视图

方法 1：通过"视图"选项卡"演示文稿视图"组中的各工具按钮可以选择不同的视图模式，如图 3-62 所示。

方法 2：单击演示文稿窗口右下角的视图按钮。

普通视图是 PowerPoint 的默认视图，主要用于幻灯片的设计和编辑。幻灯片浏览视图可以从整体上浏览当前演示文稿中所有幻灯片的效果，调整幻灯片的排列顺序，实现复制、移动、删除等操作，但不能直接编辑和修改幻灯片的具体内容。备注页视图分为上下两部分，上半部分是缩小的幻灯片，下半部分是文本备注页，可以对当前幻灯片撰写相关备注内容。幻灯片放映视图以全屏方式查看演示文稿的实际放映效果，包括动画展示以及幻灯片切换等效果。这 4 种视图模式如图 3-63 所示。此外，阅读视图是 PowerPoint 2010 新增的一种视图模式，以窗口方式显示演示文稿的放映效果。

（a）普通视图

（b）幻灯片浏览视图

（c）备注页视图

（d）幻灯片放映视图

图 3-63　演示文稿 4 种视图模式

3.3.2　幻灯片的设计与编辑

新建演示文稿后，需要使其中的幻灯片具有统一的风格，包括背景、颜色、字体等。通过对演示文稿的模板、配色方案、背景以及版式的设计，实现对幻灯片内容与布局的合理统一，同时达到美化幻灯片的目标。

1. 幻灯片的设计

设计模板决定了幻灯片外观的整体设计，包括背景、预定的配色方案以及字体风格等。在"设计"选项卡的"主题"组中，单击下拉列表，可以看到 PowerPoint 提供的所有预设主题模板，如图 3-64 所示。

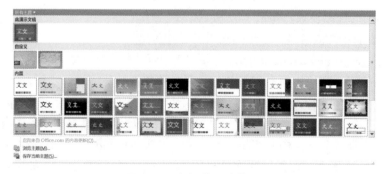

图 3-64　幻灯片设计模板

当选择了其中一个设计模板后，还可以在此基础上对背景样式以及配色方案进行相应的调整。单击"设计"→"背景"→"背景样式"下拉按钮，在下拉列表中选择一个背景样式，如图 3-65 所示；或者在列表中选择"设置背景格式"命令，打开"设置背景格式"对话框，如图 3-66 所示，完成需要的背景设置。

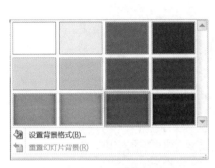

图 3-65 "背景样式"列表

图 3-66 "设置背景格式"对话框

2．幻灯片的版式与内容编辑

对幻灯片进行编辑，需要添加文本、图片、表格、音频、视频等多种对象。PowerPoint 提供了不同的版式来合理布局这些对象。

在"开始"选项卡的"幻灯片"组中，单击"版式"下拉按钮，可以看到一系列版式布局，如图 3-67 所示。这些版式包含一些矩形框，称为占位符。根据占位符中的提示信息可以在其中输入文本，插入图片、表格、图表以及媒体剪辑等对象。

在编辑幻灯片时，如果在选择版式的基础上还需要添加其他对象，如图片、表格、文本框、艺术字等，单击"插入"选项卡，通过选项卡中的各工具按钮完成相应对象的插入，如图 3-68 所示。

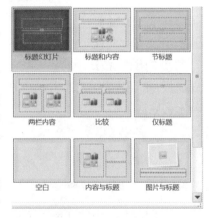

图 3-67 幻灯片版式

图 3-68 "插入"选项卡

3．幻灯片母版

除了标题幻灯片以外，其他使用了相同模板的幻灯片如果包含相同的对象，例如，显示相同的图片或者文字，可以使用幻灯片母版来完成。

单击"视图"→"母版视图"→"幻灯片母版"，打开"幻灯片母版"选项卡，如图 3-69 所示，可以对幻灯片的版式、主题、背景等进行统一的设置。在幻灯片母版视图下添加的文字图片等信息，当返回普通视图后无法进行编辑。

图 3-69 "幻灯片母版"选项卡

【例 3-13】制作"唐诗宋词欣赏"演示文稿，如图 3-70 所示。

图 3-70 "唐诗宋词欣赏"演示文稿

操作步骤如下：

① 选择"文件"→"新建"→"空白演示文稿"，单击"创建"按钮。

② 制作第 1 张幻灯片。单击"设计"选项卡，在提供的主题下拉列表中选择"精装书"主题模板，此时默认版式为"标题幻灯片"，删除副标题占位符，在标题占位符位置输入标题文本"唐诗宋词欣赏"。

提 示：

选择的主题模板通常应用于所有幻灯片。也可以选择主题模板后，右击，在弹出的快捷菜单中选择"应用于选定幻灯片"，使当前幻灯片拥有和其他幻灯片不同的样式风格。

③ 制作第 2 张幻灯片。单击"开始"→"幻灯片"→"新建幻灯片"按钮，在下拉列表中选择"标题和内容"版式，在两个占位符位置分别输入文本，并设置字体格式。单击"插入"→"图像"→"图片"，选择图片文件插入相应位置，并设置图片格式。

④ 制作第 3 张和第 4 张幻灯片，都采用"两栏内容"版式，在占位符中分别输入文字以及插入图片，设置字体和图片格式。单击"插入"→"文本"→"文本框"→"横排文本框"，在标题线下方拖动文本框，输入诗人名字。在第 4 张幻灯片的标题位置插入艺术字，单击"插入"→"文本"→"艺术字"，选择适当的艺术字样式。效果如图 3-70 所示。

⑤ 制作第 5 张幻灯片，选择"垂直排列标题与文本"版式，在占位符中输入文字，在左上角插入图片并设置格式。

⑥ 制作第 6 张幻灯片，选择"标题和内容"版式，在下方的占位符中单击表格图标，插入 3 行 2 列表格，在"表格工具"选项卡中设置表格格式。

⑦ 选择第 1 张幻灯片，单击"插入"→"媒体"→"音频"→"文件中的音频"，选择一

个音频文件作为播放幻灯片时的背景音乐。插入音频文件后，会显示一个小喇叭符号，选中的同时出现"音频工具"选项卡，在"音频工具/播放"选项卡中设置播放属性，如图3-71所示。

图 3-71 "音频工具 / 播放"选项卡

⑧ 单击"视图"→"母版视图"→"幻灯片母版"，在幻灯片的左上角插入图片，并设置格式。关闭幻灯片母版，切换回普通视图，可以看到除了标题幻灯片，每张幻灯片左上角都显示该图片。

3.3.3 幻灯片的互动设计

幻灯片在设计与编辑完成后，需要添加各种互动效果，包括对幻灯片中的文本图片等对象进行动画设计，根据内容在幻灯片之间进行跳转和导航，以及设置幻灯片之间的切换方式等。

1. 设计动画效果

为幻灯片中的标题、文本、图片和表格等对象设计动画效果，可以使幻灯片的放映更加生动活泼，增强互动效果。

【例 3-14】为"唐诗宋词欣赏"演示文稿中的幻灯片添加动画效果。

操作步骤如下：

① 打开例 3-13 保存的演示文稿，选择第 3 张幻灯片。

② 选中标题"望庐山瀑布"，切换到"动画"选项卡，如图 3-72 所示。

图 3-72 "动画"选项卡

③ 在"动画"组的下拉列表中显示了常用动画效果，包括进入、强调、退出和动作路径四大类。选择"进入"类的"飞入"效果。单击"高级动画"→"动画窗格"，在打开的动画窗格中显示第 1 个动画。单击"动画"→"效果选项"，对当前动画的属性进行修改，方向设置为"自右侧"，如图 3-73 所示。此外，在"计时"组中选择该动画单击"开始"、持续时间 2 秒，如图 3-74 所示。

图 3-73 "效果选项"下拉列表

图 3-74 "计时"组设置动画属性

④ 选择诗人名字文本框，添加"进入"类的"翻转式由远及近"动画。在动画窗格中单击该动画右侧的下拉箭头，打开动画设置菜单，如图3-75所示，选择"单击开始"，然后单击"效果选项"命令，在弹出的对话框中设置该动画的相关属性，在"计时"选项卡中设置为"快速（1秒）"，如图3-76所示。

图 3-75　动画设置菜单　　　　图 3-76　"翻转式由远及近"动画属性设置

⑤ 设置图片动画效果为"进入"类的"形状"动画，效果选项设置方向"缩小"，形状"圆"，"计时"选项卡持续时间2秒。如果该图片还需要添加第二个动画效果，单击"高级动画"→"添加动画"，例如选择"强调"类的"透明"动画效果。

⑥ 选择诗句文本框，添加"进入"类的"浮入"动画，设置为"单击开始""中速"。此时动画窗格如图3-77所示，每句诗都需要单击才能开始。如果需要动画连续播放，分别单击动画6、7和8右侧的下拉按钮，选择"从上一项之后开始"，动画窗格如图3-78所示。

图 3-77　单击播放诗句　　　　　　图 3-78　连续播放诗句

⑦ 单击动画窗格上方的播放按钮，预览动画效果。

2. 幻灯片跳转与导航

通过PowerPoint提供的超链接和动作按钮两种方法，实现演示文稿中幻灯片的跳转与导航。可以在本文档内导航，也可以链接到其他文件。当幻灯片放映时，单击超链接或动作按钮，可以跳转到所需要的位置。

【例3-15】为幻灯片设置超链接和动作按钮。

操作步骤如下。

① 打开例3-14保存的演示文稿，选择第2张幻灯片。选取文字"钱塘湖春行"，右击，在快捷菜单中选择"超链接"，打开"插入超链接"对话框，在"链接到"框中选择"本文档中

的位置"，在右边列表框中选择第 4 张幻灯片，如图 3-79 所示。设置超链接的文字会改变颜色并且加下画线。

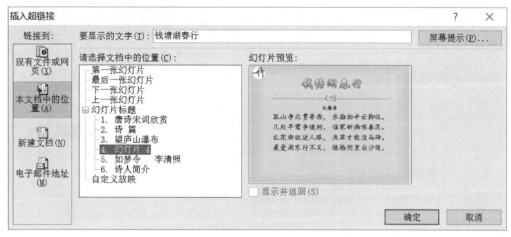

图 3-79 "插入超链接"对话框

② 选择第 4 张幻灯片。单击"插入"→"形状"，最下方显示一系列动作按钮，如图 3-80 所示。选取动作按钮"后退或前一项" ◁，鼠标指针变为十字形状，在幻灯片右下角位置拖动画出按钮，同时弹出"动作设置"对话框。在"单击鼠标"选项卡中选择单选按钮"超链接到"，从下拉列表中选择"上一张幻灯片"，如图 3-81 所示。

图 3-81 "动作设置"对话框

动作按钮

图 3-80 动作按钮图

③ 添加"前进或下一项"动作按钮▷链接到"下一张幻灯片"，方法同步骤②。

④ 单击"自定义"动作按钮，在幻灯片右下角拖动，在"动作设置"对话框中选择"超链接到"→"幻灯片"，弹出"超链接到幻灯片"对话框，选择第 2 张幻灯片，如图 3-82 所示。右击该动作按钮，在快捷菜单中选择"编辑文字"，在按钮上添加文字"返回目录"。添加动作按钮的幻灯片 4 如图 3-83 所示。

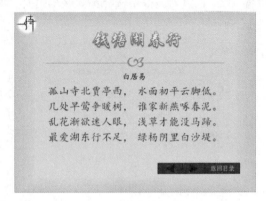

图 3-82 "超链接到幻灯片"对话框　　　　　图 3-83 动作按钮效果

⑤ 放映幻灯片，测试以上超链接和动作按钮。

3. 幻灯片切换

幻灯片的切换效果有多种，可在幻灯片放映时，体验从一张幻灯片切换到另一张幻灯片的视觉效果、声音效果以及切换速度。

【例 3-16】设置幻灯片切换效果。

操作步骤如下。

① 打开例 3-15 保存的演示文稿。

② 选择第 1 张幻灯片，在"切换"选项卡中设置相关切换属性。在切换方式列表中选择"涟漪"，声音设置为"风铃"，换片方式为"单击鼠标时"，如图 3-84 所示。

图 3-84 幻灯片切换

③ 单击"全部应用"按钮，可以保证演示文稿内幻灯片切换的一致性。放映幻灯片观看切换效果。

3.3.4 幻灯片放映

制作完幻灯片后，通过放映来观看效果。设置放映方式通常采用两种方法：

方法 1：通过"幻灯片放映"选项卡的相关按钮完成放映设置，如图 3-85 所示。

图 3-85 "幻灯片放映"选项卡

方法 2：单击"幻灯片放映"→"设置"→"设置幻灯片放映"，打开"设置放映方式"对话框进行放映设置，如图 3-86 所示。

在"开始放映幻灯片"组中提供了 4 种放映方式（见图 3-85）。可以根据需要自定义幻灯片放映方式、选择放映幻灯片的范围以及设置放映顺序等。

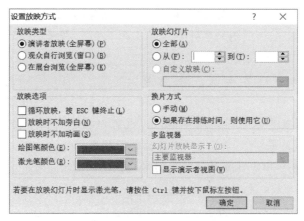

图 3-86 "设置放映方式"对话框

选择"幻灯片放映"→"开始放映幻灯片"→"自定义幻灯片放映"→"自定义放映",打开"自定义放映"对话框,如图 3-87 所示。单击"新建"按钮,弹出"定义自定义放映"对话框,如图 3-88 所示设置放映内容。设置完成,放映名称"诗词欣赏"出现在"自定义放映"对话框中,选中后单击"放映"按钮即可查看放映效果。

图 3-87 "自定义放映"对话框

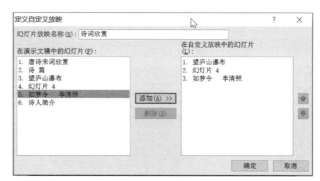

图 3-88 "定义自定义放映"对话框

习　题

一、选择题

1. 下列选项中,Word 段落缩进方式不包括(　　)。

    A. 首行缩进　　　　　　　　　　　　B. 左缩进

    C. 悬挂缩进　　　　　　　　　　　　D. 字符缩进

2. 在 Word 中插入图片后,默认的图文混排方式是(　　)。

    A. 嵌入型　　　　　　　　　　　　　B. 浮于文字上方

    C. 四周型　　　　　　　　　　　　　D. 紧密型

3. 以下函数中,能够进行条件逻辑判断的函数是(　　)。

    A. AVERAGE　　　　　B. IF　　　　　C. COUNTIF　　　　D. SUM

4. 当输入由数字组成的文本型数据时,例如编号、电话号码等,需在第一个数字前加上( )。

  A. 双引号   B. 单引号   C. 等号   D. 分号

二、填空题

1. Word 提供了 5 种对齐方式,分别是 _____、_____、_____、_____、_____。

2. Excel 中的公式既可以在单元格中输入,也可以在编辑栏中输入。输入公式完成后,_____ 中显示计算结果,_____ 中显示公式本身。

3. 在"学生成绩表"中,计算每位学生的平均成绩,使用 _____ 函数完成。此时只需计算第一位学生的平均成绩,利用公式的 _____ 功能,可以得到其他学生的平均成绩。

4. Excel 中的数据筛选功能分为 _____ 和 _____ 两类。

5. Excel 提供了不同类型数据的排序原则,数值型按照 _____,文本型按照 _____,日期型数据按照 _____。

第4章

>>> 计算机网络基础

计算机网络在短短几十年获得了飞速发展，经历了一个从无到有、从简单到复杂的飞速发展过程。特别是作为计算机网络典型代表的互联网，已经呈现出一种遍布全球的、开放集成的、可承载多种网络应用的异构网络互联格局，并且对世界各国的政治、经济、科技和文化等诸方面都产生了巨大的影响。本章主要介绍了计算机网络的相关基础知识、计算机网络安全知识、常用网络检测命令、物联网基础知识。并且从实际应用的角度出发介绍了如何组建简单局域网，以及如何在局域网中共享文件等。

本章教学目标：

- 了解计算机网络基本概念。
- 了解计算机网络安全基础知识。
- 了解常见网络检测命令。
- 了解物联网基础知识。

4.1 计算机网络概述

4.1.1 计算机网络的定义

计算机网络，是指将地理位置不同的具有独立功能的多台计算机及其外围设备，通过通信线路连接起来，在网络操作系统，网络管理软件及网络通信协议的管理和协调下，实现资源共享和信息传递的计算机系统。因此，计算机网络是计算机技术和通信技术相结合的产物，以数据交换为基础，以共享资源为目的。

4.1.2 计算机网络的发展

计算机网络的发展经历了由简单到复杂，由低级到高级的过程。大致可将其发展分为 4 个阶段。

1. 面向终端的计算机网络

面向终端的计算机网络是由单个具有自主处理功能的计算机和多个没有自主处理功能的终端组成网络。一旦离开主机，各个终端将不能正常工作。主机负担较重，多个用户只能共享一台主机资源。

2. 计算机 - 计算机网络（局域网阶段）

计算机 - 计算机网络是由具有自主处理功能的多个计算机组成独立的网络系统。采用分组交换技术实现计算机 - 计算机之间的通信。形成了通信子网和资源子网的网络结构。网络对用户是不透明的。

3．开放式标准化网络

开放式标准化网络是由多台计算机组成，实现网络之间互相连接的开放式标准化网络，具有统一的网络体系结构，遵循国际标准化协议。建立全网统一的通信规则，用通信协议实现网络内部及网络之间的通信；通过网络操作系统，对网络资源进行管理，极大简化了用户的应用，使计算机网络对用户提供透明服务。国际标准化组织 ISO 制订的开放系统互连参考模型 OSI（Open Systems Interconnection Reference Model），成为研究和制订新一代计算机网络标准的基础。

4．网络互联阶段

网络互联阶段各种网络进行互连，形成更大规模的互联网络。Internet 为典型代表，特点是互联、高速、智能与更为广泛的应用。

4.1.3　计算机网络的分类

计算机网络分类主要分为 4 类。按地理跨度的大小，可以分成局域网、城域网、广域网、互联网；按传输速率的快慢，可分为高速网和低速网；按传输介质的不同，可分为有线网和无线网；按网络拓扑结构的不同，可分为环状网、星状网、总线网等。通常计算机网络是按网络的覆盖范围来分类。

1．局域网（Local Area Network，LAN）

局域网就是在局部地区范围内的网络，它所覆盖的地区范围较小。局域网在计算机数量配置上没有太多的限制，少的可以只有两台，多的可达几百台。局域网分为无线局域网和有线局域网。无线局域网，简称 WLAN，是在几千米范围内的建筑物内网络设备互相连接所组成的网络。无线局域网通常使用的是基于 IEEE 802.11 标准，采用的是 2.4 GHz 或 5 GHz 的射频。一个无线局域网能支持几台到几千台无线网络设备的使用。目前无线局域网已经在校园、商场、公司以及高铁等地方得到了广泛的应用。有线局域网是通过传输介质，一般是双绞线或者光纤，将网络设备连接在一起、网络设备地理位置相距在几米至 10 千米以内的网络。通常情况下，有线局域网的运行速度在 100 Mbit/s 到 1 Gbit/s 之间，较新的局域网可以工作在高达 10 Gbit/s 的速率。在传输延迟以及数据传输安全方面，有线局域网的性能要优于无线局域网。

2．城域网（Metropolitan Area Network，MAN）

城域网是在一个城市，但不在同一个小区域范围内的计算机互联。这种网络的连接距离可以在 10 ～ 100 千米，MAN 与 LAN 相比，扩展的距离更长，连接的计算机数量更多，在地理范围上可以说是 LAN 网络的延伸。在一个大型城市或都市地区，一个 MAN 网络通常连接着多个 LAN 网，如连接政府机构的 LAN、医院的 LAN、电信的 LAN、公司企业的 LAN 等。由于光纤连接的引入，使 MAN 中高速的 LAN 互连成为可能。

3．广域网（Wide Area Network，WAN）

广域网也称为远程网，所覆盖的范围比城域网（MAN）更广，它一般是在不同城市之间的 LAN 或者 MAN 网络互联，地理范围可从几百公里到几千千米。

4．互连网（Internet）

互连网又称为"因特网"，无论从地理范围，还是从网络规模来讲，它都是最大的一种网络，从地理范围来说，它可以是全球计算机的互联。

4.1.4　计算机网络系统的组成

计算机网络系统由网络硬件系统和网络软件系统组成。网络硬件对网络的性能起着决定作用，而网络软件则是支持网络运行、提高效益和开发网络资源的工具。

1. 网络硬件

常见的网络硬件有计算机、网络适配器、通信介质及各种网络互连设备等。

（1）计算机

网络中的计算机分为服务器和工作站两种。服务器通常为一台高性能计算机，它向网络用户提供服务，并负责管理网络资源。工作站应是一台具有独立工作能力的计算机，主要功能是向各种服务器发出服务请求，从网络上接收传送给用户的数据。

（2）网络适配器

网络适配器（Network Interface Card，NIC），又称网卡，是使计算机联网的设备，网卡插在计算机主板插槽中，负责将用户要传递的数据转换为网络上其他设备能够识别的格式，通过网络介质传输。

（3）传输介质（通信介质）

传输介质是网络中发送方和接收方之间的物理通路，常用的网络传输介质有双绞线、同轴电缆、光缆等有界媒体，还包括无线通信、微波通信、红外通信、激光通信等无界媒体。

（4）网络互连设备

网络互连设备包括中继器、集线器、路由器、网关、桥接器等（参考 4.3 节）。

2. 网络软件

网络软件能够对网络资源进行全面地管理、调度和分配，并采取必要的安全保密措施，防止用户对数据和信息进行非法访问，保护数据和信息免遭破坏与丢失。

（1）网络协议和协议软件

网络协议是计算机在网络中实现通信时必须遵守的约定。只有相同网络协议的计算机才能进行信息的沟通与交流。这好比人与人之间交流，只有使用相同语言才能正常、顺利地进行交流。

网络协议对计算机网络是不可缺少的，一个功能完备的计算机网络系统需要制定一整套复杂的协议集，将一个复杂系统分解为若干个容易处理的子系统，然后分而治之。对于结构复杂的网络协议来说，最好的组织方式是层次结构模型。

① OSI 网络体系结构。

OSI 参考模型是由国际标准化组织（ISO）制定的标准化开放式计算机网络层次结构模型，ISO 根据整个计算机网络功能将网络分为物理层、数据链路层、网络层、传输层、会话层、表示层和应用层，也称"七层模型"。每层之间相对独立，下层为上层提供服务。

② TCP/IP 体系结构。

TCP/IP 的发展比 OSI 早了约 10 年，技术上的发展较成熟，开发出来的相关应用协议也较多，此外，由于它是应 Internet 的实际需求而产生的，因此在现实环境中可行性也较高。

TCP/IP 是一个协议系列，它包含了 100 多个协议，其中 TCP 与 IP 构成了 TCP/IP 协议簇的核心协议。TCP/IP 模型也是一种层次结构，共分为 4 层，分别为应用层、传输层、网络层和网络接口层。各层实现特定的功能，提供特定的服务和访问接口，并具有相对的独立性。

图 4-1 所示为 OSI 参考模型与 TCP/IP 模型间的对应关系。

（2）网络通信软件

网络通信软件是按着网络协议的要求，完成通信功能的软件。

（3）网络操作系统

网络操作系统是用以实现系统资源共享、管理用户对不同资源访问的应用程序，它是最主要的网络软件。目前流行的网络操作系统有 UNIX、Novell NetWare、Windows NT 等。

OSI参考模型	TCP/IP模型
应用层	应用层
表示层	
会话层	
传输层	传输层
网络层	网络层
数据链路层	网络接口层
物理层	

图 4-1　OSI 参考模型与 TCP/IP 模型间的对应关系

（4）网络管理及网络应用软件

网络管理软件是用来对网络资源进行管理和对网络进行维护的软件。网络应用软件是为网络用户提供服务并为网络用户解决实际问题的软件，如浏览查询软件，传输软件，远程登录软件，电子邮件等。

计算机网络系统在逻辑上也可分为两部分：资源子网和通信子网。资源子网包括各种计算机和相关的硬件、软件，负责信息的加工处理，并向网络提供资源；通信子网包括传输介质和通信设备，提供网络的通信功能。计算机网络系统组成如图 4-2 所示。

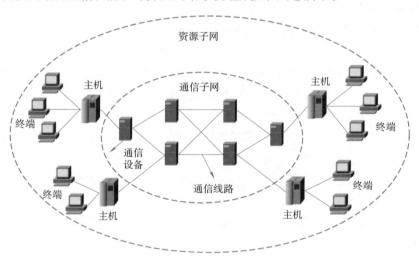

图 4-2　计算机网络系统组成

4.1.5　计算机网络的拓扑结构

网络的拓扑（Topology）结构是指网络中通信线路和结点（计算机或设备）相互连接的几何形式。计算机网络的拓扑结构主要有：总线拓扑、星状拓扑、环状拓扑、树状拓扑等。

1. 总线拓扑

总线结构由一条高速公用主干电缆即总线连接若干个结点构成网络，其结构如图 4-3 所示，网络中所有的结点通过总线进行信息的传输。这种结构的特点是结构简单灵活，建网容易，使用方便，性能好。其缺点是主干总线对网络起决定性作用，总线故障将影响整个网络。

最著名的总线拓扑结构是以太网（Ethernet）。

2．星状拓扑

星状拓扑由中央结点集线器与各个结点连接组成，如图 4-4
所示。各结点必须通过中央结点才能实现通信。星状结构的特点
是结构简单、建网容易，便于控制和管理。其缺点是中央结点负
担较重，容易形成系统的"瓶颈"，线路的利用率也不高。

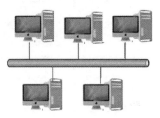

图 4-3　总线拓扑结构

3．环状拓扑

环状结构中由各结点首尾相连形成一个闭合环型线路，如图 4-5 所示。环状网络中的信息
传送是单向的，即沿一个方向从一个结点传到另一个结点；每个结点需安装中继器，以接收、
放大、发送信号。这种结构的特点是结构简单，建网容易，便于管理。其缺点是当结点过多时，
将影响传输效率，不利于扩充。

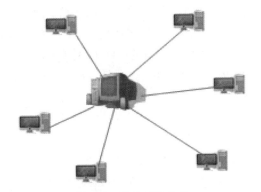

图 4-4　星状拓扑结构

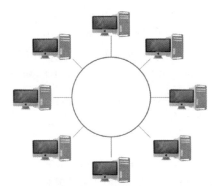

图 4-5　环状拓扑结构

4．树状拓扑

树状拓扑是一种分级结构，如图 4-6 所示。在树状结构的网络中，任意两个结点之间不产
生回路，每条通路都支持双向传输。这种结构的特点是扩充方便、灵活，成本低，易推广，适
合于分主次或分等级的层次型管理系统。缺点是资源共享能力较低，可靠性不高，任何一个工
作站或链路的故障都会影响整个网络的运行。

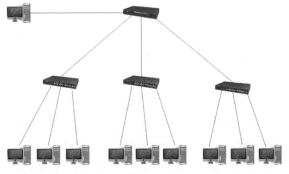

图 4-6　树状拓扑结构图

在一些较大型的网络中，会将两种或几种网络拓扑结构混合起来，各自取长补短，形成混

合型拓扑结构。在无线局域网中会常用到蜂窝拓扑结构，它以无线传输介质（微波、卫星、红外等）点到点和多点传输为特征，是一种无线网，适用于城市网、校园网、企业网。它是星状网络与总线的结合体，克服了星状网络分布空间限制问题。

4.2 Internet 简介

4.2.1 Internet 的发展

Internet，因特网，又叫国际互联网，是由使用公共语言进行通信的计算机连接而成的全球网络。Internet 的应用范围由最早的军事、国防，扩展到美国国内的学术机构，进而迅速覆盖了全球各个领域，运营性质也由科研、教育为主逐渐转向商业化，是当今世界覆盖范围最大、用户最多、资源最丰富、最实用的计算机网络。

中国最早于 1992 年申请接入 Internet，但直到 1994 年才最终获得许可。截至到目前，我们接入 Internet 的骨干网主要有九个，分别是：中国公用计算机互联网（CHINANET）、中国金桥信息网（CIINAGBN）、中国联通计算机互联网（UNINET）、中国网通公用互联网（CNCNET）、中国移动互联网（CMNET）、中国教育和科研计算机网（CERNET）、中国科技网（CSTNET）、中国长城互联网（CGWNET）、中国国际经济贸易互联网（CIETNET）。以上各个骨干网均有自己的独立国际出口与 Internet 相连，连接的国家有美国、加拿大、澳大利亚、法国、英国、日本、韩国等。

中国互联网络信息中心（CNNIC）发布第 46 次《中国互联网络发展状况统计报告》显示："截至 2020 年 3 月，我国网民规模为 9.04 亿，互联网普及率达 64.5%，在线教育用户规模达 3.81亿，占网民整体的 40.5%；在线医疗用户规模达 2.76 亿，占网民整体的 29.4%；远程办公用户规模达 1.99 亿，占网民整体的 21.2%。我国网民规模已经达到 9.40 亿，相当于全球网民的五分之一。互联网普及率为 67.0%，约高于全球平均水平 5 个百分点。"

4.2.2 IP 地址和域名

IP 地址是 Internet 上计算机的编号，为了实现网络环境下计算机之间的通信，网络中任何一台计算机必须有一个唯一地址。在进行数据传输时，通信协议必须在所传输的数据中增加发送信息的计算机地址（源地址）和接收信息的计算机地址（目标地址）。

Internet 有两种类型的地址：IP（IP address）地址和域名（Domain Names）。IP 地址是唯一确定计算机的一组数字，如 64.233.189.104。这些数字确认了想要访问的网络、子网络或计算机。由于数字不容易记忆和识别，可以用一种字符型标识来代替 IP 地址，这就是域名，如 http://www.zut.edu.cn。

1. IPv4

IPv4 的意思是网际协议版本 4，又称互联网通信协议第四版。目前，Internet 所采用的协议族是 TCP/IP 协议族。IP 是 TCP/IP 协议族中网络层的协议，是 TCP/IP 协议族的核心协议。目前 IP 协议的版本号是 4（简称为 IPv4），发展至今已经使用了 40 多年。

IPv4 的地址位数为 32 位，只有大约 2^{32} 即 43 亿个地址。近十年来由于互联网的蓬勃发展，

IP 地址的需求量愈来愈大，使得 IP 地址的发放愈趋严格。各项资料显示，全球 IPv4 地址可能在很短时间内消耗殆尽，地址空间的不足必将影响互联网的进一步发展。最根本的解决办法还是扩大 IP 地址的范围。

（1）IPv4 地址的划分

IPv4 地址是一个 32 位（bit）的二进制数，为了表示方便，国际通行一种"点分十进制表示法"，就是将 32 位二进制数按字节分为 4 组，每组用十进制数表示出来，各字节之间用"."隔开，每组数字取值为 0 ~ 255，形式为 AAA.BBB.CCC.DDD，如 64.233.189.104。

IP 地址分为两部分，由网络标识（NetID）和主机标识（HostID）组成。网络标识用来区分 Internet 上的不同网络，主机标识用来区分同一网络内的不同计算机。

在 Internet 的网络地址可分为 5 类，常用的有 A、B、C 三类，可容纳 200 多万个各类网络和 36 亿台主机。每类网络中 IP 地址的结构，即网络标识长度和主机标识长度都不一样，如表 4-1 所示。

表 4-1　三类 IP 地址

IP 地址类型	第一字节（十进制）	固定最高位（二进制）	网络位（二进制）	主机位（二进制）
A 类	0 ~ 127	0	8	24
B 类	128 ~ 191	10	16	16
C 类	192 ~ 223	110	24	8

A 类网络适用于主机较多的大型网络，一个 A 类 IP 地址由 1 字节的网络地址和 3 字节主机地址组成。网络地址的最高位必须是"0"，地址范围从 1.0.0.0 到 126.0.0.0。可用的 A 类网络有 126 个，网络内部的主机数可达 16 777 214 个。其中 127.0.0.1 是一个特殊的 IP 地址，表示主机本身，用于本地机器上的测试和进程间的通信。

B 类网络适用于中等规模网络，一个 B 类 IP 地址由 2 个字节的网络地址和 2 个字节的主机地址组成，网络地址的最高位必须是"10"，地址范围从 128.0.0.0 到 191.255.255.255。可用的 B 类网络有 16 382 个，每个网络能容纳 65 534 个主机。

C 类网络适用于小型网络，一个 C 类 IP 地址由 3 字节的网络地址和 1 字节的主机地址组成，网络地址的最高位必须是"110"。范围从 192.0.0.0 到 223.255.255.255。C 类网络可达 209 万余个，每个网络能容纳 254 个主机。

提 示：

　　因为全"0"和全"1"的主机地址有特殊含义，不能作为有效的 IP 地址，所以 A 类和 B 类网络内的主机数量实际为 16 777 214 和 65 534。这也是 C 类网络内部主机数量最多为 254 而非 256 的原因。

查询本机 IP 地址（在连接的 Internet 时）的方法如下。

①点击"开始"→"Windows 系统"→"命令提示符"，打开命令提示符窗口。

②在打开的窗口中输入命令"ipconfig"，按 <Enter> 键，即可得到本机的 IP 地址。

（2）子网和子网掩码

为了提高 IPv4 地址的使用效率，每一个网络又可以划分为多个子网。采用借位的方式，从主机最高位开始借位变为新的子网位，剩余部分仍为主机位。这使得 IP 地址的结构分为 3 部分，即网络位、子网位和主机位，如图 4-7 所示。

网络	子网	主机

图 4-7　IP 地址结构

引入子网概念后，网络位加上子网位才能全局唯一地标识一个网络。把所有的网络位用 1 来标识，主机位用 0 来标识，就得到了子网掩码。A、B、C 三类 IP 地址都有自己对应的子网掩码，如表 4-2 所示。

表 4-2　A、B、C 三类 IP 地址默认的子网掩码

IP 地址类型	子网掩码	子网掩码的二进制表示
A 类	255.0.0.0	11111111.00000000.00000000.00000000
B 类	255.255.0.0	11111111.11111111.00000000.00000000
C 类	255.255.255.0	11111111.11111111.11111111.00000000

如欲将 B 类 IP 地址 168.195.0.0 划分成若干子网，每个子网内有 450 台机器。B 类 IP 地址，其默认的子网掩码是 255.255.0.0。450 台主机选用 9 位二进制位（2^9=512）表示主机号即可，因此，可以将 B 类 IP 地址子网掩码 11111111.11111111.00000000.00000000 中表示主机号的二进制位数由 16 位改成 9 位，子网掩码变为 11111111.11111111.11111110.00000000，换算成十进制数为 255.255.254.0。

子网掩码不能单独存在，它必须结合 IP 地址一起使用。子网掩码只有一个作用，就是将某个 IP 地址划分成网络地址和主机地址两部分。通过计算机的子网掩码可以判断两台计算机是否属于同一网段：将计算机十进制的 IP 地址和子网掩码转换为二进制的形式，然后进行二进制"与"（AND）计算（全 1 则得 1，不全 1 则得 0），如果得出的结果是相同的，那么这两台计算机就属于同一网段。

（3）公有 IP（Public IP）和私有 IP（Private IP）

根据使用的效用，在 Ipv4 中，IP 地址可以分为 Public IP 和 Private IP。前者在 Internet 全局有效，后者一般只能在局域网中使用。

① Public IP。在互联网上进行通信，用户必须使用已经在国际互联网络信息中心 InterNIC（Internet Network Information Center）注册的 IP 地址，称为 Public IP。拥有 Public IP 的主机可以在 Internet 上直接收发数据，Public IP 在 Internet 上必定是唯一的。局域网中的计算机要想连接到 Internet，最简单的方法就是为局域网中的每一台主机都分配一个 Public IP。但是 Public IP 的数目是有限的，并且使用 Public IP 需要支付相应的费用，为每台需要访问 Internet 的计算机分配一个单独的 Public IP 并不是一种行之有效的方法。

② Private IP。凡在局域网内部有效的 IP 称为 Private IP。例如在一个孤立的、没有和 Internet 连接的局域网内，可以使用任何 A、B、C 类地址。但是，考虑到这样的局域网有时仍有连

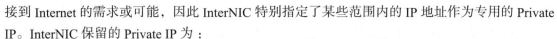

接到 Internet 的需求或可能，因此 InterNIC 特别指定了某些范围内的 IP 地址作为专用的 Private IP。InterNIC 保留的 Private IP 为：

```
10.0.0.0……10.255.255.255          子网掩码为 255.0.0.0
172.16.0.0……172.16.255.255        子网掩码为 255.240.0.0
192.168.0.0……192.168.255.255      子网掩码为 255.255.0.0
```

如果需要建立局域网，可以使用上面三组 IP 中的任何一组，由于这些地址可以被不同的局域网重复利用，因此可以大大节省 Internet 上的 Public IP 资源。

2．IPv6

IPv6（Internet Protocol Version 6）是互联网协议的第 6 版，被称为互联网下一代协议。IPv6 采用 128 位地址长度，一个 IPv6 的 IP 地址由 8 个地址节组成，每节包含 16 个地址位。IPv6 中 IP 地址的长度为 128，即最大地址个数为 2^{128}。在 IPv6 的设计过程中除了解决地址短缺问题以外，还考虑了在 IPv4 中解决不好的其他问题，其主要优势体现在扩大地址空间、提高网络的整体吞吐量、改善服务质量、安全性有更好的保证、支持即插即用和移动性、更好地实现多播功能等。

（1）IPv6 地址表示方法

IPv6 地址由 8 组、每组 4 位 16 进制数字组成，每组之间由 ":" 来分隔，格式为 X:X:X:X:X:X:X:X，其中每个 X 表示一个 16 进制数，例如：

2001:cdba:0000:0000:0000:0000:3257:9652，每个 " : " 前后都是 4 位 16 进制的数字，共分隔成 8 组。

根据简写规则，上述地址可以简写成如下表示：

① 省略前导零，上述 IP 地址可以表示为：

2001:cdba:0:0:0:0:3257:9652（4 个 0 简写成 1 个 0）

② 通过使用双冒号（::）代替一系列零来指定 Ipv6 地址，上述地址可以表示为：

2001:cdba::3257:9652（:0:0:0:0: 简写成 ::，即省略所有的 0）

> **注　意：**
> 在 Ipv6 中，一个 IP 地址中只可使用一次双冒号。

（2）IPv6 地址分类

IPv6 地址是单个或一组接口的 128 位标识符。在 IPv4 中，IP 地址分为 A、B、C、D、E 五类，IPv6 主要划分为三种地址类型：单播地址、组播地址和任播地址。IPv6 各类地址的介绍如下：

单播（Unicast）地址：单播地址作为一个单一的接口标识符，IPv6 数据包发送到一个单播地址被传递到由该地址标识的接口，对应于 IPv4 的普通公网和私网地址。

多播（MultiCast）地址：多播地址作为一组标识符，多播地址的行为 / 接口可能属于不同的节点集合，IPv6 数据包发送到多播地址被传递到多个接口。

任播（AnyCast）地址：一组接口（一般属于不同节点）的标识符，发往任播地址的包被送给该地址标识的接口之一（路由协议度量距离最近的）。

（3）IPv6 地址的发展

未来互联网的发展离不开 IPv6 的支持和应用，许多国家都采取了一些切实可行的措施，积极地进行 IPv6 的建设和研究。IPv6 也引起了各国、各地区、各运营商的足够重视，截至 2019

年 5 月，中国电信、移动、联通的主干网络设备已全部支持 IPv6，已完成全国 30 个省城域网网络 IPv6 改造。在众多的设备提供商和运营商的努力下，不同平台上的 IPv6 系统软件和应用软件及面向 IPv6 网络的路由器产品已经开发出来。Microsoft Windows 从 Windows 2000 起就开始支持 IPv6，到 Windows XP 时已经进入了产品完备阶段。而 Windows Vista 及以后的版本，如 Windows 7、Windows 8 等操作系统都已经完全支持 IPv6。Linux 从 2.6 版本以后的系统同样支持 IPv6 的成熟产品。一些网络基础设施和核心设备都已陆续开始支持其使用，目前市面上的华为、友讯、小米等品牌的部分路由器支持 IPv6。

3. 域名

由于用数字难于记忆，为便于解释机器的 IP 地址，可以采用英文符号来表示 IP 地址，这就产生了域名系统（DNS），并按地理和机构类别来分层。每个域名也由几部分组成，每部分称之为域，域与域之间用圆点（.）隔开，最末的一组叫做域根，前面的叫做子域。一个域名通常包含 3 ~ 4 个子域。域名所表示的层次是从右到左逐渐降低的。例如，sun20.zut.edu.cn，其中，cn 是代表中国的顶级域名；edu 代表教育机构；zut 代表中原工学院；sun20 则表示主机，是一台具有 IP 地址的计算机的名字。

表 4-3 和表 4-4 分别列出了以地域和机构划分的顶级域名。

表 4-3　以地域划分的顶级域名

顶 级 域 名	国　　家	顶 级 域 名	国　　家	顶 级 域 名	国　　家
aq	南极洲	ar	阿根廷	at	奥地利
au	澳大利亚	be	比利时	br	巴西
ca	加拿大	ch	瑞士	cn	中国
de	德国	dk	丹麦	es	西班牙
fi	芬兰	fr	法国	gr	希腊
ie	爱尔兰	il	以色列	in	印度
is	冰岛	it	意大利	jp	日本
kr	韩国	my	马来西亚	nl	荷兰
no	挪威	nz	新西兰	pt	葡萄牙
ru	俄罗斯	se	瑞典	sg	新加坡
th	泰国	uk	英国	us（可省略）	美国

表 4-4　以机构划分的顶级域名

顶 级 域 名	代 表 机 构	顶 级 域 名	代 表 机 构
com	商业组织	firm	企业和公司
edu	教育机构	store	商业企业
gov	政府部门	web	从事 Web 相关业务的实体
int	国际组织	arts	文化娱乐业
mil	军事组织	rec	休闲娱乐业
net	网络技术组织	info	信息服务业
org	非营利组织	nom	从事个人活动的个体

在 Internet 中，一台计算机只能有一个 IP 地址，但是却可以有多个域名。域名中字母的大小写是没有区分的。根据域名查找计算机时，必须将其翻译成 IP 地址，这一过程称为域名解析，负责域名解析的是一些被称为域名服务器的主机。在这些计算机上，安装了一种具有域名解析功能的软件，即域名服务系统（Domain Name System，DNS）。

4.2.3　Internet 接入方式

Internet 的丰富资源吸引着每一个人，要想利用这些资源，需首先将计算机连入 Internet。

1. ISP 的作用

ISP（Internet Service Provider）就是为用户提供 Internet 接入和 Internet 信息服务的公司和机构。由于接入 Internet 需要租用国际信道，其成本对于一般用户来说是无法承担的。ISP 作为提供接入服务的中介，需投入大量资金建立中转站，租用国际信道和大量的当地线缆，购置一系列计算机设备，通过集中使用、分散压力的方式，向本地用户提供接入服务。从某种意义上讲，ISP 是全世界数以亿计的用户通往 Internet 的必经之路。

选择一个好的 ISP，需要考虑几个方面的因素，包括入网方式、出口速率、可提供的服务项目种类、收费标准、服务管理等。

2. 接入 Internet 的方式

接入 Internet 的方式多种多样，一般都是通过提供 Internet 接入服务的 ISP 接入 Internet。目前，常用的接入方式有以下 5 种。

（1）ADSL 接入

非对称数字用户线路 ADSL（Asymmetric Digital Subscriber Line）是利用现有的电话网络，以双绞铜线为传输介质的点到点的宽带传输技术，为用户提供上、下行非对称的传输速率。上行（从用户到网络）为低速的传输，理论上，最大可达 1 Mbit/s；下行（从网络到用户）为高速传输，理论上，最大可达 3 Mbit/s，非常符合普通用户联网的实际需要。使用 ADSL 上网不需要交纳电话费并且不需要拨号，一直在线，属于专线上网方式。安装 ADSL 也极其方便快捷，只需在现有电话线上安装 ADSL Modem，而用户现有线路不需要改动（改动只在交换机房内进行）。

（2）Cable Modem 接入

目前，我国有线电视网遍布全国，很多城市提供 Cable Modem 接入 Internet 方式，速率可以达到 10 Mbit/s 以上，但由于 Cable Modem 的工作方式是共享带宽，所以有可能在某个时间段出现速率下降的情况。

（3）局域网接入

一般单位的局域网都已接入 Internet，局域网用户可通过局域网直接接入 Internet。通常情况下，局域网以单模光纤与 ISP 进行连接。光纤两端连接至局域网和 ISP 的路由器的以太网端口，从而实现局域网与 Internet 之间的连接。连接带宽通常为 10 Mbit/s、100 Mbit/s，对于个别有特殊需求的网络，甚至可以达到 1000 Mbit/s。局域网接入传输容量较大，可提供高速、高效、安全、稳定的网络连接。现在许多住宅小区也可以利用局域网提供宽带接入。

（4）光纤接入

光纤接入技术是指局端与用户之间完全以光纤作为传输媒体的接入方式。光纤用户网的主要技术是光波传输技术，用户网光纤化有很多方案，有光纤到路边（FTTC）、光纤到小区（FTTZ）、光纤到办公室（FTTO）、光纤到大楼（FTTF）、光纤到家庭（FTTH）。

（5）无线方式接入

无线接入是指从用户终端到网络交换结点采用或部分采用无线手段的接入技术。无线接入Internet 的技术分为两类：一类是基于移动通信的无线接入，通过中国移动或中国联通的 4G 或者 5G 技术接入；另一类是基于无线局域网技术，利用无线 AP（Access Point，无线访问结点、会话点或存取桥接器）接入 Internet。进入 21 世纪后，无线接入 Internet 已经逐渐成为接入方式的一个热点。

4.3 局 域 网

4.3.1 局域网连接设备

局域网的组建和连接除了需要服务器、工作站、通信传输介质外，还需要用到一些网络连接设备，包括网络适配器、中继器、集线器、交换机、路由器、网关、网桥等。

1. 网络适配器（网卡）

网卡是连接计算机与网络的硬件设备。网卡插在计算机或服务器扩展槽中，提供主机与网络间数据交换的通道，常见网卡如图 4-8 所示。网卡的工作是双重的：一方面它将本地计算机上的数据转换格式后送入网络；另一方面它负责接收网络上传过来的数据包，对数据进行与发送数据时相反的转换，将数据通过主板上的总线传输给本地计算机。目前市场上流行的网卡种类非常多，按照是否有线可分为有线网卡和无线网卡，无线网卡近几年已成为主流。与之配套的无线路由器在市场上也卖得很火。

图 4-8　网卡

2. 中继器

中继器是最简单的局域网延伸设备，主要作用是放大传输介质上传输的信号，以便在网络上传输更远，以扩展局域网的实际长度。它在网络的物理层上发挥作用。

3．集线器

集线器（Hub）是一种特殊的中继设备，是一种多端口中继器。可以作为网络传输介质间的中央结点，是一个信号转发设备。它有一个入口和多个出口，利用它可以使多台计算机通过一条通信线路连接到服务器。每个工作站是用双绞线连接到集线器上，由集线器对工作站进行集中管理。它不具备自动寻址能力，即不具备交换作用，所有传到集线器的数据均被广播到与之相连的各个端口，容易形成数据堵塞。

4．交换机

交换机（Switch）也叫做交换式集线器，是一种工作在 OSI 第二层（数据链路层）上的网络设备。它重新生成信息，并经过内部处理后转发至指定端口，具备自动寻址能力和交换作用。

交换机和集线器间的区别在于：集线器采用的是共享带宽的工作方式，集线器就好比一条单行道，不管有多少个端口，所有端口都共享一条带宽，在同一时刻只能有两个端口传送数据，其他端口只能等待。而对于交换机而言，每个端口都有一条独占的带宽，它能确保每个端口使用的带宽。例如，千兆的交换机，它能确保每个端口都有千兆的带宽。当两个端口工作时并不影响其他端口的工作。

5．路由器

路由器（Router）是一种用于连接多个网络或网段的网络设备。所谓"路由"，是指把数据从一个地方传送到另一个地方的行为和动作，而路由器正是执行这种行为动作的机器。它用于检测数据的目标地址，对路径进行动态分配，路径的选择就是路由器的主要任务。路径选择包括两种基本活动：一是最佳路径的判定，二是网间信息包的传送。为了完成"路由"的工作，在路由器中保存着各种传输路径的相关数据——路由表（Routing Table），供路由选择时使用。路由器工作在 OSI 参考模型的网络层。

6．网关

网关（Gateway）是 OSI 参考模型的传输层、会话层、表示层和应用层的互联设备，当需要连接不同类型而协议差别又较大的网络时，就应该选用网关。网关的主要功能是进行协议转换，数据重新分组，以便在两个不同类型的网络系统间进行通信。

7．网桥

网桥用于同种网络的互连，信息的传输是在数据链路层和物理层上进行的。它主要用于小规模局域网络间的互连，分为本地网桥和远程网桥。网桥不仅具有信号的放大与整形作用，还具备信号的收集、缓冲以及格式变换功能。网桥不关心使用什么样的网络协议，它只是在网络之间移动包。

4.3.2 局域网通信介质

如果想与其他计算机进行通信，必须借助于通信介质。局域网常见的通信介质有双绞线、同轴电缆、光缆和无线电波等。

1．双绞线

双绞线类似于普通的相互绞合的电线，只是拥有 8 根相互绝缘的铜芯。这 8 根铜芯分为四对，每两根为一对，并按照规定的密度和一定的规律相互缠绕，如图 4-9 所示。按照电缆是否屏蔽划分，大致可分为屏蔽双绞线和非屏蔽双绞线。按照双绞线电气性能的不同，又分为五类、超五类、六类和七类双绞线。目前，应用最多的是超五类和六类非屏蔽双绞线。屏蔽双绞线由于价格昂贵、实施难度大、设备要求严格，极少被应用于实践。

2. 同轴电缆

同轴电缆的结构类似于有线电视的铜芯电缆，由一根空心的圆柱网状铜导体和一根位于中心轴线位置的铜导线组成，铜导线、空心圆柱导体和外界之间分别用绝缘材料隔开，如图 4-10 所示。

根据直径的不同，同轴电缆分为细缆和粗缆两种。由于粗缆的安装和接头的制作较为复杂，在中小型局域网很少被使用。细缆也由于传输速率低，网络稳定性和可维护性差而逐渐被淘汰出局。

图 4-9　双绞线

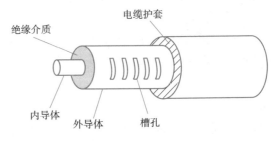

图 4-10　同轴电缆

3. 光缆

光缆也是有线传输介质，是一定数量的光纤按照一定方式组成缆芯，外包有护套，有的还包覆外护层，用以实现光信号传输，如图 4-11 所示。

图 4-11　光缆

4. 无线电波

无线网络是以电磁波作为信息的载体实现计算机相互通信的。无线网络非常适用于移动办公一族，也适用于那些由于工作需要而经常在室外上网的工作，如石油勘探、测绘等。

4.3.3　组建简单局域网

随着计算机价格的不断下调，很多学生都购置了计算机。一般大学的一个宿舍会有 4 ～ 6 人，在宿舍中组建一个小型的局域网是很有必要的。这样不仅可以共享一条宽带接入，还能共享各种学习、娱乐资源。

使用无线路由器组件无线局域网具有安装方便、扩充性强、故障易排除等特点，采用以无线路由器为中心的组网方式，其他计算机通过无线网卡或无线路由器进行通信。下面以 MER-CURY MW310r 无线路由器和 Windows10 操作系统为例，详细说明无线路由器的安装和设置过程。

1. 连接无线路由器

将无线路由器通过一根标准网线连接到一台计算机上。网线的一端插入计算机的 RJ-45 端口中，另一端插入无线路由器上四个 RJ-45LAN 端口中的任意一个中。

2. 设置计算机的 IP 地址

将计算机 IP 地址设置为与无线路由器处于同一网段中。默认情况下，无线路由器出厂时其 IP 地址被设置为 192.168.1.1（通常在路由器说明书或路由器背面可以查找到），所以计算机 IP 地址也应该是 192.168.1.× 的形式。打开"控制面板"，选择"网络和共享中心"，单击"更改适配器设置"，在打开的窗口中，右击"本地连接"，选择"属性"，在打开的"本地连接属性"对话框中，双击"Internet 协议版本 4（TCP/IPV4）"，在打开的对话框中设置 IP 地址，如图 4-12 所示。

图 4-12　设置本机 IP

3. 登录无线路由器 Web 配置管理界面

启动 Web 浏览器，在地址栏中输入 http://192.168.1.1，屏幕上会弹出图 4-13 所示对话框，提示输入用户名和密码。默认的用户名和密码均为 admin。正确输入用户名和密码后，单击"确定"按钮，可出现无线路由器的 Web 设置主界面。

图 4-13　登录无线路由器主界面

4. 路由器设置

路由器设置主要包含下列五个设置方面。

① 选择上网方式：接入互联网的方式，如图 4-14 所示。

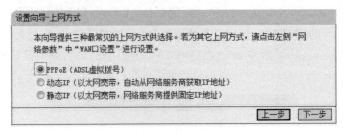

图 4-14　选择上网方式

② 设置上网参数：必要的用户名和密码，如图 4-15 所示。

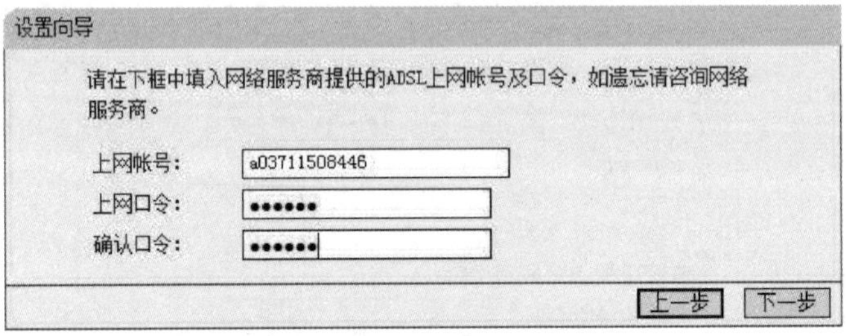

图 4-15　输入上网账号口令

③ 无线网络安全设置：设置进行无线连接时输入的密码，如图 4-16 所示。

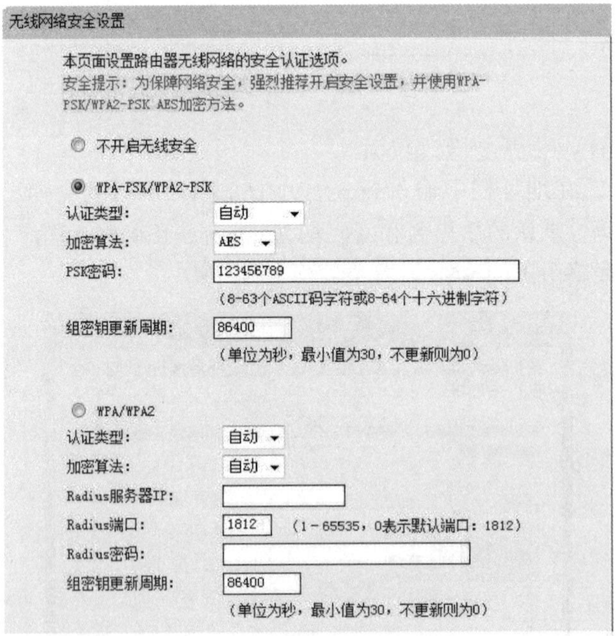

图 4-16　设置无线连接

④ 设置 LAN 地址：规划无线局域网，如图 4-17 所示。

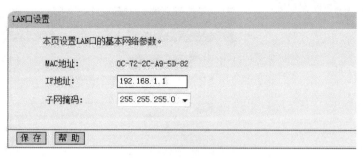

图 4-17　规划局域网

⑤ 设置 DHCP 服务：设置自动分配局域网内 IP 地址范围，如图 4-18 所示。

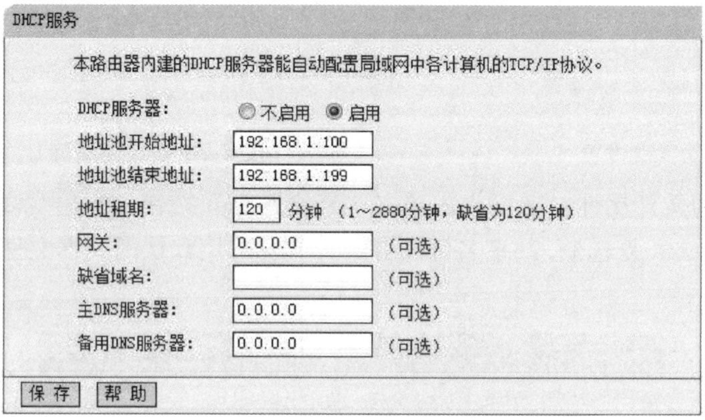

图 4-18　设置 DHCP 服务

在进行设置之前，有些参数应事先准备好，如宽带运营商提供的用户名、密码或者 IP 地址等。

5. 重启路由器

设置完毕后，重启路由器才能保存配置。

这时，用网线将无线路由器的 WAN 口与 xDSL/Cable Modem 相连，就可以作为宽带路由器连接 Internet。此时能够在系统托盘区的网络图标处，看到已添加的以路由器名称命名的无线网络连接，单击该连接并输入设置的无线连接密码就可以接入 Internet 了。在路由器信号覆盖范围内的各移动通信设备也能够搜索到无线路由器的连接，只要输入密码就可以Wi-Fi 上网了。

4.3.4　设置文件夹共享

网络带来的最大好处之一就是可以资源共享。组建和配置好局域网后，用户就可以方便地利用网络在各计算机之间复制文件，而不必借助 U 盘等移动存储器。

为了将某个文件夹共享给网络中的其他用户，应进行如下操作。

① 选择需要共享的文件夹，在文件夹上右击，在弹出的快捷菜单上选择"属性"，在弹出的文件属性对话框上，单击"共享"选项卡，如图 4-19 所示。

② 单击"共享"按钮，弹出"网络访问"对话框，在下拉列表框里选择"Guest"用户后，单击"添加"按钮，并设置共享用户的权限级别为"读取"，如图 4-20 所示。

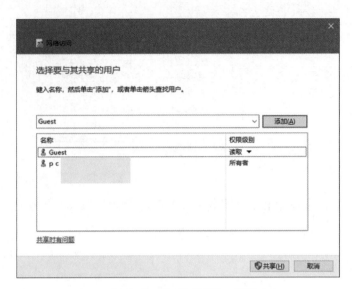

图 4-19　更改高级共享设置　　　　　　　　　　图 4-20　"网络访问"对话框

③ 在步骤①的文件属性对话框中，单击"高级共享"按钮，弹出"高级共享"对话框，勾选"共享此文件夹"复选框，共享名可以自定义或者采用默认的共享文件夹名称，如图 4-21 所示。

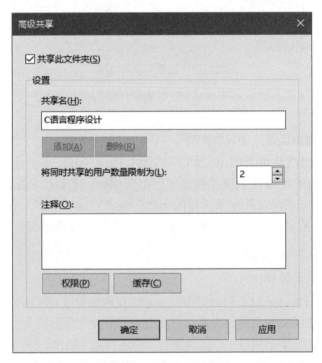

图 4-21　高级共享设置 1

④ 在步骤①的文件属性对话框中，单击"网络和共享中心"链接，在弹出的"高级共享设置"页面上，分别选择"启用网络发现"和"启用文件和打印机共享"单选按钮，如图 4-22 所示。

图 4-22   高级共享设置 2

⑤ 在图 4-22 所示的界面上，单击"所有网络"右边的向下箭头，在"密码保护的共享"里，选择"无密码保护的共享"单选按钮，如图 4-23 所示。

图 4-23   高级共享设置 3

在同一局域网的其他计算机桌面上双击网络图标（该图标如果没有出现在计算机桌面上，可以在计算机个性设置的主题页面中进行添加，如图 4-24 所示），在打开的窗口中可以看到提供共享文件的计算机图标，双击打开后，可以看到共享的文件夹，如图 4-25 所示。

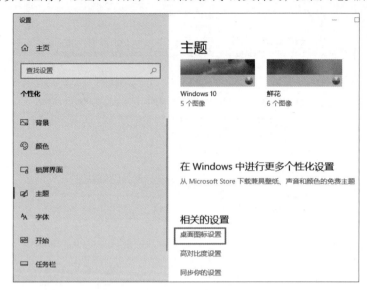

图 4-24　添加"网络图标"

图 4-25　访问共享文件

4.4　计算机网络安全

计算机网络安全是指利用网络管理控制和技术措施，保证在一个网络环境里，数据的保密性、完整性及可使用性受到保护。计算机网络安全包括两个方面，即物理安全和逻辑安全：物理安全指系统设备及相关设施受到物理保护，免于破坏、丢失等；逻辑安全包括信息的完整性、保密性和可用性。

4.4.1　影响网络安全的主要因素

影响计算机网络安全的主要因素有两个：一个是自然因素，比如一些极端天气或者地震导致了计算机网络中硬件设备的损坏，从而导致计算机网络不能够正常使用，严重时，甚至能够让计算机网络陷于瘫痪状态；另外一个影响计算机网络安全的是人为因素，这其中包括利用计算机系统软硬件的漏洞所发起的网络攻击、系统管理员操作不当、计算机病毒的破坏等。

4.4.2　计算机网络安全技术

目前，用来保证网络安全所采用的技术主要有网络安全协议数据加密技术、防火墙技术、入侵检测技术、虚拟专网技术等。

1．网络安全协议

网络安全协议的制定能够从基础上保证网络安全，避免网络传输中数据信息丢失或信息泄露问题。在计算机网络应用中，人们对计算机通信的安全协议进行了大量的研究，以提高网络信息传输的安全性。应用在网络接口层上的常见协议有 L2TP、L2F、PPTP 等，应用在网络层上的常见协议有 IPSec（IP Security），应用在传输层上常见安全协议有 SSL、TLS 和 SOCKS v5 等，应用在应用层上的协议种类繁多，比如常见的 SSH、PGP 和 SET 等。

2．数据加密技术

为了保证信息在网络中传递的安全性，需要将明文信息进行加密转换，变成无意义的密文，在接收端利用解密技术还原成明文。数据加密技术种类繁多，但一般来说，主要分为两类：一类是对称加密，也就是数据的加密过程和解密过程都使用完全相同的密钥，对称加密技术实现比较简单，但比较落后，只适用于对数据安全要求不高的数据加密过程；另外一种就是非对称加密技术，非对称加密技术中把密钥分为公开密钥和私有密钥，公开密钥通过非保密的方式公布出来，用于加密，非对称加密技术比较具有代表性的有 RSA 算法和 PKI（Public Key Infrastructure）技术。

3．防火墙技术

在日常生活中，建筑物防火墙的作用是防止火灾的蔓延，网络安全中防火墙的作用和建筑物防火墙类似，主要用来防御来自外网的攻击和威胁。本质上，网络防火墙是在网络之间执行访问控制的一组策略。防火墙的主要功能包括：数据包过滤功能、网络地址变换（NAT）功能、网络服务过滤功能、集中安全保护、访问控制、网络连接的日志记录及使用统计、报警功能。

4．入侵检测技术

防火墙技术在一定程度上保障了网络的安全，但由于防火墙软件可能存在一些技术上的缺陷，入侵者可以绕过防火墙对网络进行攻击，近年来很多网络系统采用了一种新型的网络安全系统——入侵检测系统，该技术能够实时地对入侵进行检测并采取相应的防护手段。

5．虚拟专用网技术

在公用网络上建立专用网络，进行加密通信的技术称作为虚拟专用网络（VPN）技术，在企业网络中有广泛应用。VPN 网关通过对数据包的加密和数据包目标地址的转换实现远程访问。VPN 可通过服务器、硬件、软件等多种方式实现。VPN 的主要类型有：远程访问虚拟网（Access VPN）、企业内部虚拟网（Intranet VPN）、企业扩展虚拟网（Extranet VPN）。

VPN 利用现有的 Internet 或其他公共网络的基础设施为用户创建安全隧道，不需要专门的租用线路，节省了专线的租金。

4.4.3　网络安全技术发展趋势

安全控制技术主要集中在防病毒、防火墙以及入侵检验这三项技术中。这三项技术的研发和使用给网络环境提供了安全保障，但是随着网络环境不断复杂化，上述三项技术在目前整体技术框架中仍显得不足。为了提高网络系统的安全性，强化这三项技术的防护能力是计算机网络安全技术的主要发展趋势。

1．防火墙技术的发展趋势

目前的防火墙技术主要是依靠网络访问策略来保证内网和外网的安全，产品功能单一，随着计算机网络的日新月异的发展，防火墙在易用性、实用性以及稳定性上，已经不能够满足用户的需求。因此提高防火墙算法性能、提高计算机硬件性能以及能够对数据包内容深度过滤，是防火墙技术未来发展方向。

2．入侵检测技术的发展趋势

入侵检测技术的工作原理是：通过搜集、分析多方面的信息对系统进行检测，检测内容包括系统是否被攻击以及有无违反网络系统安全策略的行为。以后的入侵检测技术发展主要借助两种手段对系统进行检测。

（1）安全防御检测，通过运用网络安全风险管理体系中整体工程措施对网络安全管理问题进行全方面的处理，包括在加密通道、防火墙以及防病毒等方面对网络结构和网络系统进行全方位的检查和分析，工程风险管理体系再生成可行的解决办法解决入侵问题。

（2）智能化检测，智能化监测手段是未来提高入侵检测技术发展水平的突破口之一。目前，常用的智能化检测方法主要是采用免疫原理法、模糊技术法以及神经网络手段等，特殊问题下还会用到遗传算法，通过上述方法加强对泛化入侵的辨识。智能化检测手段仍有很大的发展空间。

3．防病毒技术的发展趋势

随着计算机网络的日益普及，计算机病毒的传播途径以及传播速度都有了大幅的提高，这对防病毒技术提出了更高的挑战。传统的杀毒软件一般都是根据已出现病毒的特征，对软件进行相应的技术升级，从而达到查杀新病毒的目的，新病毒在被查杀之前，可能已对计算机网络系统产生了一定程度的破坏。

目前，防病毒技术发展方向是基于对已有病毒的特征、发作过程、传播变化的统计的基础上，建立控制策略数学模型，采取分门别类的方法，来有效解决应用同种算法思想开发出的新病毒，达到防范于未然的目的。

防病毒的另外一个发展方向，是采用将病毒"拒之于门外"的做法，也就是将防毒程序和软件直接配置在安全网关上面，在网络的入口处拦截病毒。目前有很多生产商正在研发相关软件和程序。

总之，计算机网络安全技术在维护用户利益和国家机密安全方面有着不可替代的作用，随着网络环境的不断复杂化，提高网络安全防火墙技术、防入侵技术以及防病毒技术是当前解决网络安全问题的重要手段。

4.5　常见网络检测命令

在网络故障检测中常见的检测命令通常有网络连通测试命令 ping、路由追踪命令 tracert、地址配置命令 ipconfig、路由跟踪命令 pathping、网络状态命令 netstat 等。日常工作中，我们如果掌握一些基本的网络检测命令，能够帮助我们快速地找到网络故障所在，提高排除网络故障的效率。

4.5.1　网络连通测试命令 ping

Ping 命令用来检测本机与目标主机之间的网络是否连通。具体使用方法如下：

点击 "开始" 菜单→ "Windows 系统" → "命令提示符"，在弹出的命令提示符窗口输入 "ping" 命令以及目标网址 "www.sina.com.cn"，测试效果如图 4-26 所示。

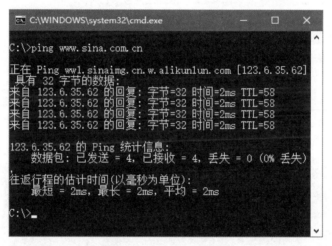

图 4-26　ping 命令测试

上图测试结果表示，从本机发送 4 个大小为 32 个字节的数据包到目标主机 132.6.35.62 所经历的时间，以及 TTL 值，中途没有发送丢包现象，说明此时测试机和目标主机是网络连通的。

4.5.2　路由追踪命令 tracert

tracert 命令用来检测从本机到目标地址，中间经过了多少个网络节点。当网络上出现路由环路时，使用 ping 命令只能知道接收端出现超时错误，而 tracert 命令能够很容易发现路由环路等潜在问题。在 tracert 某地址时，多次出现相同的地址，即可认为出现了路由环路。具体使用方法如下：

单击 "开始" → "Windows 系统" → "命令提示符"，在弹出的命令提示符窗口输入命令 "tracert" 以及目标网址 "www.sina.com.cn"，测试效果如图 4-27 所示。

图 4-27 中第一行提示信息中的 "1" 表示第一跳网关。每增加一跳，序号递增。默认情况下，最大跳数是 30 跳。"192.168.1.1" 表示第一跳的网关地址。每一跳序号后的 IPv4 地址表示本跳的网关地址。"9 ms 1 ms 1 ms" 表示发送的三个 UDP 报文和相应接收的 ICMP 超时报文或者 ICMP 端口不可达报文的时间差。

图 4-27　tracert 命令测试

4.5.3　地址配置命令 ipconfig

ipconfig 是用来检测本机的网络配置命令，在排除网络故障时，也是经常使用的命令之一。具体使用方法如下。

单击"开始"→"Windows 系统"→"命令提示符"，在弹出的命令提示符窗口输入命令"ipconfig"，测试效果如图 4-28 所示，显示了在局域网中本机的 IP 地址，以及子网掩码和默认网关的 IP 地址。

图 4-28　ipconfig 命令测试

4.5.4　路由跟踪命令 pathping

pathping 集成了 ping 命令和 tracert 命令的功能，不仅可以用来测试网络的连通性，还可以显示数据包在网络中传送时所经过的具体的路由点，具体使用方法如下。

单击"开始"菜单→"Windows 系统"→"命令提示符"，在弹出的命令提示符窗口输入命令"pathping"以及目标网址"www.sina.com.cn"，测试效果如图 4-29 所示，图中提示信息的含义参考 ping 命令和 tracert 命令。

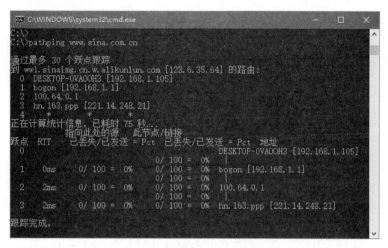

图 4-29　Pathping 命令测试

4.5.5　网络状态命令 netstat

netstat 是一个监控 TCP/IP 网络非常有用的命令，可以查看路由实际的网络状态，以及每个网络接口的状态信息，可以让用户知道目前有哪些网路连接正在运行，比如显示 IP、TCP、UDP 和 ICMP 协议相关的统计数据，一般用于检测本机各端口的网路连接情况。netstat 命令测试如图 4-30 所示。

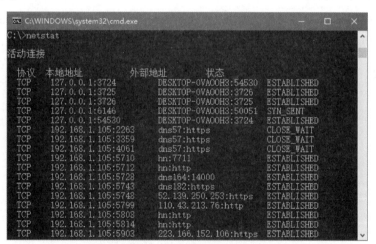

图 4-30　netstat 命令测试

4.6　物　联　网

4.6.1　物联网的概念

物联网（Internet of Things，IoT）的概念最早由麻省理工学院（MIT）在 1998 年提出的，是指通过信息传感设备，按约定的协议，将任何物体与网络相连接，物体通过信息传播媒介进行信息交换和通信，以实现智能化识别、定位、跟踪、监管等功能。目前，国际上公认的物联网定义是：通过射频识别（RFID）、红外感应器、全球定位系统、激光扫描器等信息传感设备，按约定的协议，把任何物品与互联网相连接，进行信息交换和通信，以实现对物品的智能化识别、定位、跟踪、监控和管理的一种网络。

4.6.2 物联网的发展

2005 年 11 月，国际电信联盟（ITU）正式提出"物联网"概念，其后，物联网的发展主要经历了三个阶段。

第一阶段：物联网连接大规模建立阶段，越来越多的设备在放入通信模块后通过移动网络、Wi-Fi、蓝牙、RFID、ZigBee 等连接技术连接入网。在这一阶段网络基础设施建设、连接建设及管理、终端智能化是核心。

第二阶段：大量连接入网的设备状态被感知，产生海量数据，形成了物联网大数据。在这一阶段，传感器、计量器等器件进一步智能化，多样化的数据被感知和采集，汇集到云平台进行存储、分类处理和分析。该阶段主要投资机会在 AEP 平台、云存储、云计算、数据分析等。

第三阶段：初始人工智能已经实现，对物联网产生数据的智能分析和物联网行业应用及服务将体现出核心价值。该阶段物联网数据发挥出最大价值，企业对传感数据进行分析并利用分析结果构建解决方案实现商业变现。这一阶段主要投资者机会在于物联网综合解决方案提供商、人工智能、机器学习厂商等。

4.6.3 物联网体系结构

物联网体系结构就是利用局部网络或互联网等通信技术，把传感器、控制器、机器、人员和物等通过新的方式联在一起，形成人与物、物与物相联，实现信息化、远程管理控制和智能化的网络。

物联网体系结构主要由三个层次组成：感知层、网络层和应用层组成，其模型如图 4-31 所示。

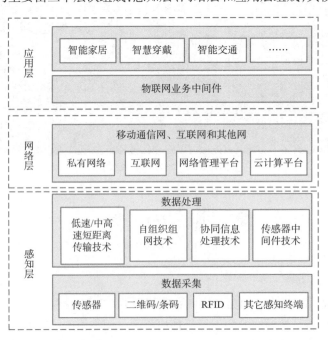

图 4-31　物联网网络体系结构

感知层由各种传感器以及传感器网关等技术架构组成，包括二氧化碳浓度传感器、温度传感器、湿度传感器、二维码标签、RFID 标签和读写器、摄像头、GPS 等感知终端。

感知层的作用相当于人的眼耳鼻喉和皮肤等神经末梢，它是物联网识别物体、采集信息的来源。

网络层由各种私有网络、互联网、有线和无线通信网、网络管理系统和云计算平台等组成，相当于人的神经中枢和大脑，负责传递和处理感知层获取的信息。

应用层是物联网和用户（包括人、组织和其他系统）的接口，它与行业需求结合，实现物联网的智能应用。

4.6.4 物联网的关键技术

1. 传感器技术

传感器是摄取信息的关键器件，它是物联网中不可缺少的信息采集手段。目前传感器技术已渗透到科学和国民经济的各个领域，在工农生产、科学研究及改善人民生活等方面，起着越来越重要的作用。

2. 射频识别（RFID）技术

RFID 技术是一项利用射频信号通过空间耦合（交变磁场或电磁场）实现无接触信息传递并通过所传递的信息达到识别目的的技术。射频识别（RFID）使用无线电波在很短的距离内将少量数据从射频识别标签传输到阅读器，而无须识别系统与特定目标之间建立机械或光学接触。

通过在各种产品和设备上贴上射频识别标签，企业可以实时跟踪其库存和资产，从而实现更好的库存和生产计划以及优化的供应链管理。随着物联网应用的不断增加，射频识别继续巩固其在零售业中的地位，进而使智能货架、自助结账和智能镜子等物联网应用成为可能。

3. 近距离通信技术

近距离无线通信技术指的是通信收发双方通过无线电波传输信息，并且传输距离限制在较短的范围内，通常是几十米以内。近距离无线传输技术包括 Wi-Fi、蓝牙、UWB、MTC、ZigBee、NFC，信号覆盖范围则一般在几十厘米到几百米之间，主要应用在局域网，比如家庭网络、工厂车间联网、企业办公联网。低成本、低功耗和对等通信，是短距离无线通信技术的 3 个重要特征和优势。常见的近距离无线通信技术特征如表 4-5 所示。

表 4-5　常见的近距离无线通信技术特征

比较项目	NFC	UWB	RFID	红外	蓝牙
连接时间	<0.1 ms	<0.1 ms	<0.1 ms	约 0.5 s	约 6 s
覆盖范围	长达 10 m	长达 10 m	长达 3 m	长达 5 m	长达 30 m
使用场景	共享、进入、付费	数字家庭网络、超宽带视频传输	物品跟踪、门禁、手机钱包 高速公路收费	数据控制与交换	网络数据交换、耳机、无线联网

4. 中间件技术

中间件是一种工作在系统软件和应用软件之间，或者硬件和应用软件之间，负责信息传递和交互的一种计算机软件。中间件的功能类似于日常生活中的房介中心，客户只需要给房介中心缴纳一定的费用，寻找房源以及房子谈价的任务则由房介中心来完成。中间件为网络应用软件提供综合的服务和完整的环境，借助这种软件使得网络应用、硬件数据能够实现集成，达到业务的协同，实现业务的灵活性。

5. 人工智能技术

人工智能也是现在热门研究之一，而且它与物联网密不可分，人工智能技术相当于物联网的"大脑"，负责学习与思考，研究领域有智能机器人、虚拟现实技术与应用、工业过程建模与智能控制、机器翻译、知识发现与机器学习等。物联网负责将物体连接起来，而人工智能负责使连接起来的物体进行学习，进而使物体实现智能化。

4.6.5 物联网的应用

目前，物联网的应用领域主要有物流、交通、家居、农业、制造业、安防、医疗、建筑等领域。

1. 物流

智能物流指的是以物联网、大数据、人工智能等信息技术为支撑，在物流的运输、仓储、包装、装卸搬运、流通加工、配送、信息服务等各个环节实现系统感知、全面分析、及时处理以及自我调整的功能。

物流行业运用物联网技术能大大地降低运输的成本，提高运输效率，增强企业利润。

2. 交通

物联网与交通的结合主要体现在人、车、路的紧密结合，可改善交通运输环境、保障交通安全以及提高资源利用率。

目前应用物联网技术较多的领域有智能公交车、共享单车、车联网、充电桩监测、智能红绿灯、智慧停车等方面。无人驾驶是刚刚兴起的一门新技术，也是非常复杂的系统，主要的技术是物联网和人工智能，和智能交通有部分领域是融合的。

3. 家居

智能家居指的是使用物联网技术和设备，来改善人们的生活体验，使家庭变得更舒适、安全和高效。物联网应用于智能家居领域，能够对家居类产品的位置、状态、变化进行监测，分析其变化特征，同时根据人的需要，在一定的程度上进行反馈。

智能家居是目前最流行的物联网应用。最先推出的产品是智能插座，相较于传统插座，智能插座的远程遥控、定时等功能让人耳目一新。随后出现了各种智能家电，把空调、洗衣机、冰箱、电饭锅、微波炉、电视、照明灯、监控、智能门锁等能联网的家电都联上网。智能家居的连接方式主要是以 Wi-Fi 为主，部分采用蓝牙，少量的采用 NB-IOT、有线连接。智能家居产品的生产厂家较多，产品功能大同小异，大部分是私有协议，每个厂家的产品都要配套使用，不能与其他家混用。

4. 农业

农业与物联网的融合，表现在农业种植、畜牧养殖。农业种植利用传感器、摄像头、卫星来促进农作物和机械装备的数字化发展。畜牧养殖通过耳标、可穿戴设备、摄像头来收集数据，然后分析并使用算法判断畜禽的状况，精准管理畜禽的健康、喂养、位置、发情期等。

5. 制造业

智能制造是将物联网技术融入工业生产的各个环节，大幅提高制造效率，改善产品质量，

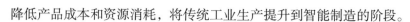

降低产品成本和资源消耗，将传统工业生产提升到智能制造的阶段。

6. 安防

智能监控是一种防范能力较强的综合系统，主要由前端采集设备、传输网络、监控运营平台三块组成。实现监控领域（图像、视频、安全、调度）等相关方面的应用，通过视频、声音监控以其直观、准确、及时的信息内容，以实现物与物之间联动反应。例如，物联网监控校车运营，时时掌控乘车动态。校车监控系统可应用 RFID 身份识别、智能视频客流统计等技术，对乘车学生的考勤进行管理，并通过短信的形式通知学生家长或监管部门，实时掌握学生乘车信息。

7. 医疗

医疗行业成为采用物联网最快的行业之一，物联网将各种医疗设备有效连接起来，形成一个巨大的网络，实现了对物体信息的采集、传输和处理。物联网在智慧医疗领域的应用有很多，主要包括以下几种。

① 远程医疗：即不用到医院，在家里就可以实现进行诊疗。通过物联网技术就可以获取患者的健康信息，并且将信息传送给医院的医生，医生可以对患者进行虚拟会诊，为患者完成病历分析、病情诊断，进一步确定治疗方案。这对解决医院看病难、排队时间长等问题有着很大的帮助，让处在偏远地区的百姓也能享受到优质的医疗资源。

② 医院物资管理：当医院的设施设备装置物联网卡后，利用物联网可以实时了解医疗设备的使用情况以及药品信息，并将信息传输给物联网管理平台，通过平台就可以实现对医疗设备和药品的管理和监控。物联网技术应用于医院管理可以有效提高医院工作效率，降低医院管理难度。

③ 移动医疗设备：移动医疗设备有很多，常见的智能健康手环就是其中的一种，并且已经得到了应用。

8. 建筑

建筑与物联网的结合，体现在节能方面，与医院医疗设备的管理类似，智慧建筑对建筑设备感知，可以节约能源，同时减少运维的人员成本，具体是用电照明、消防监测、智慧电梯、楼宇监测等方面。

习　题

一、选择题

1. 因特网的意译是 _____。
   A. 国际互联网
   B. 中国电信网
   C. 中国科教网
   D. 中国金桥网

2. 局域网的拓扑结构主要有星状、_____、总线和树状。
   A. 链状
   B. 网状
   C. 环状
   D. 层次型

3. 国际标准化组织定义了开放系统互联模型（OSI），该模型将协议分为 _____ 层。
   A. 8
   B. 7
   C. 5
   D. 3

4. _____的集合称为网络体系结构。

A. 数据处理设备、数据通信设备

B. 通信子网、资源子网

C. 层、协议

D. 通信线路、通信控制处理器

二、填空题

1. 按网络的覆盖范围来分类，计算机网络可分为 _____、_____、_____、_____。

2. 目前，局域网的主要传输介质有 _____、_____、_____、_____。

3. IP 地址由 _____ 和 _____ 两部分组成，常用的 IP 地址可分为 _____、_____、_____ 三类。

4. 目前，Internet 所采用的协议族是 _____ 协议族。

5. IPv4 的地址位数为 _____ 位，IPv6 的地址位数为 _____。

6. FTP 即 _____，是专门用来传输文件的协议，利用微软公司 _____ 的很容易就能架设一个 FTP 服务器。

三、简答题

1. 简述常见的网络拓扑结构及其优缺点。

2. 简述你对协议及协议分层的理解。

3. 简述路由器和 Modem 的功能。

第5章

>>> 算法与程序设计基础

为了使计算机能够理解人的意图，人类就必须将要解决问题的思路、方法和手段通过计算机能够理解的形式（即程序）告诉计算机，使得计算机能够根据程序的指令一步一步去工作，从而完成某种特定的任务。这种人和计算机之间交流的过程就是编程。本章从算法的角度介绍程序设计，同时介绍目前常用的两种程序设计方法——结构化程序设计与面向对象程序设计，以及使用 Raptor 编程设计程序。

本章教学目标：

- 了解程序和程序设计语言的概念。
- 掌握程序设计的基本步骤和算法的描述方法。
- 理解两种常用的程序设计方法，具备编写算法解决问题的能力。
- 掌握 Raptor 编程设计程序。

 ## 5.1 程序和程序设计语言

5.1.1 程序的一般概念

计算机能够为人服务的前提是人要通过编写程序来告知计算机所要做的工作。编程就是人们为了让计算机解决某个问题而使用某种程序设计语言来编写程序代码，计算机通过运行程序代码得到结果的过程。

程序（Program）是计算机可以执行的指令或语句序列。它是为了使用计算机解决现实生活中的一个实际问题而编制的。设计、编制、调试程序的过程称为程序设计。编写程序所用的语言即为程序设计语言，它为程序设计提供了一定的语法和语义，人们在编写程序时必须严格遵守这些语法规则，所编写的程序才能被计算机所接收、运行，并产生预期的结果。

5.1.2 程序设计语言概述

程序设计语言是生成和开发程序的工具，它能完整、准确和规则地表达人们的意图，并用以指挥或控制计算机工作的"符号系统"。当使用计算机解决问题时，首先将解决问题的方法和步骤按照一定的顺序和规则用程序设计语言描述出来，形成指令序列，然后由计算机执行指令，完成所需的功能。

计算机程序设计语言的发展，经历了从机器语言（Machine Language）、汇编语言（Assembly Language）到高级语言（High-Level Language）的历程。

1. 机器语言阶段

众所周知，在计算机内部采用二进制表示信息。机器语言是用二进制代码表示的、计算机能直接识别和执行的一种机器指令的集合。它是面向机器的语言，是计算机唯一可直接识别的语言。用机器语言编写的程序称为机器语言程序（又称目标程序）。每一条机器指令的格式和含义都是由设计者规定的，并按照这个规定设计制造硬件。一个计算机系统全部机器指令的总和，称为指令系统。不同类型的计算机的指令系统不同。

例如，某种计算机的指令为：

10110110 00000000　　表示进行一次加法操作

10110101 00000000　　表示进行一次减法操作

机器语言的优点是不需要翻译而能够直接被计算机接收和识别，由于计算机能够直接执行机器语言程序，所以其运行速度最快；缺点是机器语言通用性极差，用机器指令编制出来的程序可读性差，程序难以修改、交流和维护。

机器语言是第一代计算机程序设计语言。

2. 汇编语言阶段

为了克服机器语言的缺点，使语言便于记忆和理解，人们采用能反映指令功能的助记符来表达计算机语言，称为汇编语言。汇编语言采用助记符，比机器语言直观、容易记忆和理解。汇编语言也是面向机器的程序设计语言，每条汇编语言的指令对应了一条机器语言的指令，不同类型的计算机系统一般有不同的汇编语言。

例如，用汇编语言编写的程序如下：

```
MOV    AL   10D      // 将十进制数 10 送往累加器
SUB    AL   12D      // 从累加器中减去十进制数 12
...
```

用汇编语言编写程序比用机器语言要容易得多，但计算机不能直接执行汇编语言程序，必须把它翻译成相应的机器语言程序才能运行。将汇编语言程序翻译成机器语言程序的过程叫做汇编，汇编过程是由计算机运行汇编程序自动完成的，如图 5-1 所示。

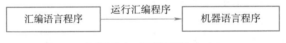

图 5-1　汇编过程

在计算机语言系统中，汇编语言仍然列入"低级语言"的范畴，它仍然依赖于计算机的硬件，可移植性差。但汇编语言比起机器语言在很多方面都有优越性，如编写容易、修改方便、阅读简单、程序清楚等，针对计算机硬件而编制的汇编语言程序，能准确地发挥计算机硬件的功能和特长，程序精练而且质量高，所以至今仍是一种常用的程序设计语言。

汇编语言是第二代计算机语言。

3. 高级语言阶段

机器语言和汇编语言都是面向机器（计算机硬件）的语言（低级语言），受机器硬件的限制，通用性差，也不容易学习，一般只适用于专业人员。人们意识到，应该设计一种语言：它接近于数学语言或自然语言，同时又不依赖于计算机的硬件，编出的程序能在所有的计算机上通用。高级语言就是这样的语言（如 C 语言）。例如，用 C 语言编写的程序片断如下：

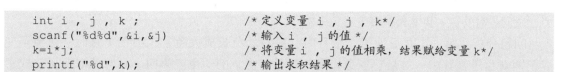

```
int i , j , k ;                /* 定义变量 i , j , k*/
scanf("%d%d",&i,&j)            /* 输入 i , j 的值 */
k=i*j;                         /* 将变量 i , j 的值相乘, 结果赋给变量 k*/
printf("%d",k);                /* 输出求积结果 */
```

如上例，使用高级语言编写程序时，不需要了解计算机的内部结构，只要告诉计算机"做什么"即可。至于计算机用什么机器指令去完成（即"怎么做"），编程者不需要关心。高级语言是面向用户的。

用高级语言编写的程序，即源程序，必须翻译成计算机能识别和执行的二进制机器指令，才能被计算机执行。由源程序翻译成的机器语言程序称为目标程序。

例如，C 语言源程序转换成可执行程序的过程分为两步，即编译和连接，编译和连接过程如图 5-2 所示。

图 5-2　编译和连接过程

在图 5-2 中，高级语言 C 语言源程序经过编译后，得到目标程序（.obj），再与库程序连接生成可执行程序（.exe）。

高级语言源程序转换成目标程序有两种方式：解释方式和编译方式。解释方式是把源程序逐句翻译，翻译一句执行一句，边解释边执行。解释程序不产生将被执行的目标程序，而是借助于解释程序直接执行源程序本身。编译方式是首先把源程序翻译成等价的目标程序，然后再执行此目标程序。

高级语言接近自然语言，易学、易掌握，一般工程技术人员只要几周时间的培训就可以胜任程序员的工作。高级语言带来的主要好处是远离机器语言，与具体的计算机硬件关系不大，因而所写出来的程序可移植性好，代码重用率高；高级语言设计出来的程序可读性好，可维护性强，可靠性高。

高级语言是第三代计算机语言。目前广泛应用的高级语言有多种，如 Visual Basic.NET、FORTRAN、C、C++、Python、Java 及 C# 等。

5.1.3　程序设计的基本步骤

在拿到一个需要求解的实际问题之后，怎样才能编写出程序呢？一般应按图 5-3 所示的步骤进行。

图 5-3　程序设计的基本步骤

1．提出和分析问题

对于接受的任务要进行认真的分析，研究所给定的条件，分析最后应达到的目标，找出解决问题的规律，选择解题的方法，完成实际问题。

例如兔子繁殖问题。如果一对兔子每月繁殖一对幼兔，而幼兔在出生满二个月就有生殖能力，试问一对幼兔一年能繁殖多少对兔子？

问题分析：第一个月后即第二个月时，一对幼兔长成大兔子，第三个月时一对兔子变成了两对兔子，其中一对是它本身，另一对是它生下的幼兔。第四个月时两对兔子变成了三对，其中一对是最初的一对，另一对是它刚生下来的幼兔，第三对是幼兔长成的大兔子。第五个月时，三对兔子变成了五对，第六个月时，五对兔子变成了八对……用表 5-1 分析兔子数的变化规律。

表 5-1　每月兔子数

月份	1月	2月	3月	4月	5月	6月	7月	8月	9月	10月	11月	12月
小兔	1		1	1	2	3	5	8	13	21	34	55
大兔		1	1	2	3	5	8	13	21	34	55	89
合计	1	1	2	3	5	8	13	21	34	55	89	144

这组数从第三个数开始，每个数是前两个数的和，按此方法推算，第六个月是 8 对兔子，第七个月是 13 对兔子……这样得到一个数列即"斐波那契数列"，即 1，1，2，3，5，8，13……一对幼兔子一年能繁殖数也就是这个数列的第 12 项。

从兔子实例中总结归纳出的规律是每个月的兔子数等于上个月的兔子数加上上个月的兔子数。

2．确定数学模型

数学模型就是用数学语言描述实际现象的过程。数学模型一般是实际事物的一种数学简化。它常常是以某种意义上接近实际事物的抽象形式存在的，但它和真实的事物有着本质的区别。要描述一个实际现象可以有很多种方式，比如录音、录像、比喻、传言等。为了使描述更具科学性、逻辑性、客观性和可重复性，人们采用一种普遍认为比较严格的语言来描述各种现象，这种语言就是数学。使用数学语言描述的事物就称为数学模型。将现实世界的问题抽象成数学模型，就可能发现问题的本质及其能否求解，甚至找到求解该问题的方法和算法。

针对兔子繁殖问题的数学表达：

如果用 F_n 表示斐波那契数列的第 n 项，则该数列的各项间的关系为：

$$\begin{cases} F_1 = 1 \\ F_2 = 1 \\ F_n = F_{n-1} + F_{n-2}, \ n \geqslant 3 \end{cases}$$

$F_n = F_{n-1} + F_{n-2}$ 一般称为递推公式。

3．设计算法

所谓算法（Algorithm），是指为了解决一个问题而采取的方法和步骤。当利用计算机来解决一个具体问题时，也要首先确定算法。对于同一个问题，往往会有不同的解题方法。例如，要计算 $S = 1 + 2 + 3 + \cdots + 100$，可以先进行 1 加 2，再加 3，再加 4，一直加到 100，得到结果 5050；也可以采用另外的方法，$S = （100 + 1）+（99 + 2）+（98 + 3）+ \cdots +（51 + 50）= 101 \times 50 = 5050$。当然，还可以有其他方法。比较两种方法，显然第二种方法比第一种方法简单。

所以，为了有效地解决问题，不仅要保证算法正确，还要考虑算法质量，要求算法简单、运算步骤少、效率高，能够迅速得出正确结果。

设计算法即设计出解题的方法和具体步骤。

例如兔子繁殖问题递推算法。设数列中相邻的 3 项分别为变量 f1、f2 和 f3，由于中间各项只是为了计算后面的项，因此可以轮换赋值，则有如下递推算法。

① f1 和 f2 的初值为 1（即第 1 项和第 2 项分别为 1）。

② 第 3 项起，用递推公式计算各项的值，用 f1 和 f2 产生后项，即 f3 = f1 + f2。

③ 通过递推产生新的 f1 和 f2，即 f1 = f2，f2 = f3。

④ 如果未达到规定的第 n 项，返回步骤②；否则停止计算，输出 f3。

4. 算法的程序化（编写源程序）

将算法用计算机程序设计语言编写成源程序，对源程序进行编译，看是否有语法错误和连接错误。例如，兔子繁殖问题 C 语言实现代码如下：

```c
#include <stdio.h>
int main()
{
    long f1, f2, f3;
    f1=1; f2=1;                    // 初始条件
    for(int i=3;i<=12;i++)
    {
        f3=f1+f2;                  // 递推公式
        f1=f2;
        f2=f3;
    }
    printf("%ld",f3);
}
```

C 语言编译器能够发现源程序中的编译错误（即语法错误）和连接错误。编译错误通常是编程者违反了 C 语言的语法规则，如保留字输入错误、大括号不匹配、语句少分号等。连接错误通常由于未定义或未指明要连接的函数，或者函数调用不匹配等。

5. 程序调试与运行

运行可执行程序，得到运行结果。能得到运行结果并不意味着程序正确，要对结果进行分析，看它是否合理。不合理要对程序进行调试，即通过上机发现和排除程序中的故障的过程。

下面再以复杂的旅行商问题（Traveling Salesman Problem，TSP）说明编写计算机程序解决问题过程。经典的 TSP 可以描述为：一个商品推销员要去若干个城市推销商品，该推销员从一个城市出发，需要经过所有城市后，回到出发地城市。应如何选择行进路线以使总的行程最短？

TSP 问题是最有代表性的组合优化问题之一，它具有重要的实际意义和工程背景。许多现实问题都可以归结为 TSP 问题。例如"快递问题"（有 n 个地点需要送货，怎样一个次序才能使送货距离最短），"电路板机器钻孔问题"（在一块电路板上 n 个位置需要打孔，怎样一个次序才能使钻头移动距离最短。钻头在这些孔之间移动，相当于对所有的孔进行一次巡游。把这个问题转化为 TSP，孔相当于城市）。

TSP 旅行商问题可以用图 5-4 示意。我们需要将 TSP 问题抽象为一个数学问题，并给出求解该数学问题的数学模型。在数学建模时尽量用自然数编号表达现实的具体对象，A，B，C，

D 这些城市可以使用自然数 1，2，3，4 编号。这样两城市之间距离 D_{ij} 表示（i、j 的含义是城市编号），例如 D_{12} 就是 2，D_{14} 就是 5。在计算机中可以使用二维数组 $D[][]$ 来存储城市之间距离。

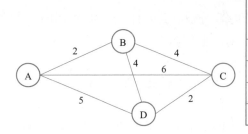

D_{ij}（行是i，列是j）	1	2	3	4
1	0	2	6	5
2	2	0	4	4
3	6	4	0	2
4	5	4	2	0

图 5-4　TSP 旅行商问题

TSP 旅行商问题转换成数学模型就是：

这 n 个城市可以使用自然数 1，2，3，…，n 编号，输入 n 个城市之间距离 D_{ij}，输出所有城市的一个访问序列 $T=(T_1，T_2，…，T_n)$，其中 T_i 就是城市的编号，使得 $\sum D_{T_iT_{i+1}}$ 最小。

当数学建模完成后，就要设计算法或者问题求解的策略。TSP 旅行商问题中从初始结点（城市）出发的周游路线一共有 $(n-1)!$ 条，即等于除初始结点外的 $n-1$ 个结点的排列数，因此旅行商问题是一个排列问题。通过枚举 $(n-1)!$ 条周游路线，从中找出一条具有行程最短的周游路线的算法。

（1）遍历算法

遍历是一种重要的计算思维，遍历就是产生问题的每一个可能解（例如所有线路路径），然后代入问题进行计算（例如行程总距离），通过对所有可能解的计算结果进行比较，选取满足目标和约束条件（例如路径最短）的解作为结果。遍历是一种最基本的问题求解策略。

图 5-5 中，A，B，C，D 代表周游这些城市，箭头代表行进的方向，线条旁边的数字代表城市之间的距离，图中列出每一条可供选择的路线，计算出每条路线的总里程，最后从中选出一条最短的路线。如图 5-5 所示，从中可以找到最优路线总距离是 13。

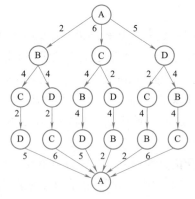

路径：ABCDA　总距离：13	路径：ABDCA　总距离：14
路径：ACBDA　总距离：19	路径：ACDBA　总距离：14
路径：ADCBA　总距离：13	路径：ADBCA　总距离：19

图 5-5　TSP 旅行商遍历路线

采用遍历算法解决 TSP 旅行商问题会出现组合爆炸，因为路径组合数目为 $(n-1)!$，加入 20 个城市，遍历总数 1.216×10^{17}，计算机以每秒检索 1 000 万条路线的计算速度，需 386 年。随着城市数量的上升，TSP 问题的"遍历"方法计算量剧增，计算资源将难以承受。因此人们设计出相对最优的贪心算法。

（2）贪心算法

贪心算法是一种算法策略，或者说问题求解的策略。基本思想"今朝有酒今朝醉"，一定要做当前情况下的最好选择，否则将来可能会后悔，故名"贪心"。

TSP 问题的贪心算法求解思想：从某一个城市开始，每次选择一个城市，直到所有城市都被走完。每次在选择下一个城市的时候，只考虑当前情况，保证迄今为止经过的路径总距离最短。

例如从 A 城市出发，B 城市距离 A 最短，所以选择下一个城市时选 B。B 城市到达后，选择下一个城市时，C 和 D 距离 B 最短（从 C 和 D 中选），所以选择下一个城市时选 D。D 城市到达后，选择下一个城市时，D 距离 C 最短，所以选择下一个城市时选 C，最后回到城市 A。则获得解 ABDCA，其总距离为 14。

贪心算法不一定能找到最优解，每次选择得到的都是局部最优解，并不一定能得到全局最优。因此基于贪心算法求解问题总体上只是一种求最近似最优解的思想。但解 ABDCA 却是一个可行解，比较可行解与最优解的差距可以评价一个算法的优劣。

将以上算法用计算机程序设计语言编写成源程序，调试输出 TSP 问题的计算结果。算法是计算机求解问题的步骤表达，会不会编写程序的本质还是看能否找出问题求解的算法。

5.2　算法的概念与描述

我们在日常生活中经常要处理一些事情，都有一定的方法和步骤，即先做哪一步，后做哪一步。就拿邮寄一封信来说，大致可以将寄信的过程分为这样几个步骤：写信、写信封、贴邮票、投入信箱。将信投入到信箱后，我们就说寄信过程结束了。同样，在程序设计中，程序设计者必须指定计算机执行的具体步骤，怎样设计这些步骤，怎样保证它的正确性和具有较高的效率，这就是算法需要解决的问题。

计算机科学家尼克劳斯 - 沃思曾写过一本著名的书《数据结构 + 算法 = 程序》，可见算法在计算机科学界与计算机应用界的地位。

5.2.1　算法的概念、特征及评价

1. 算法的概念

算法是指解题方案的准确而完整的描述，是一系列解决问题的清晰指令，算法代表着用系统的方法描述解决问题的策略机制。也就是说，能够对一定规范的输入，在有限时间内获得所要求的输出。如果一个算法有缺陷，或不适合于某个问题，执行这个算法将不会解决这个问题。

例如，输入三个数，然后输出其中最大的数。将三个数依次输入到变量 A 、B 、C 中，设

变量 MAX 存放最大数。其算法如下。

① 输入 A、B、C。

② A 与 B 中较大的一个放入 MAX 中。

③ 把 C 与 MAX 中较大的一个放入 MAX 中。

再如，输入 10 个数，打印输出其中最大的数。"经典"打擂比较算法设计如下。

① 输入 1 个数，存入变量 A 中，将记录数据个数的变量 N 赋值为 1，即 N=1。

② 将 A 存入表示最大值的变量 Max 中，即 Max=A。

③ 再输入一个值给 A，如果 A>Max，则 Max=A，否则 Max 不变。

④ 让记录数据个数的变量增加 1，即 N=N+1。

⑤ 判断 N 是否小于 10，若成立则转到第③步执行，否则转到第⑥步。

⑥ 打印输出 Max。

利用计算机解决问题，实际上也包括了设计算法和实现算法两部分工作。首先设计出解决问题的算法，然后根据算法的步骤，利用程序设计语言编写出程序，在计算机上调试运行，得出结果，最终实现算法。可以这样说，算法是程序设计的灵魂，而程序设计语言是表达算法的形式。

2. 算法的特征

（1）有穷性（Finiteness）

算法的有穷性是指算法必须能在执行有限个步骤之后终止。有穷性要求算法必须是能够结束的。

（2）确定性（Definiteness）

算法的每一步骤必须有确切的定义，即算法中所有的执行动作必须严格而不含糊地进行规定，不能有歧义性。

（3）输入项（Input）

一个算法有 0 个或多个输入，以刻画运算对象的初始情况，所谓 0 个输入是指算法本身定出了初始条件。

（4）输出项（Output）

一个算法有一个或多个输出，以反映对输入数据加工后的结果。没有输出的算法是毫无意义的。

（5）可行性（Effectiveness）

算法中执行的任何计算步骤都是可以被分解为基本的可执行的操作步，即每个计算步骤都可以在有限时间内完成（也称之为有效性）。

3. 算法的评价

同一问题可用不同算法解决，而一个算法的质量优劣将影响到算法乃至程序的效率。不同的算法可能用不同的时间、空间或效率来完成同样的任务。算法分析的目的在于选择合适算法和改进算法。一个算法的评价主要从时间复杂度和空间复杂度来考虑。

（1）时间复杂度

算法的时间复杂度是指执行算法所需要的时间。一般来说，计算机算法是问题规模 n 的函

数 $f(n)$，算法的时间复杂度也因此记做 $T(n)$。

$$T(n)=O(f(n))$$

因此，问题的规模 n 越大，算法执行的时间的增长率与 $f(n)$ 的增长率正相关，称作渐进时间复杂度（Asymptotic Time Complexity）。

例如顺序查找平均查找次数 $(n+1)/2$，它的时间复杂度为 $O(n)$，二分查找算法的时间复杂度为 $O(\log n)$，插入排序、冒泡排序、选择排序的算法时间复杂度为 $O(n^2)$。

（2）空间复杂度

算法的空间复杂度是指算法需要消耗的内存空间，其计算和表示方法与时间复杂度类似，一般都用复杂度的渐近性来表示。同时间复杂度相比，空间复杂度的分析要简单得多。

5.2.2　算法的描述

算法的描述（表示方法）是指对设计出的算法，用一种方式进行详细的描述，以便与人交流。描述可以使用自然语言、伪代码，也可使用程序流程图，但描述的结果必须满足算法的五个特征。

1．自然语言

可用中文或英文等自然语言描述算法，但容易产生歧义性，在程序设计中一般不用自然语言表示算法。

2．流程图

流程图由一些特定意义的图形、流程线及简要的文字说明构成，它能清晰明确地表示程序的运行过程，传统流程图由图 5-6 中图形组成。

起止框　　　输入/输出框　　　处理框　　　判断框　　　流程线

图 5-6　传统流程图的常用图形

① 起止框：说明程序起点和结束点。

② 输入 / 输出框：输入输出操作步骤写在这种框中。

③ 处理框：算法大部分操作写在此框图中，例如下面处理框就是加 1 操作。

$$i \leftarrow i+1$$

④ 菱形框：代表条件判断以决定如何执行后面的操作。

⑤ 流程线：代表计算机执行的方向。

例如，网上购物的流程图如图 5-7 所示。

3．N-S 图

在使用过程中，人们发现流程线不一定是必需的，为此人们设计了一种新的流程图——N-S 图，它是较为理想的一种方式，它是 1973 年由美国学者 I.Nassi 和 B.Shneiderman 提出的。在这种流程图中，全部算法写在一个大矩形框内，该框中还可以包含一些从属于它的小矩形框。网上购物的 N-S 图如图 5-8 所示。N-S 图可以实现传统流程图功能。N-S 图最基本形式如图 5-9 所示。

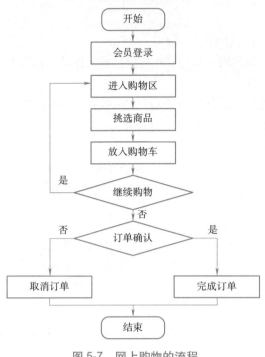

图 5-7 网上购物的流程

图 5-8 网上购物的 N-S 图

图 5-9 N-S 图

💡 注 意：

在 N-S 图中，最基本形式在流程图中的上下顺序就是执行时的顺序，程序在执行时，也按照从上到下的顺序进行。

对初学者来说，先画出流程图很有必要，根据流程图编程序，会避免不必要的逻辑错误。

4. 伪代码

伪代码是用介于自然语言和计算机语言之间的文字和符号来描述算法，即计算机程序设计语言中具有的关键字用英文表示，其他的可用汉字，也可用英文，只要便于书写和阅读就可。例如：

```
IF 九点以前 THEN
    do 私人事务；
ELSE 9点到18点 THEN
    工作；
ELSE
    下班；
END IF
```

它像一个英文句子一样好懂。用伪代码写算法并无固定的、严格的语法规则，只需把意思表达清楚，并且书写的格式要清晰易读。它不用图形符号，因此书写方便、格式紧凑，容易修改，便于向计算机语言算法（即程序）过渡。

5.2.3 常用算法举例

现在计算机能解决的实际问题种类繁多，解决问题的算法更是不胜枚举。但还是有一些基本方法是可以遵循的。例如：递推与迭代算法常用于计算性问题；枚举算法常应用于最优化问题和搜索正确的解。

1. 枚举算法

枚举算法又称为穷举法，此算法将所有可能出现的情况一一进行测试，从中找出符合条件的所有结果。如计算"百钱买百鸡"问题，又如列出满足 x*y=100 的所有组合等。枚举法常用于解决"是否存在"或"有多少种可能"等类型问题。这种算法充分利用计算机高速运算的特点。

例如计算一个古典数学问题——"百钱买百鸡"问题。一百个铜钱买了一百只鸡，公鸡每只 5 元，母鸡每只 3 元，小鸡 3 只 1 元，公鸡、母鸡和小鸡各买几只？

假设公鸡 x 只，母鸡 y 只，小鸡 z 只。根据题意可列出以下方程组：

$$\begin{cases} 5x+3y+z/3=100 \ （百钱）\\ x+y+z=100 \ （百鸡）\end{cases}$$

由于 2 个方程式中有 3 个未知数，属于无法直接求解的不定方程，故可采用"枚举法"进行试根。这里 x, y, z 为正整数，且 z 是 3 的倍数；由于鸡和钱的总数都是 100，可以确定 x, y, z 的取值范围：

x 的取值范围为 1 ~ 20。

y 的取值范围为 1 ~ 33。

z 的取值范围为 3 ~ 99，步长为 3。

逐一测试各种可能的 x（1 ~ 20）、y（1 ~ 33）、z（3 ~ 99）组合，并输出符合条件 5x+3y+z/3=100 和 x+y+z=100 的结果。

2. 查找算法

查找也可称检索，是在数据集（大量的元素）中找到某个特定的元素的过程。查找算法（search algorithms）是在程序设计中最常用到的算法之一。例如，经常需要在大量商品信息中查找指定的商品、在学生名单中查找某个学生，等等。

有许多种不同的查找算法。根据数据集的特征不同，查找算法的效率和适用性也往往各不相同。顺序查找、二分查找、散列查找等都是典型的查找算法。下面，就介绍这些典型搜索算法的思想和特点。

（1）顺序查找法

假定要从 n 个整数中查找 x 的值是否存在，最原始的办法是从头到尾逐个查找，这种查找的方法称为顺序查找。

设给定一个有 10 个元素的数组，其数据如图 5-10 所示。list 是数组名，其元素数据放在方格中。方格下面的方括号中的数字表示元素的下标，下标从 0 开始。list[0] 表示数组 list 中的第一个元素，list[1] 表示第二个元素，等等。

list	51	32	18	96	2	75	29	82	11	125
	[0]	[1]	[2]	[3]	[4]	[5]	[6]	[7]	[8]	[9]

图 5-10 有 10 个元素的数组

现在，希望找到数据 75 在 list 数组中的位置。顺序搜索算法的查找过程如下：

① 比较 75 和 list[0]，list[0] 是 51，相当于比较 75 和 51；由于 list[0] 不等于 75，因此 75 顺序比较下一个元素 list[1]。

② list[1] 是 32，由于 75 不等于 32，因此 75 顺序比较下一个元素 list[2]。

③ 一直持续下去，当 75 与 list[5] 比较时，两者相等，这时搜索终止，75 在 list 中的位置为下标 5。

但是如果要查找的数据是 91，结果在 list 中没有发现与 91 匹配的元素，则这次搜索失败。一般地，如果没有找到匹配的元素，则返回 -1，表示没有找到指定的元素。

下面使用自然语言给出顺序搜索算法的思想。用自然语言描述在 list 数组中进行顺序查找算法如下。

① 初始化元素的索引下标 i，将其赋值为 0，list 数组元素个数 N 赋值为 10。

② 输入查找的数据 key 的值。

③ 判断 i 是否大于 N-1（最后一个元素的下标）。如果 i>N-1，则说明没有找到，输出 -1，表示没有找到指定的元素并结束搜索。

④ 比较 key 与 list[i] 的值，如果相同则输出对应的索引下标 i。否则，元素的索引下标 i 增加 1，即 i=i+1，转到第③步。

也可以使用流程图的形式描述顺序搜索算法的思想。假设存放元素的数据集是 list 数组，长度是 N，其对应的流程图和 N-S 图如图 5-11 所示。

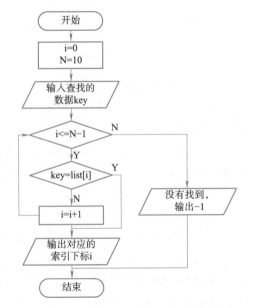
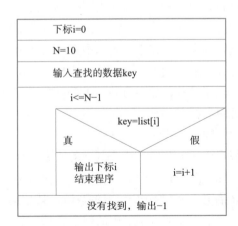

图 5-11 顺序搜索算法的流程图和 N-S 图

（2）二分查找法（折半查找）

顺序查找算法是针对无序数据集的典型查找算法，如果数据集中的元素是有序的，那么顺序查找算法就不适用了。为了提高查找算法的效率，针对有序数据集，可以使用二分查找算法。

二分查找算法（Binary Search）是指在一个有序数据集中，假设元素递增排列，查找项与数据集的中间位置的元素进行比较，如果查找项小于中间位置的元素，则只搜索数据集的前半部分；否则，查找数据集的后半部分。如果查找项等于中间位置的元素，则返回该中间位置的元素的地址，查找成功结束。

下面通过一个示例来讲述二分查找算法的过程。在图 5-12 所示的有序数据组中，有 10 个元素递增排列。

list	2	11	18	29	32	51	75	82	96	125
	[0]	[1]	[2]	[3]	[4]	[5]	[6]	[7]	[8]	[9]

图 5-12　有 10 个元素的有序数组

现在，希望找到数据 75 在 list 数组中的位置。二分查找过程如下：

① 第一次搜索空间是整个数组，最左端的位置是 0，最右端的位置是 9，则其中间位置是 4。因为 75>list[4]，所以 75 应该落在整个数组的后半部分。

② 这时开始第二次查找，搜索空间最左端的位置是 5，最右端的位置依然是 9，计算得中间位置是 7。比较 75 与 list[7]，因为 75<list[7]，继续折半搜索。

③ 第三次搜索空间的最左右端的位置分别是 5 和 6，中间位置 5，75>list[5]，继续折半搜索。

④ 第四次搜索空间的最左右端的位置都是 6，中间位置是 6，且 75=list[6]，停止查找，75 的位置是 6。

相应地，如果要查找数据 91 在 list 数组中的位置，查找过程如下：

① 第一次的搜索空间，左端位置是 0，右端位置是 9，中间位置是 4，比较 91 和 list[4]，91>list[4]，继续折半搜索。

② 第二次搜索空间的左右端位置分别是 5 和 9，中间位置是 7，91>list[7]，继续折半搜索。

③ 第三次搜索空间的左右端位置分别是 8 和 9，中间位置是 8，91<list[8]，继续折半搜索。

④ 第四次搜索空间的左端位置是 8，右端位置是 7，左端位置 8> 右端位置 7，查找以失败结束，返回在 list 中没有发现元素与搜索项匹配的标志 -1。

自然语言描述在 list 数组中进行二分查找算法如下：

① 初始化左端位置 left 为 0，右端位置 right 为 list 数组下标最大值，同时设置找到标志 found 为 false。

② 输入查找的数据 key 的值。

③ 判断 left<=right 和找到标志 found 为 false 是否同时成立，成立则转到第④步，否则转到第⑤步。

④ 计算中间位置 mid，如果 list[mid] 是要查找的数据 key，则找到标志 found 赋值为 true。如果 list[mid] 大于要查找的数据 key，则 right=mid-1；如果 list[mid] 小于要查找的数据 key，则 left=mid+1；转到③。

⑤ 判断 found 是否为 true，是 true 说明找到了，则输出 mid 的值。否则说明没有找到，输出 -1

并结束搜索。

二分查找算法对应的流程图和 N-S 图如图 5-13 所示。

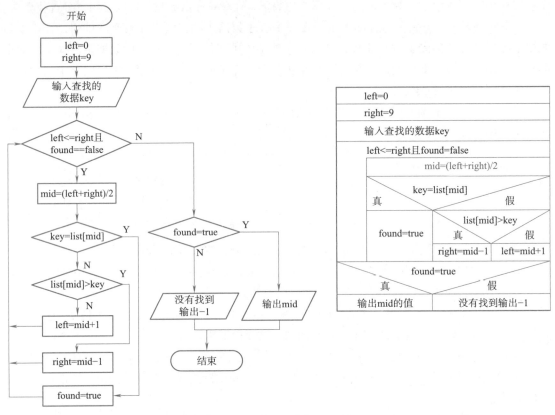

图 5-13　二分搜索算法的流程图和 N-S 图

二分查找算法有多种实现方式。如果采用循环方式，二分搜索算法的 C 语言代码如下：

```
#include <stdio.h>
int main()
{
    int list[10]= {2,11,18,29,32,51,75,82,96,125};
    int left=0,right=9,mid,key;
    bool found = false;
    scanf("%d",&key);   /* 输入查找 key 的值 */
    while(left<=right && found==false)
    {
        mid=(left+right)/2;
        if(list[mid]==key)
            found=true;
        else
            if(list[mid]> key )
                right=mid-1;
            else
                left=mid+1;
    }
    if(found==true)                      /* 是 true 说明找到了 */
        printf("%d",mid);
    else
```

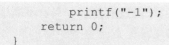

```
        printf("-1");
    return 0;
}
```

3. 递推与迭代算法

利用递推算法或迭代算法，可以将一个复杂的问题转换为一个简单过程的重复执行。它是按照一定的规律来计算序列中的每项，通常是通过前面的一些项来得出序列中指定项的值。这两种算法的共同特点是，通过前一项的计算结果推出后一项。不同的是，递推算法不存在变量的自我更迭，而迭代算法则在每次循环中用变量的新值取代其原值。

前面提到的兔子繁殖问题的"斐波那契数列"，就是使用递推算法来解决。

设数列中相邻的 3 项分别为变量 f1、f2 和 f3，由于中间各项只是为了计算后面的项，因此可以轮换赋值，则有如图 5-14 所示的 N-S 图。

f1=1;f2=1	
for i = 3 to 12	
	f3 = f1 + f2　　　//用f1和f2产生后项
	f1 = f2　　　//产生新的f1
	f2 = f3　　　//产生新的f2
输出 f3	

图 5-14　使用递推算法解决斐波那契数列问题的 N-S 图

迭代算法也称为辗转法，是一种不断用变量的旧值递推新值的过程。迭代算法是用计算机解决问题的一种基本方法。它利用计算机运算速度快、适合做重复性操作的特点，让计算机对一组指令（或一定步骤）进行重复执行，在每次执行这组指令（或这些步骤）时，都从变量的原值推出它的一个新值。

例如猴子吃桃问题。猴子第一天摘下若干个桃子，当即吃了一半，还不过瘾，又多吃了一个，第二天早上又将剩下的桃子吃掉一半，又多吃了一个。以后每天早上都吃了前一天剩下的一半再多一个。到第 10 天早上想再吃时，见只剩下一个桃子了。求第一天共摘了多少桃子。

这是一个迭代递推问题，采取逆向思维的方法，从后往前推。因为猴子每次吃掉前一天的一半再多一个，若设 X_n 为第 n 天的桃子数，则

$$X_n = X_{n-1}/2 - 1$$

那么第 n-1 天的桃子数的递推公式为

$$X_{n-1} = (X_n + 1) * 2$$

已知第 10 天的桃子数为 1，由递推公式得出第 9 天，第 8 天……第 1 天为 1 534，则有图 5-15 的 N-S 图。

X=1	//第10天的桃子数
for i=1 to 9	//循环9次
	X=(X+1)*2　　//递推公式
输出X	

图 5-15　使用迭代算法解决猴子
吃桃问题的 N-S 图

算法被誉为计算机系统之灵魂，问题求解的关键是设计算法，设计可在有限时间与空间内执行的算法，设计尽可能快速的算法。所有的计算问题最终都体现为算法。"是否会编写程序"本质上讲首先是"能否想出求解问题的算法"，其

次才是将算法用计算机可以识别的计算机语言写出程序。算法的学习没有捷径，只有不断地训练才能达到一定高度。

5.3 面向过程的结构化程序设计方法

面向过程的结构化程序设计由迪克斯特拉（E•W.dijkstra）在 1969 年提出，是以模块化设计为中心，将待开发的软件系统划分为若干个相互独立的模块，这样使完成每一个模块的工作变得单纯而明确，为设计一些较大的软件打下了良好的基础。它是软件发展的一个重要的里程碑。

5.3.1 结构化程序设计的原则

结构化程序设计的基本思想是采用"自顶向下，逐步求精"的程序设计方法和"单入口单出口"的控制结构。结构化程序设计的基本原则如下。

1. 自顶向下

程序设计时，应先考虑总体，后考虑细节；先考虑全局目标，后考虑局部目标。不要一开始就过多追求众多的细节，先从最上层总目标开始设计，逐步使问题具体化。

2. 逐步细化

对复杂问题，应设计一些子目标作为过渡，逐步细化。

3. 模块化设计

一个复杂问题，肯定是由若干稍简单的问题构成。模块化是把程序要解决的总目标分解为子目标，再进一步分解为具体的小目标，把每一个小目标称为一个模块。

4. 单入口单出口

"单入口单出口"的思想认为一个复杂的程序，如果它仅是由顺序、选择和循环三种基本程序结构通过组合、嵌套构成，那么这个新构造的程序一定是一个单入口单出口的程序。据此就很容易编写出结构良好、易于调试的程序来。

5.3.2 结构化程序的基本结构和特点

解决任何一个复杂的问题，都可以由 3 种基本结构来完成：顺序结构、选择结构、循环结构。由这 3 种基本结构构成的算法称为结构化算法，它不存在无规律的转移，只有在本结构内才允许存在分支或者向前向后的跳转。由结构化算法编写的程序称为结构化程序。结构化程序便于阅读和修改，提高了程序的可读性和可维护性。

1. 顺序结构

顺序结构是程序设计中最简单、最常用的基本结构。程序是由一条条语句组成的，在顺序结构中，各语句按照出现的先后顺序依次执行。顺序结构是任何程序的主体基本结构，即使在选择结构或循环结构中，也常以顺序结构作为其子结构。

顺序结构其流程图如图 5-16（a）所示，N-S 图如图 5-16（b）所示。

2. 选择结构

在信息处理、数值计算以及日常生活中，经常会碰到需要根据特定情况选择某种解决方案的问题。选择结构是在计算机语言中用来实现上述分支现象的重要手段，它能根据给定条件，从事先编写好的各个不同分支中执行并且仅执行某一分支的相应操作。

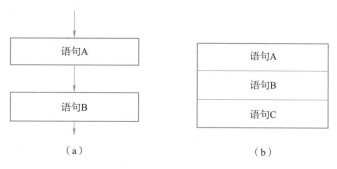

（a） （b）

图 5-16 顺序结构

选择结构又称分支结构，其流程图如图 5-17（a）所示，N-S 图如图 5-17（b）所示。该结构能根据表达式（条件 P）成立与否（真或假），选择执行语句 1 操作或语句 2 操作。

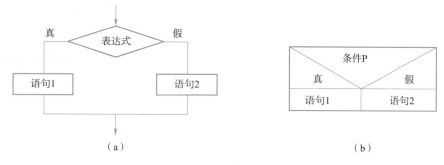

（a） （b）

图 5-17 选择结构

【例 5-1】输入 3 个不同的数，将它们从大到小排序输出。

分析：

① 将 a 与 b 比较，把较大者放入 a 中，小者放 b 中。

② 将 a 与 c 比较，把较大者放入 a 中，小者放 c 中，此时 a 为三者中的最大者。

③ 将 b 与 c 比较，把较大者放入 b 中，小者放 c 中，此时 a、b、c 已由大到小顺序排列。其 N-S 图如图 5-18 所示。

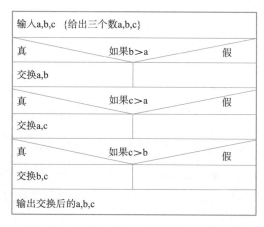

图 5-18 对 3 个数从大到小排序的 N-S 图

3. 循环结构

当需要在指定条件下反复执行某一操作时，可以用循环结构来实现。使用循环可以简化程序，提高工作效率。

（1）当型循环

条件表达式 P 成立时反复执行循环体语句 A 操作，直到 P 为假结束循环。可以用图 5-19 表示其流程。

图 5-19 当型循环结构流程图和 N-S 图

【例 5-2】求 1+2+3+…+100 的值。

分析：计算累加和需要两个变量，用变量 sum 存放累加和，变量 i 存放加数。重复将加数 i 加到 sum 中。根据分析可画出 N-S 图，如图 5-20 所示。

根据流程图写出程序：

```
#include <stdio.h>
int main( ){
    int i=1,sum=0;
    while (i<=100)
    { sum=sum+i;
      i=i+1;
    }
    print("sum=%d",sum);
    return 0;
}
```

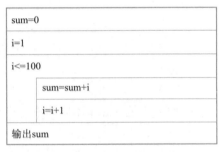

图 5-20 累加和的 N-S 图

（2）直到型循环

反复执行循环体语句 A 操作，直到条件 P 为假结束循环。可以用图 5-21 表示其流程。

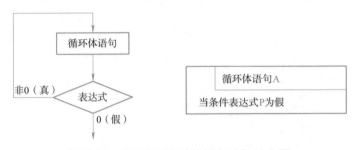

图 5-21 直到型循环结构流程图和 N-S 图

【例 5-3】输入两个正整数，用"辗转相除法"求它们的最大公约数。

辗转相除法是一种求两个自然数的最大公约数的方法：假设对于任意两个自然数 a、b，当 a>b 时，a=q*b+r。其中，q 是 a 除以 b 后得到的商，r 是 a 除以 b 后得到的余数。那么，当 r 等于 0 时，b 就是 a、b 的最大公约数；否则，a、b 的最大公约数就等于 b、r 的最大公约数，这是因为 a 与 b 的最大公约数一定是 b 与 r 的最大公约数。从而可以将 b 作为新的除式中的 a，r 作为新的除式中的 b,这样反复求约数,直至 r 等于 0,这时的 b 就是原先的 a 和 b 的最大公约数。

例如：a=432，b=138，求最大公约数的过程如表 5-2 所示。

表 5-2　求最大公约数过程

a	b	q	r
432	138	3	18
138	18	7	12
18	12	1	6
12	6	2	0

所以 432 和 138 的最大公约数是 6。

分析：求最大公约数用"辗转相除法"，算法如下。

① 输入两个正整数 a，b；比较两数，并使 a 大于 b。

② 将 a 作被除数，b 作除数，相除后余数为 r。

③ 将 a ← b，b ← r。

④ 若 r=0，则 a 为最大公约数，结束循环。若 r ≠ 0，执行步骤②和③。

根据此分析画出流程图和 N-S 图，如图 5-22 所示。

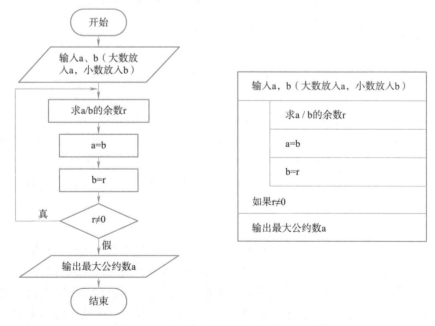

图 5-22　求最大公约数流程图和 N-S 图

结构化程序设计由于采用了模块分解与功能抽象、自顶向下、逐步求精的方法，从而有效地将一个较复杂的程序系统设计任务分解成许多易于控制和处理的子任务，便于开发和维护。

虽然结构化程序设计方法具有很多的优点，但它仍是一种面向过程的程序设计方法，它把数据和处理数据的过程分离为相互独立的实体。当数据结构改变时，所有相关的处理过程都要进行相应的修改，程序的可重用性差。

由于 Windows 图形用户界面的应用，程序运行由顺序运行演变为事件驱动，使得软件使用起来越来越方便，但开发起来却越来越困难，对这种图形用户界面软件的功能很难用过程来描述和实现，使用面向过程的方法来开发和维护都将非常困难。

5.4 面向对象的程序设计方法

面向对象程序设计（Object Oriented Programming，OOP）是软件系统设计与实现的方法，这种新方法既吸取了结构化程序设计的绝大部分优点，又考虑了现实世界与面向对象空间的映射关系，所追求的目标是将现实世界的问题求解尽可能得简单化。在自然世界和社会生活中，一个复杂的事物总是由很多部分组成的。例如：一个人是由姓名、性别、年龄、身高、体重等特征描述；一辆自行车由轮子、车身、车把等部件组成；一台计算机由主机、显示器、键盘、鼠标等部件组成。当人们生产一台计算机的时候，并不是先要生产主机再生产显示器再生产键盘鼠标，即不是顺序执行的，而是分别生产设计主机、显示器、键盘、鼠标等，最后把它们组装起来。这些部件通过事先设计好的接口连接，以便协调地工作。比如通过键盘输入可以在显示器上显示字或图形，这就是面向对象程序设计的基本思路。

面向对象的程序设计使程序设计更加贴近现实世界，用于开发较大规模的程序，以提高程序开发的效率。面向对象程序设计方法提出了一些全新的概念，比如类和对象，下面分别讨论这几个概念。

5.4.1 基本概念

1. 对象

对象又称实例，是客观世界中一个实际存在的事物，它既具有静态的属性（或称状态），又具有动态的行为（或称操作）。所以，现实世界中的对象一般可以表示为：属性 + 行为。例如，一个盒子就是一个对象，它具有的属性为该盒子的长、宽和高等，具有的操作为求盒子的容量等。再如，张三是现实世界中一个具体的人，他具有身高、体重（静态特征），能够思考和做运动（动态特征）。

2. 类

在面向对象程序设计中，类是具有相同属性数据和操作的对象的集合，它是对一类对象的抽象描述。例如，我们把载人数量为 5~7 人的、各种品牌的、使用汽油或者柴油的、四个轮子的汽车统称为小轿车，也就是说，从众多的具体车辆中抽象出小轿车类。再例如，我们把一所高校所有在校的、男性或女性、各个班级的、各个专业的本科生、研究生统称为学生，可以从众多的具体学生中抽象出学生类。

对事物进行分类时，依据的原则是抽象，将注意力集中在与目标有关的本质特征上，而忽略事物的非本质特征，进而找出这些事物的所有共同点，把具有共同性质的事物划分为一类，得到一个抽象的概念。日常生活中的汽车、房子、人、衣服等概念都是人们在长期的生产和生活实践中抽象出来的概念。

面向对象方法中的"类",是具有相同属性和行为的一组对象的集合,它为属于该类的全部对象提供了抽象的描述,其内部包括属性和行为两个主要部分。

类是创建对象的模板,它包含着所创建对象的属性描述和方法定义。一般是先定义类,再由类创建其对象,按照类模板创建一个个具体的对象(实例)。

3. 消息

面向对象技术的封装使得对象相互独立,各个对象要相互协作实现系统的功能则需要对象之间的消息传递机制。消息是一个对象向另一个对象发出的服务请求,进行对象之间的通信。也可以说是一个对象调用另一个对象的方法(Method)或函数(Function)。

通常,把发送消息的对象称为发送者,接收消息的对象称为接收者。在对象传递消息中只包含发送者的要求,他指示接收者要完成哪些处理,但并不告诉接收者应该如何完成这些处理,接收者接收到消息后要独立决定采用什么方式完成所需的处理。同一对象可接收不同形式的多个消息,产生不同的响应;相同形式的消息可送给不同的对象,不同的对象对于形式相同的消息可以有不同的解释,做出不同的响应。

在面向对象设计中,对象是结点,消息是纽带。应注意不要过度侧重如何构建对象及对象间的各种关系,而忽略对消息(对象间的通信机制)的设计。

4. 面向对象程序设计(Object Oriented Programming,OOP)

面向对象程序设计,是将数据(属性)及对数据的操作算法(行为)封装在一起,作为一个相互依存、不可分割的整体来处理。面向对象程序设计的结构如下所示:

对象 = 数据(属性)+ 算法(行为)

程序 = 对象 + 对象 +…+ 对象

面向对象程序设计的优点表现在:可以解决软件工程的两个主要问题——软件复杂性控制和软件生产效率的提高,另外,它还符合人类的思维方式,能自然地表现出现实世界的实体和问题。

5.4.2 面向对象程序设计的特点

面向对象程序设计具有封装、继承、多态三大特性。

1. 封装性

封装是一种数据隐藏技术,在面向对象程序设计中可以把数据和与数据有关的操作集中在一起形成类,将类的一部分属性和操作隐藏起来,不让用户访问,另一部分作为类的外部接口,用户可以访问。类通过接口与外部发生联系、沟通信息,用户只能通过类的外部接口使用类提供的服务,发送和接收消息,而类内部的具体实现细节则被隐藏起来,对外是不可见的,增强了系统的可维护性。

2. 继承性

在面向对象程序设计中,继承是指新建的类从已有的类那里获得已有的属性和操作。已有的类称为基类或父类,继承基类而产生的新建类称为基类的子类或派生类。由父类产生子类的过程称为类的派生。继承有效地实现了软件代码的重用,增强了系统的可扩充性。同时也提高软件开发效率。下面以交通工具的层次结构来说明，如图 5-23 所示。

交通工具类是一个基类（也称做父类），交通工具类包括速度、额定载人数量和驾驶等交通工具所共同具备的基本特性。给交通工具细分类的时候，有汽车类、火车类和飞机类等，汽车类、火车类和飞机类同样具备速度和额定载人数量这样的特性，而这些特性是所有交通工具所共有的。那么当建立汽车类、火车类和飞机类的时候，我们无须再定义基类已经有的数据成员，而只需要描述汽车类、火车类和飞机类所特有的特性即可。例如汽车还有自己的特性，比如制动、离合、节气门、发动机等。飞机类、火车类和汽车类是在交通工具类原有基础上增加自己的特性而来的，就是交通工具类的派生类（也称作子类）。依此类推，层层递增，这种子类获得父类特性的概念就是继承。继承是实现软件重用的一种方法。

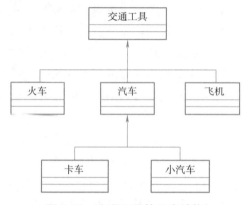

图 5-23　交通工具的层次结构

3. 多态性

在面向对象程序设计中，多态性是面向对象的另一重要特征。

面向对象的通信机制是消息，面向对象技术是通过向未知对象发送消息来进行程序设计的，当一个对象发出消息时，对于相同的消息，不同的对象具有不同的反应能力。这样，一个消息可以产生不同的响应效果，这种现象称为多态性。

在操作计算机时，"双击鼠标左键"这个操作可以很形象地说明多态性的概念。如果发送消息"双击鼠标左键"，不同的对象会有不同的反应。比如，"文件夹"对象收到双击消息后，其产生的操作是打开这个文件夹；而"可执行文件"对象收到双击消息后，其产生的操作是执行这个文件；如果是音乐文件，会播放这个音乐；如果是图形文件，会使用相关工具软件打开这个图形。很显然，打开文件夹、播放音乐、打开图形文件需要不同的函数体。但是在这里，它们可以被同一条消息"双击鼠标左键"来引发，这就是多态性。

多态性是面向对象程序设计的一个重要特征。它减轻了程序员的记忆负担，使程序的设计和修改更加灵活。多态性的好处是，用户不必知道某个对象所属的类就可以执行多态行为，从而为程序设计带来更大的方便。利用多态性可以设计和实现一个易于扩展的系统。

5.4.3　面向对象和面向过程的区别

面向过程就是分析出解决问题所需要的步骤，然后用函数把这些步骤一步一步实现，使用的时候一个一个依次调用就可以了。

面向对象是把构成问题的事务分解成各个对象，建立对象的目的不是为了完成一个步骤，而是为了描述某个事物在整个解决问题的步骤中的行为。

例如五子棋，面向过程的设计思路就是首先分析问题的步骤：

① 开始游戏。

② 黑子先走。

③ 绘制画面。

④ 判断输赢。

⑤ 轮到白子。

⑥ 绘制画面。

⑦ 判断输赢。

⑧ 返回步骤②。

⑨ 输出最后结果。

把上面每个步骤用分别的函数来实现，问题就解决了。而面向对象的设计则是从另外的思路来解决问题。整个五子棋可以分为：

① 黑白双方，这两方的行为是一模一样的。

② 棋盘系统，负责绘制画面。

③ 规则系统，负责判定诸如犯规、输赢等。

第一类对象（玩家对象）负责接收用户输入，并告知第二类对象（棋盘对象）棋子布局的变化，棋盘对象接收到了棋子的变化就要负责在屏幕上面显示出这种变化，同时利用第三类对象（规则系统）来对棋局进行判定。

可以明显地看出，面向对象是以功能来划分问题，而不是步骤。同样是绘制棋局，这样的行为在面向过程的设计中分散在了多个步骤中，很可能出现不同的绘制版本，因为通常设计人员会考虑到实际情况进行各种各样的简化。而面向对象的设计中，绘图只可能在棋盘对象中出现，从而保证了绘图的统一。

功能上的统一保证了面向对象设计的可扩展性。比如，要加入悔棋的功能，如果要改动面向过程的设计，那么从输入到判断到显示这一连串的步骤都要改动，甚至步骤之间的顺序都要进行大规模调整。如果是面向对象的话，只用改动棋盘对象就行了，棋盘系统保存了黑白双方的棋谱，简单回溯就可以了，而显示和规则判断则不用顾及，同时整个对象功能的调用顺序都没有变化，改动只是局部的。

再比如要把这个五子棋游戏改为围棋游戏，如果是面向过程设计，那么五子棋的规则就分布在程序的每一个角落，要改动还不如重写。但是如果当初就是面向对象的设计，那么只用改动规则对象就可以了，五子棋和围棋的区别不就是规则吗？（当然棋盘大小也不一样，但是这是一个难题吗？直接在棋盘对象中进行一番小改动就可以了。）而下棋的大致步骤从面向对象的角度来看没有任何变化。

当然，要达到改动只是局部的，需要设计人员有足够的经验，使用对象不能保证你的程序就是面向对象，初学者或者蹩脚的程序员很可能以面向对象之虚而行面向过程之实，这样设计出来的所谓面向对象的程序很难有良好的可移植性和可扩展性。

如今，面向对象的概念和应用不仅存在于程序设计和软件开发，而且在数据库系统、交互式界面、应用结构、应用平台、分布式系统、网络管理结构、CAD 技术、人工智能等诸多领域都有所渗透。

5.4.4　可视化程序设计

可视化程序设计利用可视化程序设计语言本身所提供的各种工具构造应用程序的各种界面，使得整个界面设计是在"所见即所得"的可视化状态下完成。相对于编写代码方式的程序设计而言，可视化程序设计具有直观形象、方便高效等优点。

可视化程序设计也是基于面向对象的思想，但不需通过编写程序代码的方式来定义类或对象，而是直接利用工具箱中提供的大量界面元素（例如在 Visual Basic 中称为控件），在设计应用程序界面时，只需利用鼠标把这些控件对象拖动到窗体的适当位置，再设置它们的属性，就可以设计出所需的应用程序界面。界面设计不需要编写大量代码，底层的一些程序代码由可视化程序设计语言自动生成。可视化程序设计语言或平台主要有 Visual Basic、Visual C++、C#、Raptor 等，下面将介绍基于流程图的可视化编程开发平台 Raptor。

5.5　Raptor 编程设计

Raptor 是一种基于流程图的可视化编程开发环境。流程图中每个符号代表要执行的特定类型的指令，符号之间的连接决定了指令的执行顺序。一旦开始使用 Raptor 解决问题，这样的理念将会变得更加清晰。Raptor 开发环境，在最大限度地减少语法要求的情形下，帮助用户编写正确的程序指令。使用 Raptor 的目的是进行算法设计和运行验证。

5.5.1 Raptor 基本程序环境

1. Raptor 基本符号

Raptor 有六种基本符号，每个符号代表一个独特的指令类型，包括赋值（Assignment）、调用（Call）、输入（Input）和输出（Output）、选择（Selection）和循环（Loop）。这些符号的作用如表 5-3 所示。

表 5-3　六种基本符号的作用

目　的	符　号	名　称	说　明
赋值		赋值语句	使用各类运算来更改变量的值
输入		输入语句	输入数据给一个变量
输出		输出语句	显示变量的值
调用		过程调用	执行一组在命名过程中定义的指令
选择		选择控制	根据数据的一些条件来决定是否应执行某些语句
循环		循环控制	允许重复执行一个或多个语句，直到某些条件变为 True。这种类型的控制语句是计算机真正的价值所在

2. Raptor 程序结构

Raptor 启动后，程序开发环境如图 5-24 所示。六种基本符号在左侧供用户拖动到右侧编程区。Raptor 程序是一组连接的符号，表示要执行的一系列动作。符号间的连接箭头确定所有操作的执行顺序。Raptor 程序执行时，从开始（Start）符号起步，并按照箭头所指方向执行程序。Raptor 程序执行到结束（End）符号时停止。所以右侧编程区的流程图设计窗口最初都有一个 main 子图，其初始有开始（Start）符号和结束（End）符号。

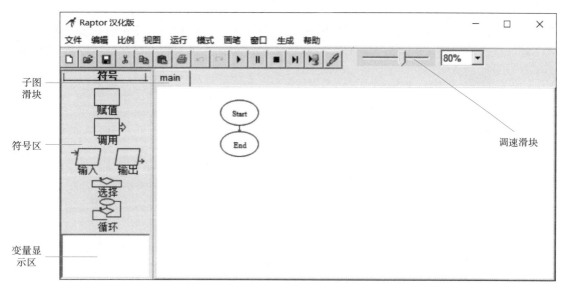

图 5-24　Raptor 程序开发环境

右侧编程区完成程序设计后，在工具栏中的 ▶ ‖ ■ ▶| 四个按钮控制程序的运行方式。▶ 按钮控制程序正常运行，‖ 按钮控制程序暂停运行并可以观察"符号区"下面变量显示区中变量值情况，■ 按钮终止程序运行，▶| 为单步运行按钮，可以清楚了解每条指令运行后变量值情况。══════┛ 为调速滑块按钮，可以调节程序的执行速度，方便观测程序的执行。80% ▾ 设置编程区的流程图设计窗口显示的比例。

3. 变量

变量表示的是计算机内存中的位置，用于保存数据值。在任何时候，一个变量只能容纳一个值。然而，在程序执行过程中，变量的值可以改变。当程序开始时，没有任何变量存在，赋值语句建立变量并赋予初始值。任何变量在被引用前必须存在并被赋值，否则会出现"Variable X not found!"错误。变量的类型（数值，字符串，字符）由最初的赋值语句所给的数据决定。

Raptor 数据类型如表 5-4 所示。

表 5-4　变量的类型

名　称	说　明	举　例
数值（Number）	数字型数据	如 12，567，-4，3.1415，0.000371
字符串（String）	多个字符组成的数据	如 "Hello world"，"The value of x is："
字符（Character）	单个字符数据	如 'A'，'8'，'!'

使用赋值语句符号给某个变量如 X 赋值, 即将赋值语句符号拖入右侧编程区连接线上相应位置后双击, 在弹出的对话框中的 Set 行输入变量名如 X, to 行输入被赋值 5。单击"完成"按钮后会在编程区出现赋值符号且里面出现"x ← 5", 表示分配 5 给变量 X。

输入语句符号允许用户在程序执行过程中输入程序变量的数据值。变量值设置也可以通过输入语句符号实现。将输入语句符号拖入右侧编程区连接线上相应位置后双击, 在弹出的"输入"对话框中的"输入提示"行输入提示信息(如 "please input num:"), 注意加上英文引号, 而且 Raptor 不支持汉字, 尽可能用英文。"输入变量"行内输入变量名如 X。单击"完成"按钮后会在编程区出现输入符号, 效果如图 5-25 所示, 表示程序运行到此处等待用户输入变量 X 数据。

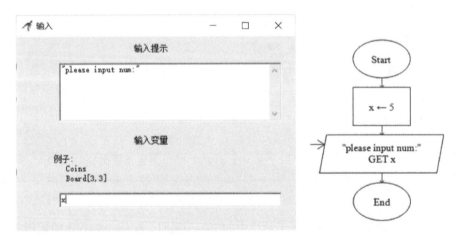

图 5-25 "输入"对话框及添加输入符号后在程序区的效果

4. 表达式

表达式是由值(无论是常量或变量)、内置的函数以及运算符组成的式子。一个赋值语句中的数值可以是表达式。当一个表达式进行计算时, 是按照预先定义"优先顺序"进行的。一般性的"优先顺序"如下:

① 计算所有函数(function)。

② 计算括号中的表达式。

③ 计算乘幂 (^,**)。

④ 从左到右, 计算乘法和除法。

⑤ 从左到右, 计算加法和减法。

例如下面的两个例子:

① x ← (3+9)/3　② x ← 3+(9/3)

在第①种情况中, 变量 x 被赋的值为 4, 而在第②种情况下, 变量 x 被赋的值为 6。

运算符或函数指示计算机对一些数据执行计算。运算符须放在操作数据之间(如 X/3), 而函数使用括号来表示正在操作的数据(如 SQRT(4.7))。在执行时, 运算符和函数执行各自的计算, 并返回其结果。表 5-5 概括了 Raptor 运算符和内置的函数。

表 5-5 内置的运算符和函数

名 称	说 明	举 例
基本数学运算	+，-，*，/，^ 或 **（加、减、乘、除、乘方） rem 或 mod（求余）	10 mod 3=1; 3^2=3**2=9
关系运算	== 或 =（等于） != 或 /=（不等于） \<（小于） \<=（小于或等于） \>（大于） \>=（大于或等于）	3 = 4 结果为 No（false） 3 != 4 结果为 Yes（true） 3 < 4 结果为 Yes（true） 3 <= 4 结果为 Yes（true） 3 > 4 结果为 No（false） 3 >= 4 结果为 No（false）
逻辑运算	and（与运算，两侧运算结果为真，才为真） or（或运算，两侧运算结果至少一个为真，才为真） xor（异或运算，两侧运算结果相异，才为真） not（非运算，取反）	(3 < 4) and (10 < 20) 结果为 true (3 < 4) or (10 > 20) 结果为 true Yes xor No 结果为 Yes(true) not (3 < 4) 结果为 No(false)

数学函数	sqrt（开平方），log（对数），abs（取绝对值），
	ceiling（向上取整），floor（向下取整）
		sqrt(9)=3; abs(-5)=5;
		ceiling(3.14)= 4;
		floor(3.14)=3

三角函数	sin（正弦），cos（余弦），tan（正切）
	cot（余切），arcsin（反正弦），arccos（反余弦）
	arctan（反正切），arccot（反余切）
		sin(pi/6)=0.5;
		tan(pi/4)=1;
		arcsin(0.5)= pi/6

Random 随机函数	生成 [0,1) 之间的小数	Random*100 生成 0 ～ 100（不包括 100）的实数
Length_of 长度函数	返回数组元素的个数或字符串变量中字符个数	Length_of("hello")=5

关系运算符（ == 、/= 、\<、\<=、\>、\>=），必须针对两个相同的数据类型值（无论是数值、字符串或布尔值）比较。例如，3 = 4 或 "Wayne" = "Sam" 是有效的比较，但 3 ="Mike" 则是无效的。

逻辑运算符（and，or，xor），必须结合两个布尔值（真假值）进行运算，并得到布尔值的结果。逻辑运算符中的 not（非运算），必须与单个布尔值结合，并形成与原值相反的布尔值。

例如，表示数学上的"1 <= x <= 100"含义，必须使用逻辑运算符 and，如下：

1 <= x and x<= 100

如果 1 <= x <= 100，则是无效的，因为从左向右计算，首先计算 1 <= x 的运算结果为布尔值，然后布尔值（true/false）<= 100 的关系运算是无效的。

在赋值语句中表达式的结果（Result of Evaluating）必须是一个数值或一个字符串。大部分表达式用于计算数值，但也可以用加号（+）进行简单的文字处理，把两个或两个以上的文本字符串合并成为单个字符串。用户还可以将字符串和数值变量组合成一个单一的字符串。下面的例子显示赋值语句的字符串操作。

```
Full_name ← "Joe " +"Smith"
Answer ← "The average is " + (Total / N)
```

Raptor 定义了几个符号表示常用的常量。当用户需要计算其相应的值，应该使用这些常数的符号。

- pi 定义为 3.1416。
- e 定义为 2.7183。

5. 输出语句

Raptor 环境中，执行输出语句将导致程序执行时，在主控（Master Console）窗口显示输出结果。当定义一个输出语句时，在"输出"对话框，指定输出信息和是否换行两件事。"输出"对话框及添加输出语句后在程序区的效果如图 5-26 所示。

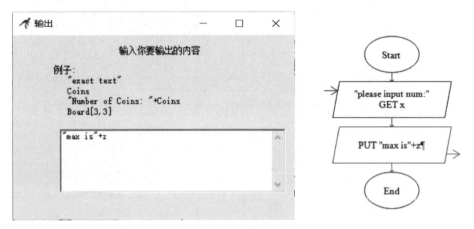

图 5-26 "输出"对话框及添加输出语句后在程序区的效果

必须将任何文本例如"最大值是"包含在双引号(" ")中以区分文本和计算值，在这种情况下，引号不会显示在输出窗口。例如，

```
"Active  Point=("+x+","+y+")"
```

如果 x 是 200，y 是 5，将显示以下结果：

```
Active Point=(200,5)
```

6. Raptor 数组

此前介绍和使用的都属于基本类型（数值、字符和字符串）数据，Raptor 还提供了构造类型数据，其中有一维数组和二维数组。构造类型数据是由基本类型数据按一定规则组成的。

为什么要引入数组？假设要输入 10 个数，求它们的平均值和最大值，并输出结果。如果不用数组来解决，则语句会很复杂且重复语句很多。

数组是有序数据的集合。一般数组中的每一个元素都属于同一数据类型（数值、字符或字符串）。数组最大的好处在于用统一的数组名和下标（index）来唯一地确定某个数组元素，而且下标值可以参与计算，这为动态进行数组元素的遍历访问创造了条件。

就像 Raptor 的简单变量，一个数组是第一次使用时自动创建的，它用来存储 Raptor 中的数据值。在 Raptor 中，数组是在输入和赋值语句中通过给一个数组元素赋值而产生的，所创建的数组，大小由赋值语句中给定的最大元素下标来决定。未赋值的数组元素将默认为 0 值（数值类型）。

例如：score[5]←98

则创建 score 数组，有下标从 1~5 的 5 个元素 score[1]~ score[5]，其中前 4 个元素因为没赋值，默认为 0，最后一个元素 score[5]=98。示意图如图 5-27 所示。

score[1]	score[2]	score[3]	score[4]	score[5]
0	0	0	0	98

图 5-27　创建的 score 数组

如果程序试图访问的数组元素下标大于以前赋值语句产生过的任何数组元素的下标，则系统会发生一个运行时错误。但可以通过给新的更大下标元素赋值，重新产生更大的数组。

如果创建二维数组（可以看做二维表格），数组的两个维度的大小由最大的下标确定。同样，使用赋值语句，score[3, 4] ← 20，结果形成的数组如图 5-28 所示。

	1	2	3	4
1	score[1, 1]=0	score[1, 2]=0	score[1, 3]=0	score[1, 4]=0
2	score[2, 1]=0	score[2, 2]=0	score[2, 3]=0	score[2, 4]=0
3	score[3, 1]=0	score[3, 2]=0	score[3, 3]=0	score[3, 4]=20

图 5-28　创建的二维数组 score

 注　意：

　　Raptor 目前最多只支持二维数组。在 Raptor 中，一旦被用做数组名，就不允许存在一个同名的非数组变量。数组可以在运行过程中动态增加数组元素，但不可以将一个一维数组在运行中扩展成二维数组。

对于排序、统计等问题往往需要数组来解决问题。

5.5.2　Raptor 控制结构

编程最重要的工作之一是控制语句的执行流程。控制结构 / 控制语句使程序员可以确定程序语句的执行顺序。这些控制结构可以做两件事：

① 跳过某些语句而执行其他语句。

② 条件为真时重复执行一条或多条语句。

Raptor 程序使用的语句有六种符号，本节介绍顺序控制，并介绍选择（Selection）和循环（Loop）控制符号。

1. 顺序控制

顺序控制是最简单的程序构造。本质上就是把每条语句按顺序排列，程序执行时，从开始（Start）语句顺序执行到结束（End）语句。箭头连接的语句描绘了执行流程。如果程序包括 20 个基本命令，它会顺序执行这 20 条语句，然后退出。

顺序控制是一种"默认"的控制，在这个意义上，流程图中的每条语句自动指向下一个。顺序控制是如此简单，除了把语句按顺序排列，不需要做任何额外的工作。

【例 5-4】使用 Raptor 实现鸡兔同笼问题。鸡有 2 只脚，兔有 4 只脚，如果已知鸡和兔的总头数为 h，总脚数为 f 笼中鸡和兔各有多少只？

分析：设笼中有鸡 x 只，兔 y 只，由条件可得方程组：

$$\begin{cases} x + y = h \\ 2x + 4y = f \end{cases}$$

解方程组得：

$$\begin{cases} x = \dfrac{4h - f}{2} \\ y = \dfrac{f - 2h}{2} \end{cases}$$

根据以上分析，用户使用输入语句输入总头数为 h，总脚数为 f，程序算出鸡 x，兔 y 数量。使用输出语句输出鸡 x，兔 y 数量。

单击 ▶ 按钮启动图 5-29 所示程序运行，在运行到输入语句时，会出现图 5-30 所示"输入"对话框，等待输入"总头数"数据，本例中输入 20，同理，总脚数输入 50。

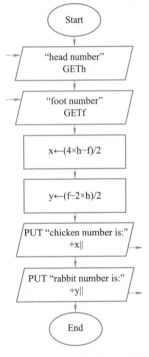

图 5-29　Raptor 实现鸡兔同笼

图 5-30　"输入"对话框

程序运行结束后，在主控制台窗口中显示如下结果：

```
chicken number is:15
rabbit number is:5
---- 完成 . 运算次数为　8 .----
```

计算出鸡数量 15，兔数量 5。Raptor 总共运算次数是 8 次，通过次数可以知道程序的运行效率如何。

2. 选择控制

选择控制语句可以使程序根据条件的当前状态，选择两种路径中的一条来执行，如图 5-31 所示，Raptor 的选择控制语句，呈现出一个菱形的符号，用"Yes/No"表示对问题的决策结果以及决策后程序语句执行指向。当程序执行时，如果决策的结果是"Yes"（True），则执行左侧分支；如果结果是"No"（False），则执行右侧分支。

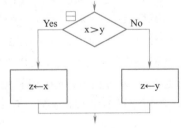

图 5-31　选择控制语句

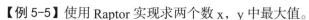

【例 5-5】使用 Raptor 实现求两个数 x，y 中最大值。

程序实现如图 5-32。程序设计时双击"选择"符号后，会提示输入选择的条件如"x>y"。

3. 循环控制

循环控制语句允许重复执行一条或多条语句，直到某些条件变为 True。在 Raptor 中，一个椭圆和一个菱形符号被用来表示一个循环结构。循环执行的次数，由菱形符号中的表达式来控制。在执行过程中，菱形符号中的表达式结果为"No"，则执行"No"的分支，这将导致重复执行循环语句。要重复执行的语句可以放在菱形符号上方或下方。

【例 5-6】求 1+2+3+…+100 的和。

具体分析见例 5-2。由于 Raptor 中循环控制语句条件变为 True 终止循环，所以循环的条件改为判断循环变量 i 是否大于 100。程序实现如图 5-33 所示。

大家思考一下如何实现 100 以内奇数和或偶数和问题。

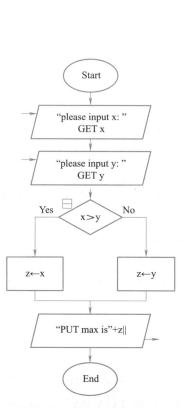

图 5-32 求两个数中最大值

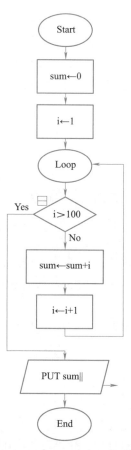

图 5-33 求 1+2+3+…+100 的和

【例 5-7】求 10 个数中最大数问题。程序实现如图 5-34 所示。

求数据中的最大数和最小数的算法是类似的，可采用"打擂"算法。以求最大数为例，可先用其中第一个数作为最大数 m，再用 m 与其他数逐个比较，并把找到的较大的数替换为最大数 m。

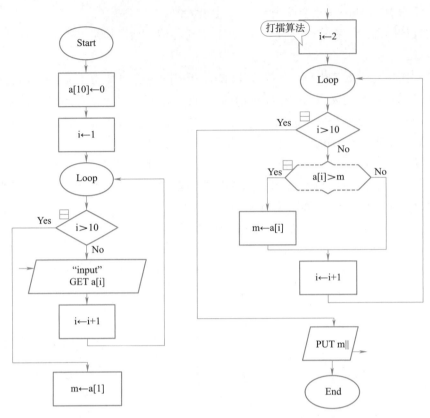

图 5-34　求 10 个数中最大数

由于数据的输入比较麻烦，所以在验证一些大量数据的算法时，常常采用 Random 随机数，这样减少不必要的人机交互。

由于 Random 产生随机数只有 [0,1) 区间的小数，所以需要加工才能获得需要的数据，结合向下取整函数 floor 来获取相应区间的随机整数。

例如：a[i] ← floor(Random*101) 获取 [0,100] 区间的整数，这样就可以避免大量数据的输入问题。

读者根据前面的查找和排序算法的流程图，用 Raptor 实现并上机验证。

5.5.3　Raptor 高级应用

1. 子程序和子图

复杂任务程序设计方法是：将任务按功能进行分解，自顶向下、逐步求精。当一个任务十分复杂以至无法描述时，可按功能划分为若干个基本模块，各模块之间的关系尽可能简单，在功能上相对独立，如果每个模块的功能实现了，复杂任务也就得以解决。

在 Raptor 中，实现程序模块化的主要手段是子程序和子图。一个子程序（过程）是一个编程语句的集合，用以完成某项任务。调用子程序（过程）时，首先暂停当前程序的执行，然后执行子程序（过程）中的程序指令，然后在先前暂停的程序的下一语句恢复执行原来的程序。子程序可以被反复调用，以节省相同功能语句段的重复出现。

要正确使用子程序（过程），用户需要知道两件事情：

① 子程序（过程）的名称。

② 完成任务所需要的数据值，也就是参数。

Raptor 中子图的定义与调用基本上与子程序类似，但无须定义和传递任何参数。Raptor 中默认直接有一个 main 子图。所有子图与 main 子图共享所有变量，在 main 子图可以反复调用其他某个子图，以节省相同功能语句段的重复出现。由于子图具有名称且能实现模块功能，可以将大的程序编写得容易理解。

以下通过一个例子来说明子程序使用。

【例 5-8】 求 5!+8!-9! 的值。

这里需要重复使用阶乘功能，所有最好将此写成子程序以便反复调用。

首先选择"模式"→"中级"，Raptor 切换到中级模式，在此模式下可以建立"子程序"。

在 main 子图标签上右击，在"子菜单"中有"添加一个子程序"或"添加一个子图"菜单命令，此处选择"添加一个子程序"，弹出"创建子程序"对话框，如图 5-35 所示。

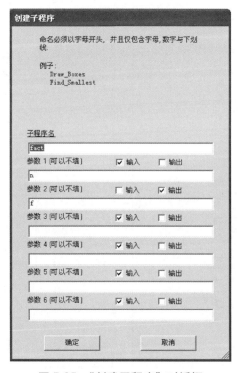

图 5-35 "创建子程序"对话框

在对话框中需要输入子程序名和参数。如果没有参数可以不填写，Raptor 中一个重要的限制是形式参数数量不能超过 6 个，任何参数都可以是单个的变量或数组，都可以定义为 in、in out 和 out 三种形式中的任何一种输入输出属性。任何参数只要是有 in（输入 Input 参数）的属性，那么在程序调用该子程序前，必须准备好这个参数（已经初始化并且有值）；而只有 out（输出 Output 参数）属性的参数，是由子程序向调用子图或子程序返回的变量，在调用该子程序前，一般可以不作任何准备；兼有 in、out 属性的参数，实际上可以充当 Raptor 的全局变量，因为只有对变量进行这样的定义，子程序与调用该子程序的子图或子程序才能共享和修改这些变量的内容。

如图 5-35 所示，子程序名为 fact。参数有两个，一个为输入 Input 参数 n（作用为传入求的阶乘数），另一个为输出 Output 参数 f（作用为传出阶乘结果值）。

main 子图和子程序 fact 实现如图 5-36 所示。

main 子图调用 fact 子程序，使用"过程调用"符号，如图 5-37 所示。

当一个过程调用显示在 Raptor 程序中时，可以看到被调用的过程名称和参数值，如 fact（5,f）。设计者可以双击"过程调用"符号书写或修改过程名称和参数值。

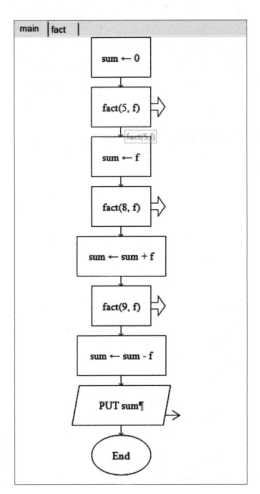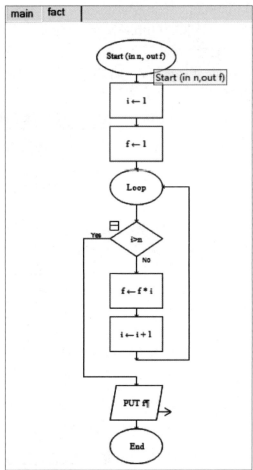

图 5-36　Raptor 子程序和子图调用实例

图 5-37　"过程调用"符号

2. 图形编程

Raptor 绘图函数是一组预先定义好的过程，用于在计算机屏幕上绘制图形对象，如图 5-38 所示。要使用 Raptor 绘图函数，必须打开一个图形窗口（图 5-38（b））。可以在图形窗口中绘制各种颜色的线条、矩形、圆、弧和椭圆，也可以在图形窗口中显示文本。

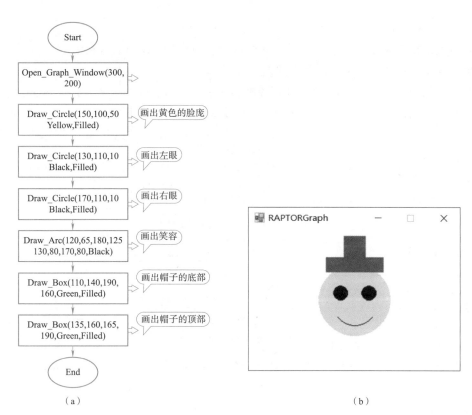

图 5-38　Raptor 图形编程案例和图形窗口

　　Raptor 图形有 9 个绘图函数，用于在图形窗口中绘制形状。这些在表 5-6 中有概括性地说明。最新的图形命令执行后所绘制的图形会覆盖在先前绘制的图形之上。因此，绘制图形的顺序是很重要的。所有的图形程序需要设置参数，以指定要绘制的形状、大小和颜色，而且，如果它覆盖了一个区域，则需说明是一个轮廓或实心体。

表 5-6　Raptor 绘图函数（命令）

形　状	过程调用	描　　述
单个像素	Put_Pixel(X,Y,Color)	设置单个像素为特定的颜色
线段	Draw_Line(X1,Y1,X2,Y2,Color)	在 (X1,Y1) 和 (X2,Y2) 之间画出特定颜色的线段
矩形	Draw_Box(X1,Y1,X2,Y2,Color,Filled/Unfilled)	以 (X1,Y1) 和 (X2,Y2) 为对角，画出一个矩形
圆	Draw_Circle(X,Y,Radius,Color,Filled/Unfilled)	以 (X,Y) 为圆心，以 Radius 为半径，画圆
椭圆	Draw_Ellipse(X1,Y1,X2,Y2,Color,Filled/Unfilled)	在以 (X1,Y1) 和 (X2,Y2) 为对角的矩形范围内画椭圆
弧	Draw_Arc(X1,Y1,X2,Y2,Startx,Starty,Endx,Endy,Color)	在以 (X1,Y1) 和 (X2,Y2) 为对角的矩形范围内画出椭圆的一部分
封闭区域填色	Flood_Fill(X,Y,Color)	在一个包含 (X,Y) 坐标的封闭区域内填色（如果该区域没有封闭则整个窗口全部被填色）
绘制文本	Display_Text(X,Y,Text,Color)	在 (X,Y) 位置上，落下首先绘制的文字串，绘制方式从左到右，水平伸展
绘制数字	Display_Number(X,Y,Number,Color)	在 (X,Y) 位置上，落下首先绘制的数值，绘制方式从左到右，水平伸展

【例 5-9】Raptor 绘制卡通图案。

Raptor 图形窗口总是以白色为背景。图形窗口 (X,Y) 坐标系的原点在窗口的左下角，X 轴由 1 开始从左到右，Y 轴由 1 开始自底向上。

使用任何 Raptor 图形函数之前，必须调用 Open_Graph_Window(X_Size,Y_Size) 创建图形窗口，参数 (X_Size,Y_Size) 为窗口的宽和高。当程序完成所有图形命令的执行后，应该调用图形窗口关闭过程 Close_Graph_Window 关闭图形窗口。图形窗口的打开和关闭通常是图形编程的第一个和最后一个调用的命令。

具体绘制程序如图 5-38（a）所示。

表 5-7 给出的两个函数可以修改图形窗口中的图形。

表 5-7　两个修改图形窗口的过程

效　　果	过程调用	描　　述
清除窗口	Clear_Window(Color)	使用指定的颜色清除（擦除）整个窗口
绘制图像	Draw_Bitmap(Bitmap, X, Y, Width, Height)	绘制（通过 Load_Bitmap 调用载入）图像，(X,Y) 定义左上角的坐标，Width 和 Height 定义图像绘制的区域

Draw_Bitmap() 函数是一个非常重要的绘图函数，它的功能是将预先准备好的图片或照片等装载到图形界面下，这个功能在游戏和软件封面以及许多场合可以发挥重要的作用。例如，使用该函数载入写有中文说明的图片，就能够解决 Raptor 不支持中文的问题，也可以实现一些有趣的如扑克牌等游戏。

例如：在图形窗口的坐标（115,185）处绘制扑克牌图片（card.jpg），（70,100）为绘制后的宽和高。

```
Draw_Bitmap(Load_Bitmap("card.jpg"),115,185,70,100)
```

【例 5-10】在 300*300 大小的窗口中央绘制扑克牌图片，程序实现及运行效果如图 5-39 所示。

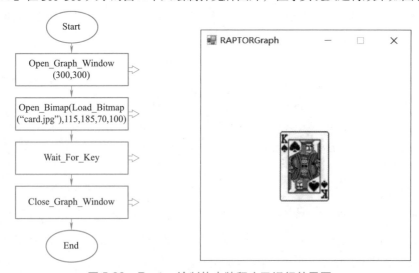

图 5-39　Raptor 绘制扑克牌程序及运行效果图

3. 鼠标应用编程

图形化程序中往往需要使用鼠标操作，可以通过确定图形窗口中鼠标指针的位置，并确定鼠标按钮左右键是否点击，与一个图形程序交互。在图形窗口中通过多次清屏，并每次重新绘制在稍有不同的位置上，就可以在图形窗口中创建动画效果。

在 Raptor 中，Get_Mouse_Button(Which_Button, X, Y) 函数的功能为等待按下鼠标键并返回鼠标指针的坐标。

Get_Mouse_Button() 函数等待、直到指定的鼠标键（Left_Button 或 Right_Button）按下，并返回鼠标指针的坐标位置。例如，Get_Mouse_Button(Right_Button,My_X,My_Y)等待用户右击，然后将右击坐标位置赋给变量 My_X 和 My_ Y。

Get_Mouse_Button() 函数通常用于定点鼠标输入的场合，用于获取用户鼠标点击的具体坐标，这个函数通常来设计 Raptor 图形程序的菜单、按钮或者操控某个点。

例如，使用 Raptor 设计开发五子棋游戏，Get_Mouse_Button(Left_Button, X, Y) 获取鼠标位置（x,y），从而获取玩家落子的位置。

习　题

一、选择题

1. 编写程序时，不需要了解计算机内部结构的语言是 _____。
   A. 机器语言　　B. 汇编语言　　　　　　C. 高级语言　　　　　　D. 指令系统

2. 能够把由高级语言编写的源程序翻译成目标程序的系统软件叫 _____。
   A. 解释程序　　B. 汇编程序　　　　　　C. 操作系统　　　　　　D. 编译程序

3. 结构化程序设计主要强调的是 _____。
   A. 程序的规模　　　　　　　　　　　　B. 程序的可读性
   C. 程序的执行效率　　　　　　　　　　D. 程序的可移植性

4. 下面描述中，符合结构化程序设计风格的是 _____。
   A. 使用顺序、选择和循环三种基本控制结构表示程序的控制逻辑
   B. 模块只有一个入口，可以有多个出口
   C. 注重提高程序的执行效率

5. 在下列选项中，_____ 不是一个算法一般应该具有的基本特征。
   A. 确定性　　B. 可行性　　　　　　C. 无穷性　　　　　　D. 输出项

6. 结构化程序设计方法的主要原则，不正确的是 _____。
   A. 自下向上　　B. 逐步求精　　　　　C. 模块化　　　　　　D. 单入口单出口

7. 在面向对象方法中，一个对象请求另一个对象为其服务的方式是通过发送 _____。
   A. 调用语句　　B. 命令　　　　　　C. 口令　　　　　　D. 消息

8. 下列程序段的时间复杂度是 _____。

```
t=i;
i=j;
j=t;
```

   A. $O(1)$　　　　B. $O(3)$　　　　C. $O(n)$　　　　D. $O(3n)$

9. 下列程序段的时间复杂度是 _____。

```
int bubbleSort(array a) {
for (j=1; j<=n-1; j++)
```

```
    for(i=1; i<=n-j; i++)
        if (a[i]>a[i+1])
        a[i]=a[i+1]
}
```

A. $O(n^2)$ B. $O(2n)$ C. $O(n)$ D. $O(n(n-1)/2)$

10. 一位同学用 C 语言编写了一个程序，编译和连接都通过了，但就是得不到正确结果，下列说法正确的是 _____。

     A. 程序正确，机器有问题   B. 程序有语法错误

     C. 程序有逻辑错误   D. 编译程序有错误

二、填空题

1. 程序设计的基本步骤是：分析问题、确定数学模型、_____、_____、_____。

2. 用高级语言编写的程序称为 _____，把翻译后的机器语言程序叫做 _____。

3. 结构化程序设计的 3 种基本逻辑结构为顺序、选择和 _____。

4. 面向对象程序设计以 _____ 作为程序的主体。

5. 在面向对象方法中，信息隐蔽是通过对象的 _____ 性来实现的。

6. 在最坏情况下，冒泡排序的比较次数为 _____。

7. Raptor 是一种基于 _____ 的可视化编程开发环境。

三、问答题

1. 什么是程序？什么是程序设计？

2. 什么是算法？它有何特征？如何描述算法？

3. 简述冒泡排序、插入排序、折半查询的基本思想。

4. 在一档电视节目中，有一个猜商品价格的游戏，竟猜者如在规定的时间内大体猜出某种商品的价格，就可获得该件商品。现有一件商品，其价格在 0 ~ 8 000 元之间，采取怎样的策略才能在较短的时间内说出正确（大体上）的答案呢？请设计算法并画出相应的 N-S 流程图。

提示：采用折半（二分）查找的思路，请自行画出 N-S 流程图。

5. 什么是可视化程序设计？它与面向对象程序设计有何区别和联系？

6. 用 Raptor 求出 100 ~ 1 000 之内能同时被 2、3、5 整除的整数，并输出。

7. 用 Raptor 实现输入 10 个数求和、平均值、方差、最大值、最小值，并上机验证。

8. 用 Raptor 实现随机产生 10 个 100 以内的数，并实现排序输出。

9. 使用 Raptor 实现输入 3 个不同的数，将它们从大到小排序输出。

10. 用 Raptor 实现最大公约数，并上机验证。

11. 用 Raptor 编写程序，计算并输出下面级数前 n 项（n=50）的和。

     1*2+2*3+3*4+4*5+...+n*(n+1)+...

12. 用 Raptor 编写程序，计算并输出下面级数前 n 项中（n=50）偶数项的和。

     1*2*3+2*3*4+3*4*5+...+n*(n+1)*(n+2)+...

13. 使用 Raptor 的绘图功能，设计和绘制国际象棋盘、五子棋和中国象棋盘图形。

14. 使用 Raptor 设计开发五子棋游戏。

15. 使用 Raptor 找出 100 以内的素数（即质数），并输出到文件中。

16. 用 Raptor 实现给 4 人的发牌（大小王除外）程序。

第6章

>>> 数据库基础

数据库技术是计算机科学的一个重要分支，也是计算机科学技术中发展最快的领域之一，经过 50 多年的发展形成了较为完整的理论体系。目前，数据库技术已被广泛地应用于政府机构、科学研究、企业管理和社会服务等各个领域。本章主要介绍数据管理技术的发展、数据库的基础知识、数据库设计的一般步骤和关系数据库 Access 的使用。通过本章学习，培养学生管理和处理数据的数据化思维。

本章教学目标：

- 掌握数据库的基础知识和关系数据库的基本概念。
- 掌握数据库管理系统的功能和结构化查询语言 SQL 的使用。
- 掌握数据库设计的一般步骤。
- 掌握 Access 数据库的使用。

6.1 数据库基本概念

自从计算机被发明之后，人类社会就进入了高速发展阶段，大量的信息堆积在人们面前。此时，如何组织存放这些信息，如何在需要时快速检索出信息，以及如何让所有用户共享这些信息，就成为一个大问题。数据库技术就是在这种背景下诞生的，这也是使用数据库的原因。当今，世界上每一个人的生活几乎都离不开数据库。如果没有数据库，很多事情几乎无法解决。例如：没有学校的图书管理系统，借书会是一个很麻烦的事情，更不用说网上查询图书信息了；没有教务管理系统，学生要查询自己的成绩也不是很方便；没有计费系统，人们也就不能随心所欲地拨打手机；没有数据库的支持，网络搜索引擎就无法工作，网上购物就更不用想了。可见，数据库应用已经遍布了人们生活的各个角落。

6.1.1 计算机数据管理的发展

1. 数据和信息

在数据处理中，最常用到的基本概念就是数据和信息。

数据是指描述事物的符号记录，是用物理符号记录的可以鉴别的信息，包括文字、图形、声音等，它们都是用来描述事物特性的。

信息是指以数据为载体的对客观世界实际存在的事物、事件和概念的抽象反映，具体说是一种被加工为特定形式的数据，是通过人的感官或各种仪器仪表等感知出来并经过加工而形成的反映现实世界中事物的数据。

例如，某校学生档案中记录了学生的姓名、性别、年龄、出生日期、籍贯、所在系别、入学时间，根据下面的描述：

（张三平，男，19，1994，河南，计算机系，2013），就是数据。

这条学生记录所表述的是：

张三平是个大学生，1994年出生，男，河南人，2013年考入计算机系，就是信息。

2. 数据管理技术

数据管理技术具体就是指人们对数据进行收集、组织、存储、加工、传播和利用的一系列活动的总和，经历了人工管理、文件管理、数据库管理三个阶段。每一阶段的发展以数据存储冗余不断减小、数据独立性不断增强、数据操作更加方便和简单为标志，各有各的特点。

（1）人工管理阶段

这一阶段是指20世纪50年代中期以前，计算机主要用于科学计算，当时的计算机硬件状况是：外存只有磁带、卡片、纸带，没有磁盘等直接存取的存储设备。软件状况是：没有操作系统，没有管理数据的软件，数据处理方式是批处理。人工管理阶段的特点是：数据不保存、数据无专门软件进行管理、数据不共享、数据不具有独立性、数据无结构。这时期数据与程序关系的特点如图6-1所示。

图6-1 人工管理阶段数据与程序的关系

（2）文件系统阶段

这一阶段从20世纪50年代后期到60年代中期，计算机硬件和软件都有了一定的发展。计算机不仅用于科学计算，还大量用于管理。这时硬件方面已经有了磁盘、磁鼓等直接存取的存储设备。在软件方面，操作系统中已经有了数据管理软件，一般称为文件系统。处理方式上不仅有了文件批处理方式，而且能够联机实时处理数据。这时期数据与程序的关系如图6-2所示。

（3）数据库系统阶段

20世纪60年代末数据管理进入新时代——数据库系统阶段。数据库系统阶段出现了统一管理数据的专门软件系统，即数据库管理系统。数据库系统是一种较完善的高级数据管理方式，也是当今数据管理的主要方式，获得了广泛的应用。这时期数据与程序之间的关系如图6-3所示。

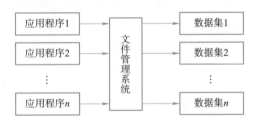

图6-2 文件系统阶段数据与程序的关系

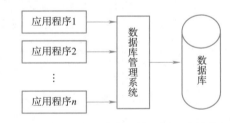

图6-3 数据库系统阶段数据与程序的关系

随着网络和信息技术的发展，以及应用领域的不同，又出现了分布式数据库系统、并行数据库系统和面向对象的数据库系统。

6.1.2 数据库系统

数据库系统DBS（DataBase System）是指引进数据库技术后的计算机系统，主要包括相应的数据库、数据库管理系统、数据库应用系统，以及计算机硬件系统、软件系统和用户。

1. 数据库

数据库（DataBase）是具有统一结构形式、可共享的、长期储存在计算机内的数据的集合。数据库中的数据以一定的数据模式储存、描述，具有很小的冗余度、较高的数据独立性和易扩展性，可为不同的用户共享。

2. 数据库管理系统

数据库管理系统（DBMS）位于用户与操作系统之间，是可借助操作系统完成对硬件的访问，并负责数据库存取、维护和管理的系统软件。它是数据库系统的核心组成部分，用户在数据库中的一切操作，包括定义、查询、更新以及各种控制都是通过 DBMS 进行的。

DBMS 的基本功能如下。

（1）数据定义功能

数据定义功能在关系数据库管理系统（RDBMS）中就是创建数据库、创建表、创建视图和创建索引，定义数据的安全性和数据的完整性约束等。

（2）数据操纵功能

数据操纵功能实现对数据库的基本操作，包括数据的查询处理，数据的更新（增加、删除、修改）等。

（3）数据库的运行管理

数据库的运行管理主要完成对数据库的控制，包括数据的安全性控制、数据的完整性控制、多用户环境下的并发控制和数据库的恢复，以确保数据正确有效和数据库系统的正常运行。

（4）数据组织、存储和管理

数据组织、存储和管理是指对数据资源、用户数据、存取路径等数据进行分门别类地组织、存储和管理，确定以何种文件结构和存取方式物理地组织这些数据，如何实现数据之间的联系，以便提高存储空间利用率以及提高随机查找、顺序查找、增删改等操作的时间效率。

（5）数据库的建立和维护功能

数据库的建立和维护功能包括数据库的初始数据的装入，数据库的转储、恢复、重组织，系统性能监视、分析等功能。

（6）数据通信

数据通信是指 DBMS 提供与其他软件系统进行通信的功能，它实现用户程序与 DBMS 之间的通信，通常与操作系统协调完成。

目前，市场上有许多优秀的数据库管理软件，如 Oracle、MySQL、SQL Server、Informix、Access 等。Microsoft Access 是在 Windows 环境下非常流行的小型数据库，使用 Microsoft Access 无须编写任何代码，只需通过简单的可视化操作就可以完成大部分数据库管理功能。本章实例将以 Access 数据库系统讲解。

3. 数据库应用系统

数据库应用系统（DataBase Application System，DBAS）是指利用数据库系统资源开发的面向实际应用的软件系统。一个数据库应用系统通常由数据库和应用程序组成。它们都是在数据库管理系统支持下设计和开发出来的。

4. 用户

用户主要包括三类人员：第一类是数据库管理员（Database Administrator，DBA），是指对数据库进行设计、维护和管理的专门人员；第二类是应用系统开发人员，是设计和开发数据库应用系统的程序员；第三类是终端用户，主要是使用数据库应用系统的用户。数据库系统的组成结构以及用户在数据库系统中可能面对的界面如图 6-4 所示。

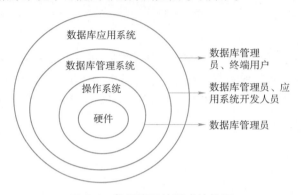

图 6-4　数据库系统组成结构图

6.1.3　数据库系统的特点

1．数据共享性高、冗余度低

这是数据库系统阶段的最大改进，数据不再面向某个应用程序，而是面向整个系统，当前所有用户可同时访问数据库中的数据。这样就减少了不必要的数据冗余，节约了存储空间，同时也避免了数据之间的不相容性与不一致性。

2．数据结构化

数据结构化即按照某种数据模型，将应用的各种数据组织到一个结构化的数据库中。在数据库中数据的结构化，不仅要考虑某个应用的数据结构，还要考虑整个系统的数据结构，并且还要能够表示出数据之间的有机关联。

3．数据独立性高

数据的独立性是指逻辑独立性和物理独立性。数据的逻辑独立性是指当数据的总体逻辑结构改变时，数据的局部逻辑结构不变。由于应用程序是依据数据的局部逻辑结构编写的，所以应用程序不必修改，从而保证了数据与程序间的逻辑独立性。数据的物理独立性是指当数据的存储结构改变时，数据的逻辑结构不变，从而应用程序也不必改变。

4．有统一的数据控制功能

数据库为多个用户和应用程序所共享，对数据的存取往往是并发的，即多个用户可以同时存取数据库中的数据，甚至可以同时存取数据库中的同一个数据。为确保数据库数据的正确有效和数据库系统的有效运行，数据库管理系统提供了 4 个方面的数据控制功能：安全性、完整性、并发性和数据恢复。

6.2　数据模型

模型是对现实世界特征的模拟和抽象，如一组建筑设计沙盘、一架精致的航模飞机等都是具体的模型。数据模型是模型的一种，它是现实世界数据特征的抽象。现实世界中的具体事务必须用数据模型这个工具来抽象表示，计算机才能够处理。

6.2.1　数据模型的组成

数据模型所描述的内容通常由数据结构、数据操作和完整性约束 3 个要素组成。

1．数据结构

数据模型中的数据结构主要描述数据的类型、内容、性质以及数据间的联系等。数据结构是数据模型的基础，数据操作和约束都建立在数据结构上。不同的数据结构具有不同的操作和约束。

数据结构用于描述系统的静态特性。

2．数据操作

数据模型中数据操作主要描述在相应的数据结构上的操作类型和操作方式。数据库主要有查询和更新（包括插入、删除、修改）两大类操作。数据模型必须定义这些操作的确切含义、操作符号、操作规则（如优先级）以及实现操作的语言。

数据操作用于描述系统的动态特性。

3．数据完整性约束

数据模型中的数据约束主要描述数据结构内数据间的语法、词义联系、它们之间的制约和依存关系，以及数据动态变化的规则，以保证数据的正确、有效和相容。例如：在学籍管理系统中，学生的"性别"只能为"男"或"女"；学生选课信息中的"课程号"的值必须取自学校已经开设课程的课程号等。

数据模型是数据库技术的关键，它的 3 个要素完整地描述了一个数据模型。

6.2.2　数据模型的分类

数据模型按照不同的应用层次分为概念数据模型、逻辑数据模型和物理数据模型。

1．概念数据模型

概念数据模型简称概念模型，它是一种面向客观世界、面向用户的模型；它与具体的数据库系统无关，与具体的计算机平台无关。概念模型着重于客观世界复杂事物的结构描述及它们之间的内在联系的描述。概念模型是整个数据模型的基础，最常用的是 E-R 实体联系模型（Entity Relationship Model）。

2．逻辑数据模型

我们常说的数据模型一般指逻辑数据模型，它是一种面向数据库系统的模型，该模型着重于在数据库系统一级的实现。概念模型只有在转换成数据模型后才能在数据库中得以表示。较为成熟的逻辑数据模型有层次模型、网状模型和关系模型。Access、MySQL、SQL Server、Oracle 就是基于关系模型的关系数据库。

3．物理数据模型

物理数据模型又称物理模型，它是一种面向计算机物理表示的模型，此模型给出了数据模型在计算机上物理结构的表示。

数据模型是数据库系统的核心和基础。各种机器上实现的 DBMS 软件都是基于某种数据模型的。为了把现实世界中的具体事物抽象、组织为某一 DBMS 支持的数据模型，人们常常先将现实世界抽象为信息世界，然后再将信息世界转换为机器世界。也就是说，把现实世界中的客观对象抽象为某一种信息结构，这种信息结构并不依赖于具体的计算机系统，不是某一个DBMS 支持的数据模型，而是概念级的模型；然后再把概念模型转换为计算机上某一 DBMS 支持的数据模型，这一过程如图 6-5 所示。

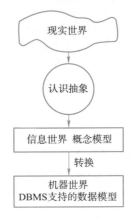

图 6-5   现实世界中客观对象的抽象过程

6.2.3　E-R 模型简介

E-R 模型是"实体－联系方法"（Entity-Relationship Approach）的简称，它是描述现实世界概念结构模型的有效方法。

1. 相关概念

建立 E-R 模型需要掌握以下几个概念。

（1）实体

客观存在，并可相互区别的事物被称为实体（Entity），实体可以是实实在在的客观存在，例如学生、教师、商店、医院；也可以是一些抽象的概念或地理名词，如北京市。

（2）属性

实体所具有的特征称为属性（Attribute），一个实体往往有多个属性，如一个人可以具备姓名、年龄、性别、身高、肤色、发型、衣着等属性。属性的取值称为属性值，一个属性的取值范围称为该属性的值域或值集。

（3）联系

实体集之间的对应关系称为联系，它反映现实世界事物之间的相互关系。联系有一对一、一对多、多对多 3 种，分别记为 1:1、1:n、$m:n$。如一个班级只有一个班主任，一个班主任只带一个班级，班级和班主任之间联系为 1:1；一个学院可以有多位教师，一位教师只能属于一个学院，学院和教师之间联系为 1:n；一个学生可以选多门课程，一门课程可以供多个学生选修，学生选课联系为 $m:n$。

2. E-R 模型的图示法

E-R 模型可以用图的形式来描述现实世界的概念模型，称为 E-R 图。E-R 图用矩形表示实体型，矩形框内写明实体名；用椭圆表示实体的属性，并用无向边将其与相应的实体型连接起来；用菱形表示实体型之间的联系，在菱形框内写明联系名，并用无向边分别与有关实体型连接起来，同时在无向边旁标上联系的类型（1:1、1:n 或 m:n）。

图 6-6 所示的是学生选修课程的一个 E-R 图的示例。

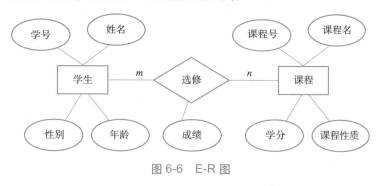

图 6-6　E-R 图

6.2.4　常用数据模型

数据库的类型是根据数据模型划分的，DBMS 也是根据特定的数据模型有针对性地设计出来的，这就需要将数据库组织成 DBMS 所能支持的数据模型。目前常见的数据模型有层次模型、网状模型和关系模型 3 种。

1. 层次模型

在层次模型中，实体间的关系形同一棵根在上的倒挂树，上一层实体与下一层实体间的联系形式为一对多。现实世界中的组织机构设置、行政区划关系等都是层次结构应用的实例。基于层次模型的数据库系统存在天生的缺陷，它访问过程复杂，软件设计的工作量较大，现已较少使用。

层次模型具有以下特点。

① 有且仅有一个结点无父结点，它位于最高层次，称为根结点。

② 根结点以外的其他结点有且仅有一个父结点。

层次模型如图 6-7 所示。

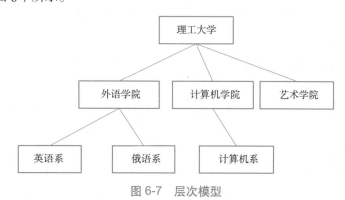

图 6-7　层次模型

2. 网状模型

网状模型也称网络模型，它较容易实现普遍存在的"多对多"关系，数据存取方式要优于层次模型，但网状结构过于复杂，难以实现数据结构的独立，即数据结构的描述保存在程序中，改变结构就要改变程序，因此目前已不再是流行的数据模型。

网状模型具有以下特点。

① 允许一个以上的结点无双亲结点。

② 一个结点可以有多于一个双亲结点。网状模型如图 6-8 所示。

3. 关系模型

关系模型是以二维表的形式表示实体和实体之间联系的数据模型，即关系模型数据库中的数据均以表格的形式存在，其中，表完全是一个逻辑结构，用户和程序员不必了解一个表的物理细节和存储方式；表的结构由数据库管理系统（DBMS）自动管理，表结构的改变一般不涉及应用程序，在数据库技术中称为数据独立性。

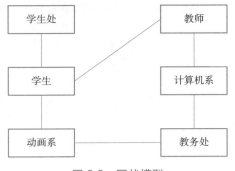

图 6-8　网状模型

关系模型具有以下特点：

① 每一列中的值具有相同的数据类型。

② 列的顺序可以是任意的。

③ 行的顺序可以是任意的。

④ 表中的值是不可分割的最小数据项。

⑤ 表中的任意两行不能完全相同。

关系模型是建立在数学概念模型基础之上，有较强的理论依据，在设计关系数据库时，要达到一定的范式要求。关系数据库应用非常成熟。目前大部分信息系统都是基于关系数据库设计的。

6.3　关系数据库

关系数据库，是建立在关系数据库模型基础上的数据库，借助于集合代数等概念和方法来处理数据库中的数据。目前主流的关系数据库有 Oracle、SQL Server、Access、Db2、Sybase 等。

6.3.1　关系数据模型

关系数据库是当今主流的数据库管理系统，一个关系就是一个二维表。这种用二维表的形式表示实体和实体间联系的数据模型称为关系模型。

要了解关系数据库，首先需对其基本关系术语有所认识。

1. 关系

一个关系就是一个二维表，每个关系有一个关系名称。对关系的描述称为关系模式，一个关系模式对应一个关系的结构。其表示格式如下：

> 关系名（属性名 1，属性名 2，…，属性名 n）

如课程关系：

> 关系课程（课程号，课程名称，课程性质、学时、学分）

在 Access 中，图 6-9 所示显示了一个"课程"表。

值得说明的是，在表示概念模型的 E-R 图转换为关系模型时，实体和实体之间的联系都要转换为一个关系，即一张二维表。

图 6-9　课程表

2. 元组

在一个关系（二维表）中，每行为一个元组。一个关系可以包含若干个元组，但不允许有完全相同的元组。在 Access 中，一个元组称为一个记录。例如，"课程"表就包含了 7 条记录。

3. 属性

关系中的列称为属性。每一列都有一个属性名，在同一个关系中不允许有重复的属性名。在 Access 中，属性称为字段，一个记录可以包含多个字段。例如，"课程"表就包含了 5 个字段。

4. 域

域指属性的取值范围，如课程性质必须为选修和必修。

5. 关键字

关键字又称码，由一个或多个属性组成，用于唯一标识一个记录。例如，学生表中的学号可以唯一地确定一个学生，所以学号可以作为学生表中的关键字。关键字的值不能够为空。一个表可以有多个关键字，在关系数据库中，只能选择其中一个作为主关键字，剩余的关键字称为候选关键字。

6. 外部关键字

如果关系中的某个属性或者属性的组合不是关系的主关键字，但它是另外一个关系的主关键字或候选关键字，则该属性称为外部关键字，也称为外键。外部关键字目的是和其他关系建立联系。

6.3.2　关系运算

关系运算是对关系数据库的数据操纵，主要是从关系中查询需要的数据。关系的基本运算分为两类：一类是传统的集合运算，包括并、交、差等；另一类是专门的关系运算，包括选择、投影、连接等。关系运算的操作对象是关系，关系运算的结果仍然是关系。

1. 传统的集合运算

传统的集合运算要求两个关系的结构相同，执行集合运算后，得到一个结构相同的新关系。

对于任意关系 R 和关系 S，它们具有相同的结构，即关系模式相同，而且相应的属性取自同一个域。那么，传统的集合运算定义如下。

（1）并

R 并 S，R 或 S 两者中所有元组的集合。一个元组在并集中只出现一次，即使它在 R 和 S 中都存在。

例如，把学生关系 R 和 S 分别存放 2 个班的学生，把一个班的学生记录追加到另一个班的学生记录后边，就是进行的并运算。

（2）交

R 交 S，R 和 S 中共有的元组的集合。

例如，有参加计算机兴趣小组的学生关系 R 和参加象棋兴趣小组的学生关系 S，求既参加计算机兴趣小组又参加象棋兴趣小组的学生，就要进行交运算。

（3）差

R 差 S，在 R 中而不在 S 中的元组的集合。注意 R 差 S 不同于 S 差 R，后者是在 S 中而不在 R 中的元素的集合。

例如，有参加计算机兴趣小组的学生关系 R 和参加象棋兴趣小组的学生关系 S，求参加了计算机兴趣小组但没有参加象棋兴趣小组的学生，就要进行差运算。

2. 专门的关系运算

（1）选择

从关系中找出满足条件元组的操作称为选择。选择是从行的角度进行运算的，在二维表中抽出满足条件的行。例如，在学生成绩的关系 1 中找出"一班"的学生成绩，并生成新的关系 2，就应当进行选择运算，如图 6-10 所示。

图 6-10　选择运算

（2）投影

从关系中选取若干个属性构成新关系的操作称为投影。投影是从列的角度进行运算的，选择某些列的同时丢弃了某些列。例如，在学生成绩的关系 1 中去除掉成绩列，并生成新的关系 2，就应当进行投影运算，如图 6-11 所示。

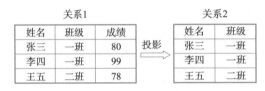

图 6-11　投影运算

（3）连接

连接指将多个关系的属性组合构成一个新的关系。连接是关系的横向结合，生成的新关系中包含满足条件的元组。例如关系 1 和关系 2 进行连接运算，得到关系 3，如图 6-12 所示。在连接运算中，按字段值相等执行的连接称为等值连接，去掉重复字段的等值连接称为自然连接，如图 6-13 所示。自然连接是一种特殊的等值连接，是构造新关系的有效方法。

图 6-12　连接运算　　　　　　　　　　图 6-13　自然连接运算

6.3.3 关系的完整性

关系的完整性是对数据的约束，关系数据库管理系统的一个重要功能就是保证关系的完整性。关系完整性包括实体完整性、值域完整性、参照完整性和用户自定义完整性。

1. 实体完整性

实体完整性指数据表中记录的唯一性，即同一个表中不允许出现重复的记录。设置数据表的关键字可便于保证数据的实体完整性。例如学生表中的"学号"字段作为关键字，就可以保证实体完整性，若编辑"学号"字段时出现相同的学号，数据库管理系统就会提示用户，并拒绝修改字段。

2. 值域完整性

值域完整性指数据表中记录的每个字段的值应在允许范围内。例如可规定"学号"字段必须由数字组成。

3. 参照完整性

参照完整性是指相关数据表中的数据必须保持一致。例如学生表中的"学号"字段和成绩表中的"学号"字段应保持一致。若修改了学生表中的"学号"字段，则应同时修改成绩记录表中的"学号"字段，否则会导致参照完整性错误。

4. 用户自定义完整性

用户自定义完整性指用户根据实际需要而定义的数据完整性。例如可规定"性别"字段值为"男"或"女"，"成绩"字段的值必须是 0 ~ 100 范围内的整数。

6.4 数据库设计的一般步骤

设计数据库是指对于一个给定的应用环境，构造出最优的关系模式，建立数据库及其应用系统，使之能够有效地存储数据，满足各种用户的需求。数据库设计的好坏，对于一个数据库应用系统的效率、性能及功能等起着至关重要的作用。

数据库设计目前一般采用生命周期法，即将整个数据库应用系统的开发分解成目标独立的若干阶段，它们是需求分析阶段、概念结构设计阶段、逻辑结构设计阶段、数据库物理设计阶段、数据库实施阶段、数据库运行和维护阶段。

1. 需求分析

全面、准确了解用户的实际要求。对用户的需求进行分析主要包括 3 方面的内容。

① 信息需求：即用户要从数据库获得的信息内容。信息需求定义了数据库应用系统应该提供的所有信息，注意描述清楚系统中数据的数据类型。

② 处理要求：即需要对数据完成什么处理功能及处理的方式。处理需求定义了系统的数据处理的操作，应注意操作执行的场合、频率、操作对数据的影响等。

③ 安全性和完整性要求：在定义信息需求和处理需求的同时必须相应确定安全性、完整性约束。

2. 概念结构设计

概念结构设计即设计数据库的概念结构。概念结构设计是整个数据库设计的关键，它通过对用户需求进行综合、归纳与抽象，形成一个独立于具体 DBMS 的概念模型。

3. 逻辑结构设计

逻辑结构设计是将抽象的概念结构转换为所选用的 DBMS 支持的数据模型，并对其进行优化。

4. 数据库物理设计

数据库物理设计是为逻辑数据模型选取一个最适合应用环境的物理结构（包括存储结构和存取方法）。

5. 数据库实施

在数据库实施阶段，设计人员运用 DBMS 提供的数据语言及其宿主语言，根据逻辑设计和物理设计的结果建立数据库，编制与调试应用程序、组织数据入库，并进行试运行。

6. 数据库运行和维护

数据库应用系统经过测试、试运行后即可投入正式运行。在数据库系统运行过程中必须不断地对其进行评价、调整与修改。

6.5 Access 数据库系统概述

随着信息技术特别是互联网的发展，在社会某些领域，每天要处理大量的数据，大型数据库在处理海量数据方面发挥了巨大的作用。然而，大部分行业所要处理的数据量小，问题又多种多样，利用大型数据库成本太高，并且开发周期长，维护起来也非常困难。Access 就是满足普通用户的需求，简单方便易学易用，主要适用于小型数据库系统的开发，是实际工作中最常使用的数据库软件之一。

6.5.1 Access 数据库系统组成

Access 数据库是由数据库 6 大数据对象表、查询、窗体、报表、宏和模块组成。这些对象的有机结合就构成了一个完整的数据库应用程序。在一个数据库中对象都存放在一个扩展名为 .accdb 的数据库文件中。

1. 表

数据表（Table）是数据库中一个非常重要的对象，是其他对象的核心基础。在 Access 数据库中，数据表就是关系，数据库只是一个框架，数据表才是其实质内容。

2. 查询

查询（Query）是数据库中对数据进行检索的对象，用于从一个或多个表中找出用户需要的记录或统计结果，就是向数据库提出问题，数据库按给定的要求，从指定的数据源中提取数据集合。

3. 窗体

窗体（Form）是用户与数据库应用系统进行人机交互的界面。通过窗体能给用户提供一个更加友好的操作对象，用户可以通过添加"标签""文本框""命令按钮"等控件，轻松直观地查看、输入或更改表中的数据。窗体的数据源可以是表或查询。

4. 报表

报表（Report）就是用表格、图表等格式来显示数据的有效对象。它根据用户需求重组数据表中的数据，并按特定格式显示或打印。

报表最终目的是为了数据的打印与输出。报表可以将数据以设定的格式进行显示和打印，同时还可以对有关的数据实现汇总、求平均、求和等计算。利用报表设计器可以设计出各种各样的报表。报表对象的数据源可以是表或查询。

5. 宏

宏（Macro）是 Access 数据库对象之一。它是一个或多个操作（命令）的集合，宏可以将若干个操作组合在一起，以简化一些经常性的操作。简言之，宏就是一些操作的集合。

6. 模块

Access 中的模块是用 Access 支持的 VBA（Visual Basic for Applications）语言编写的程序段的集合，用于数据库较为复杂的操作。创建模块对象的过程也就是使用 VBA 编写程序的过程。模块是数据库中的基础构件，其内部的代码对实现数据库的应用非常重要。

6.5.2　Access 界面介绍

Access 界面有六大部分组成，如图 6-14 所示，分别是快速访问工具栏、标题栏、功能区、对象操作窗口、导航窗格、状态栏。对象操作窗口是数据库操作窗口，数据库所有对象的操作都在此区域内完成。

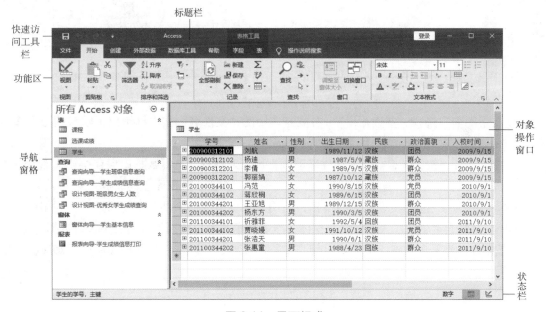

图 6-14　界面组成

6.6　创建数据库和表

通过前面介绍可知，数据库是数据库对象的容器，开发一个数据库系统，第一步应该先创建一个数据库，然后向里面添加表、查询、窗体、报表等数据库对象。

6.6.1　创建数据库

在 Access 中，可以创建一个空数据库，也可以利用模板创建数据库，一般用户都是先创建空数据库，然后根据需要创建数据库中的其他对象，管理数据。

【例 6-1】创建一个空数据库，数据库名为"学籍管理"，操作步骤如下。

① 打开 Access，单击"新建"命令，如图 6-15 所示。

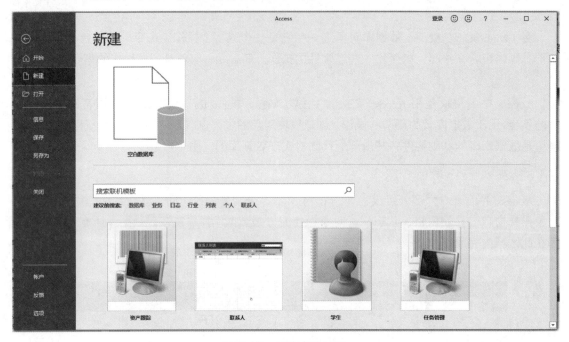

图 6-15　新建空数据库

② 在中间窗口选择"空数据库"，右侧窗口中的"文件名"文本框给出了默认的数据库文件名"Database1.accdb"，修改为"学籍管理 .accdb"。

③ 单击文件夹按钮 ，打开"文件新建数据库"对话框，选择数据库保存位置，然后单击"确定"按钮，返回到 Access 启动界面，单击"创建"按钮，数据库创建完成。

如果能够找到与实际需求相近的模板，使用模板创建数据库是最快捷的方法。利用模板创建数据库，系统自动创建了表、查询、窗体和报表对象，用户可以直接向表中输入数据。然而，利用模板创建的数据库往往不能够满足用户实际的需要，可以在创建数据库后进行修改。这里不再介绍如何利用模板创建数据库的操作方法。

6.6.2　创建数据表

数据库创建完毕，接下来的工作是创建数据表，表是用来存储和管理数据的对象，是数据库的基础，也是数据库中其他对象的数据来源。

表由表结构和记录组成。表结构是表的一个框架，由每个字段的字段名、字段的数据类型、字段的属性组成；记录就是要存放的内容、数据。一般先设计表结构，然后输入数据。

1. 表结构设计

表结构由字段名称、字段数据类型和字段属性组成。

（1）字段名称

字段名称是表中某一列的名称，在数据表中字段名必须保证唯一，字段名命名要符合规则，可以使用字母、汉字、数字、空格和其他字符，长度为 1 ~ 64 个字符，但不能够使用句号（。）、感叹号（!）、重音符（`）和方括号（[]）等。

（2）字段数据类型

字段数据类型决定了该字段所保存数据的存储形式和使用方式。Access 包括 12 种数据类型。

① 短文本。之前 Access 版本称为文本型字段，用于文字或文字和数字的组合，文字如姓名、地址等，还包括不需要计算的数字，如电话号码、学号等。文本类型最多可以存储 255 个字符。

② 长文本。用于保存较长的文字信息，如简历、备注、产品说明等，之前 Access 版本称为备注型字段。长文本最多可存储 65 535 个字符。

③ 数字。主要是用于需要进行计算的数值数据，如成绩、工资等。

④ 日期和时间。用于日期和时间格式的字段，如参加工作时间、生日、入学时间等。

⑤ 货币。用于货币值，当输入货币型数据时，系统会根据所输入的数据自动添加货币符号和千位分隔符。

⑥ 是 / 否。就是布尔类型，用于存放逻辑数据，只能取两种值中的一种（"是 / 否""真 / 假""开 / 关"）。如团员否、婚否等。

⑦ 自动编号。自动编号型字段存放系统指定的记录号，不允许人工指定或者修改，其值一旦被指定，就永久和该条记录绑定在一起，当该条记录被删除时，该自动编号数据将不再被使用。

⑧ OLE 对象。用于链接或嵌入 OLE 对象，如文字、声音、图像、表格等。

⑨ 计算字段。用于存放根据同一表中的其他字段计算所得的结果值。计算时必须引用同一张表中的其他字段。

⑩ 超链接。超链接用于存放链接到本地或网络上资源的地址。可以是 UNC（通用命名规则）路径或 URL（统一资源定位符）网址。

⑪ 附件。可以将图像、电子表格文件、文档、图表等各种文件附加到数据库记录中。它是存放任意类型的二进制文件的首选数据类型。

⑫ 查阅向导。显示从表或查询中检索到的一组值，或显示创建字段时指定的一组值。查阅向导型字段显示为文本型，所不同的是该字段保存一个值列表，输入数据时从一个下拉列表中选择。

（3）字段的属性

字段的属性用于描述字段的特征，控制字段的存储、输入和显示方式等。在设计表结构时不但要考虑字段的名称、字段的类型，还要考虑字段的大小、小数点的位数、输入格式、显示格式、默认值、字段的有效性规则、有效性文本、是否为空、是否建立索引和主键等。例如：学生表中的"学号"字段，数据类型为短文本型，宽度最大设置为 12 位；对于"性别"字段可以考虑设置默认值"男"；对于"出生日期"字段，要考虑日期的输入格式、显示格式。另外，为了提高检索的速度，要考虑对哪些字段设置索引、为了标识实体记录，要考虑哪个字段可以建立主键，等等。

2. 创建数据表

这里以"学籍管理"数据库为例，讲解利用 Access 创建数据表的过程。根据之前学习的创建数据库的一般步骤，分析建立"学籍管理"数据库的目的是为了解决学籍信息的组织和管理问题，主要任务应包括教师信息管理、课程信息管理、学生信息管理、选课成绩管理、班级管理和院系管理等。由于篇幅的限制，这里学籍管理系统简化功能设计，主要完成学生信息管理、课程信息管理和选课成绩管理。根据简化的学籍管理功能，该数据库需要设计学生信息、课程信息和学生选课成绩信息三个表，这三个表之间关系比较简单，即学生选修课程，联系为学生选课成绩。

进一步根据 Access 关系数据库管理系统的特征，设计出三个关系的逻辑模型如表 6-1 ~ 表 6-3 所示。

表 6-1 "学生"表结构

字 段 名	类 型	宽 度	说 明
xh	短文本	12	学号
xm	短文本	4	姓名
xb	短文本	1	性别
csrq	日期时间	默认	出生日期
mz	短文本	12	民族
zzmm	短文本	4	政治面貌
rxsj	日期时间	8	入学时间
gkcj	数字	整型	高考成绩
bjmc	短文本	20	班级名称
jg	短文本	50	籍贯
jl	长文本	默认	简历
zp	OLE	默认	照片

表 6-2 "课程"表

字 段 名	类 型	宽 度	说 明
kch	短文本	6	课程号
kcm	短文本	20	课程名称
kcxz	短文本	10	课程性质，选修或是必修
xs	数字	整型	学时
xf	数字	整型	学分

表 6-3 "选课成绩"表结构

字 段 名	类 型	宽 度	说 明
xh	短文本	12	学号
kch	短文本	6	课程号
kkxq	短文本	20	开课学期
cj	数字	整型	成绩

【例 6-2】在学籍管理数据库中创建"学生"表，表的结构如表 6-1 所示。

操作步骤如下。

① 打开"学籍管理"数据库，选择"创建"选项卡，单击"表设计"按钮，打开表设计窗口，如图 6-16 所示。

② 在表编辑器中，字段名称输入 xh，数据类型选择短文本，常规属性区域中，设置字段大小 12，标题属性输入"学号"，允许空字符串输入"否"，索引选择"有（无重复）"，即为唯一索引。

③ 重复第二步骤的操作，按要求定义其他字段，设计好的表结构如图 6-17 所示。

图 6-16 表设计窗口

图 6-17 "学生"表结构设计

用同样的方法创建"课程"表和"选课成绩"表，结构分别如表 6-2 和表 6-3 所示。

6.6.3 输入记录

表创建完毕，开始输入数据。在表中输入记录非常简单，只要打开一个表，在该表的"数据表视图"中直接输入数据。输入数据时要注意数据的规范性，日期 / 时间型要用一对"#"号括起来，例如 #2013-5-5#；自动编号型数据系统自动添加，不能手动指定或更改自动编号型字段中的数值，删除记录时，系统不再使用已被删除的自动编号数值；OLE 类型的字段如"照片"字段输入数据时需要将光标处于该单元格，右击，选择"插入对象"，插入图片、Word 文档、Excel 表格等对象，插入数据后，该字段显示插入文件的类型，不会直接将内容在表格中显示出来，例如插入一个 BMP 格式的文件，显示为 Bitmap Image。

输入完记录，"学生"表的数据视图如图 6-18 所示。

学生

学号	姓名	性别	出生日期	民族	政治面貌	入校时间	高考成绩	班级名称	籍贯	简历	照片
200900312101	刘航	男	1989/11/12	汉族	团员	2009/9/15	478	外语091	陕西省咸阳市	毕业于兴平一高，喜欢吹口琴，	Bitmap Image
200900312102	杨迪	男	1987/5/9	藏族	群众	2009/9/15	485	外语091	河南省洛阳市	毕业于洛阳一高，平时喜欢看武	Bitmap Image
200900312201	李倩	女	1989/9/5	汉族	群众	2009/9/15	490	外语092	河南省南阳市	毕业于南阳一高，平时喜欢看书	
200900312202	郭丽娟	女	1987/10/12	藏族	党员	2009/9/15	468	外语092	陕西省延安市	毕业于延安三高，喜欢跳舞，逛	
201000344101	冯范	女	1990/8/15	汉族	党员	2010/9/1	450	工设101	四川省泸州市	毕业于泸州市二高，喜欢古典文	
201000344102	蒋欣桐	女	1989/6/15	汉族	团员	2010/9/1	420	工设101	吉林省长春市	毕业于长春市一高，喜欢英语，	
201000344201	王亚旭	男	1989/12/15	汉族	群众	2010/9/1	412	工设102	河南省周口市	毕业于周口一高，喜欢数学，计	
201000344202	杨东方	男	1990/3/5	汉族	团员	2010/9/1	430	工设102	广东省广州市	毕业于广州市二高，喜欢音乐，	
201100344101	祈雅菲	女	1992/5/4	回族	团员	2011/9/10	560	工设111	河南省唐河县	毕业于唐河一高，喜欢体操，舞	
201100344102	贾晓嫚	女	1991/10/12	汉族	党员	2011/9/10	550	工设111	河南省南阳市	毕业于南阳一高，平时喜欢看书	
201100344201	张浩天	男	1990/6/1	汉族	群众	2011/9/10	520	工设112	陕西省西安市	毕业于西安三高，喜欢踢足球，	
201100344202	张惠童	男	1988/4/23	回族	群众	2011/9/10	523	工设112	河南省开封市	毕业于开封实验中学，爱好篮球	

记录：第1项(共12项 搜索

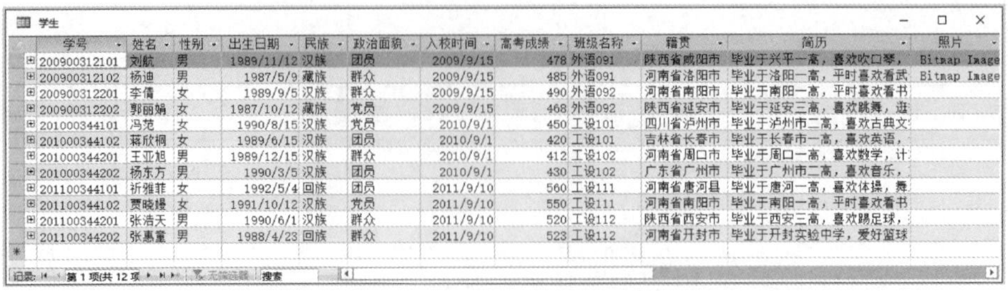

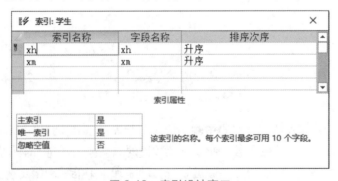

图 6-18 “学生”表的数据表视图

6.6.4 建立关系

数据库中往往存放多张表，为了能够同时显示来自多个表中的数据，必须为表建立关系。表间建立了关系，还可以设置参照完整性、编辑关联规则等。要建立关系，必须首先为相关联的字段建立索引。

1. 建立索引

索引是按照某个字段或字段集合的值进行排序的一种技术，目的是为了提高检索速度，同时也是建立表间关系的前提。

索引分为普通索引和唯一索引两大类。普通索引允许该属性值有重复，主要作用就是为了加快排序和检索的速度，一个表可以建立多个普通索引；唯一索引不允许该属性值有重复值，唯一索引可以标识该条记录，一个表也可以建立多个唯一索引，在 Access 数据中，只能选择一个作为主索引。当把字段设置为主键后，该字段就是主索引。

【例 6-3】将“学生”表中的“学号”字段设置为主键，“姓名”字段设置为普通索引。

操作步骤如下。

① 打开“学籍管理”数据库，选择“学生”表，右击，选择设计视图，在设计视图下打开“学生”表。

② 在“设计”选项卡中单击索引图标，打开索引设计窗口，如图 6-19 所示。

图 6-19 索引设计窗口

③ 在第一行输入索引名称“xh”，字段名称选择“xh”字段，排序方式默认“升序”，然后在下半部分索引属性区域，主索引设置为“是”，唯一索引设置为“是”，“xh”字段设置为主键，该行左侧出现一个小钥匙图标。同样方法为“xm”字段建立一个索引名称为“xm”，索引属性区域主索引和唯一索引都设置为“否”，便为“xh”字段设置为普通索引。

建立索引快捷的方法是在表的设计视图模式下，选择某一字段，属性“索引”项设置为“有

（无重复）"，建立唯一索引；设置为"有（有重复）"，建立普通索引；设置为"无"，不建立索引。选择某一字段，右击，选择"主键"，该字段设置为主键，查看"索引"属性值，自动设置为"有（无重复）"。

用同样的方法将课程表中"kch"字段设置为主键，成绩表中"xh"和"kch"设置为普通索引。

2．建立关系

表之间可以通过具有相同意义的字段建立关系，关系有一对一、一对多、多对多三种。建立关系时将具有"一"的一方称为主表，具有"多"的一方称为子表。

【例 6-4】对"学籍管理"数据库中的表建立关系。

分析：该数据库有学生、课程、成绩三个表，已经按照公共字段建立了索引。学生表和成绩表可以通过学号字段建立一对多关系；课程表和成绩表可以通过课程号字段建立一对多关系。两个关系将三个实体联系起来。

操作步骤如下。

① 打开"学籍管理"数据库，在功能区选择"数据库工具"选项卡，单击关系 图标，打开关系设计窗口如图 6-20 所示。

图 6-20　关系设计窗口

② 将主表"学生"表中的"xh"字段拖到子表成绩表的"xh"字段上，弹出图 6-21 所示的"编辑关系"对话框。

③ 从图 6-21 看出"学生"表和"选课成绩"表通过"xh"字段建立了关系。单击"确定"按钮返回到关系设计窗口。同样的方法将"课程"表和"选课成绩"表建立关系，结果如图 6-22 所示。

图 6-21　"编辑关系"对话框

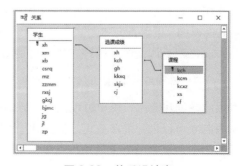

图 6-22　关系设计窗口

6.6.5　实施参照完整性

参照完整性是一个规则，利用它可以确保存在关系的表中的记录的有效性，并且不会随意删除或更改相关数据。

如图 6-22 所示，已经为学生表和成绩表建立了关系，双击之间的联系，弹出图 6-21 的"编辑关系"对话框。该对话框有三个复选框：实施参照完整性、级联更新相关字段、级联删除相关字段，只有选择了"实施参照完整性"复选框，后两个才有效。

1．实施参照完整性

如果实施参照完整性，那么在主表中不存在的记录，不能够添加到子表中；反之，如果子表中存在与主表相匹配的记录时，则在主表中不能够删除该记录。

例如，假若学生表中不存在学号为"201300140001"的学生记录，则在成绩表中不能添加该学生的成绩；如果学生表中有一个学生记录，学号为"201300140002"，成绩表中也有该学生的成绩信息，则在学生表中不能够删除该学生信息。

2．级联更新相关字段

如果更改主表中的主键值，则可以在一次操作中更新主表中的记录及所有子表中的相关记录。例如学生表中有个学号为"201200140002"的学生，现将学号修改为"301200140002"，则在成绩表中所有学号为"201200140002"的值，自动修改为"301200140002"，保证了数据的一致性。

3．级联删除相关字段

如果某个记录在相关表中有匹配记录，则可以在一次操作中删除主表中的记录及所有相关子表中的记录。

例如要删除学生表中学号为"201200140002"的记录，则自动删除成绩表中相关记录。

6.7　创建查询

查询是数据库处理数据和分析数据的最有效的一种方法。查询就是在一个表或者多个表中查找符合条件的记录，以便对数据进行查看、更改和分析。在 Access 数据库中，为了减少冗余度，数据往往分散存储在多个表中，有了查询功能，就能够把多个不同表中的数据检索出来，并在一个数据表中显示这些数据。在应用的时候往往不需要看到所有的记录，只是希望看到满足条件的记录，这就要在查询中添加查询条件，通过条件筛选出有用的数据。

Access 中根据对数据源的操作方式及查询结果，将查询分为选择查询、参数查询、交叉表查询、操作查询和 SQL 查询 5 种类型。操作查询可以更改数据源中的数据，又可以分为追加查询、生成表查询、更新查询和删除查询。无论何种类型的查询，其本质都是通过 SQL 语句实现。

Access 创建查询提供了两种方法：一是使用查询向导，二是使用查询设计视图。

6.7.1　利用向导创建选择查询

利用向导创建查询，用户可以根据向导的提示，一步一步地完成查询设计工作。

利用向导可以创建简单查询、交叉表查询、查找重复项查询、查找不匹配项查询。选择查询是数据库中最基本的，也是用得最多的查询。其他种类的查询绝大多数都是以选择查询为基础，然后进行相应的设置。

1. 从单表中查询所需要的数据

【**例6-5**】利用向导创建查询，要求输出学生的"学号"、"姓名"、"性别"和"班级名称"4个字段的信息。该查询以"查询向导—学生班级信息查询"保存。

分析：从查询结果上看，信息来源为"学生"表，但并不是显示表中的所有信息，而是选择了若干字段进行显示。具体操作步骤如下。

① 打开"学籍管理"数据库，在功能区选择"创建"选项卡，在"查询"组中单击查询向导图标，打开"新建查询"对话框，如图6-23所示。

② 选择"简单查询向导"，单击"确定"按钮，弹出"简单查询向导"对话框，如图6-24所示。

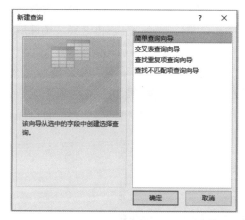

图6-23 "新建查询"对话框

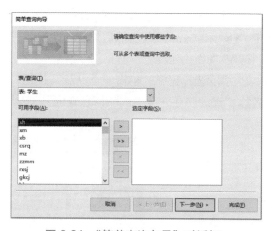

图6-24 "简单查询向导"对话框

③ 在"表/查询"列表中选择"学生"表，可用字段选择 xh、xm、xb、bj。单击"下一步"按钮，出现汇总类型对话框，忽略不管；继续单击"下一步"按钮，出现"请为查询指定标题"对话框，输入查询名称"查询向导—学生班级信息查询"。单击"完成"按钮，查询结果如图6-25所示。

图6-25 学生班级查询结果

如图6-25所示，查询得到的数据集也是以二维表的形式展现出来，看起来和数据表没什么区别，其实本质有很大的差别。数据表中的记录是物理存在的，查询仅仅存放如何取得数据的方法和操作，数据依然存放在数据表中，是一个动态的数据集合，是一个虚表。但是查询能够像数据表一样来使用，可以作为查询、窗体和报表等数据库对象的数据源。

2. 从多个表中查询所需要的数据

【例 6-6】利用向导创建查询，要求输出学生的“学号”、“姓名”、“课程号”、“课程名称”和“成绩”5 个字段的信息。该查询以“查询向导—学生成绩信息查询”保存。

分析：从查询要求看，需要用到“学生”、“课程”和“选课成绩”三个表，该查询为多表查询。“学号”和“姓名”字段来源于“学生”表；“课程号”和“课程名”字段来自“课程”表；“成绩”字段来自“选课成绩”表。三个表有内部联系，“学生”表和“选课成绩”表通过“学号”建立联系，“课程”表和“选课成绩”表通过“课程号”建立关系。先为三个数据表建立好关系，然后建立查询，具体操作步骤如下。

① 通过向导打开图 6-24 所示的“简单查询向导”对话框，先选择“学生”表作为数据源，选定“xh”和“xm”字段；然后选择“课程”表，选定“kch”和“kcm”字段；再选择“选课成绩”表，选定“cj”字段。

② 字段选择完毕，单击“下一步”按钮，直至出现“请为查询指定标题”对话框，输入查询名称“查询向导—学生成绩信息查询”。单击“完成”按钮，查询结果如图 6-26 所示。

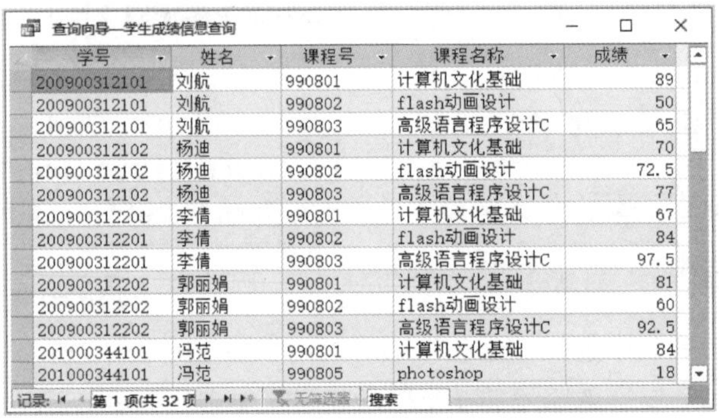
查询向导—学生成绩信息查询

学号	姓名	课程号	课程名称	成绩
200900312101	刘航	990801	计算机文化基础	89
200900312101	刘航	990802	flash动画设计	50
200900312101	刘航	990803	高级语言程序设计C	65
200900312102	杨迪	990801	计算机文化基础	70
200900312102	杨迪	990802	flash动画设计	72.5
200900312102	杨迪	990803	高级语言程序设计C	77
200900312201	李倩	990801	计算机文化基础	67
200900312201	李倩	990802	flash动画设计	84
200900312201	李倩	990803	高级语言程序设计C	97.5
200900312202	郭丽娟	990801	计算机文化基础	81
200900312202	郭丽娟	990802	flash动画设计	60
200900312202	郭丽娟	990803	高级语言程序设计C	92.5
201000344101	冯范	990801	计算机文化基础	84
201000344101	冯范	990805	photoshop	18

记录：第 1 项(共 32 项 无筛选器 搜索

图 6-26 学生成绩查询结果

6.7.2 利用查询设计视图创建查询

使用查询向导虽然可以快速地创建查询，但是对于指定条件的参数查询以及功能更强的查询，查询向导是不能够完全胜任的。这就要用到查询设计视图，或者先使用查询向导建立查询，然后在查询视图模式下进行修改。

1. 查询设计视图简介

打开“学籍管理”数据库，在查询对象中选择例 6-6 创建的“查询向导—学生成绩信息查询”查询，右击，选择“设计视图”，出现图 6-27 所示的设计视图窗口。

该设计视图分上、下两个区域，上部区域用来设置数据源，右击，选择“显示表”菜单命令，可以选择数据库中存在的表或查询作为数据源；下部区域用来根据要求定制查询，具体说明如下。

① 字段：指定查询中需要使用的字段，可以是数据源中的字段或表达式。在数据源的列表中使用双击或拖动的方式可以完成字段的添加，或书写表达式作为字段。查询运行时，前者直接显示相应字段的值，后者显示表达式的计算结果。

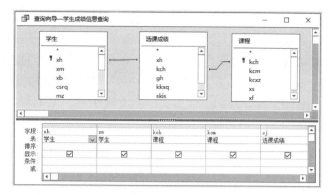

图 6-27　设计视图窗口

② 表：对应上面的字段，指定字段的来源。如果是通过单击的方式选择字段，该值是系统自动填写的。所以该值一般不需要用户填写，仅供查阅参考。

③ 排序：对应上面的字段，指定查询结果是否按字段值进行升序或降序的排列。如果没有排序要求，该行不进行任何设置。

④ 显示：指定对应字段是否在查询结果中显示。

⑤ 条件：指定查询的条件，只有满足条件的记录才会在查询结果中显示。

⑥ 或：指定"或"关系的第二个条件，与上一行条件构成完整的"或"查询条件。如果没有"或"条件，该行无须填写。

2. 使用查询设计视图创建条件查询

下面介绍如何使用查询设计视图创建符合指定条件的查询。

【例 6-7】查询优秀（成绩大于等于 90）女学生的成绩信息，查询结果包括"学号"、"姓名"、"性别"、"课程号"和"成绩"等字段。并将查询名保存为"设计视图—优秀女学生成绩查询"。

分析：由题目要求可知，需要"学生"和"选课成绩"表作为查询的数据源。查询条件为性别等于"女"并且成绩大于等于 90 分。操作步骤如下。

① 打开"学籍管理"数据库，在功能区选择"创建"选项卡，单击"查询"组中的查询设计图标，弹出图 6-28 所示的"显示表"对话框。

② 选择"表"选项卡，添加"学生"表和"选课成绩"表，然后单击"关闭"按钮，回到查询设计窗口，如图 6-29 所示。

图 6-28　"显示表"对话框

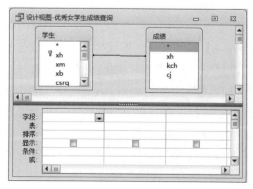

图 6-29　查询设计窗口

③ 选取查询字段。在查询设计窗口中，依次拖动学生表中的"xh"、"xm"和"xb"，以及选课成绩表中的"cj"字段到下半区域，该字段就会显示在设计器下部的"字段"行。同时，该字段所在的表名被自动列出在"表"行，"显示"行的值自动设置为 TRUE。

④ 设置查询条件。在条件行、xb 字段列下输入"女"，在 cj 字段列下输入 >=90，单击"保存"按钮🖫，查询文件名为"设计视图—优秀女学生成绩查询"。设计结果如图 6-30 所示。单击运行图标❗，得到查询集如图 6-31 所示。

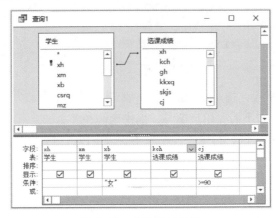

图 6-30　查询设计结果

学号	姓名	性别	课程号	成绩
200900312201	李倩	女	990803	97.5
200900312202	郭丽娟	女	990803	92.5
201000344102	蒋欣桐	女	990805	90
201100344102	贾晓嫚	女	990801	93
201100344102	贾晓嫚	女	990803	95

图 6-31　查询结果集

3. 使用查询设计视图创建汇总查询

Access 设计视图可以创建汇总查询，汇总查询实质就是分组统计查询，就是按照某些字段对数据进行分组，然后进行计数、求和、求平均值、最大值和最小值等统计操作，会产生新的字段，在日常生活中用得比较多，例如统计各个部门职工的人数、统计每种商品每个月的销售额等。

【例 6-8】统计每个班男女生的人数，显示"班级"、"性别"和"人数"三个字段，并将查询结果保存为"设计视图—班级男女生人数"。

分析：这是一个汇总查询，就是对学生表中的记录，按照"班级"和"性别"两个字段分组，然后对学号进行计数，由于学生表中的学号是唯一的，有一个学号就有一个人，分组汇总结果产生新的字段"人数"。操作步骤如下：

① 单击"查询"组中的查询设计图标🖳，弹出图 6-28 所示的"显示表"对话框。添加"学生"表，然后单击"关闭"按钮，回到查询设计窗口。

② 依次拖动 bjmc、xb 和 xh 三个字段到查询设计窗口下半区，在"设计"选项卡的"显示 /

隐藏"区域，单击 ∑ 按钮，查询设计窗口下半区多了"总计"行，如图 6-32 所示。

③ 在总计行中，"bjmc"和"xb"字段选择"Group By"，xh 字段选择"计数"，将查询保存为"设计视图—班级男女生人数"，然后单击运行图标，效果如图 6-33 所示。

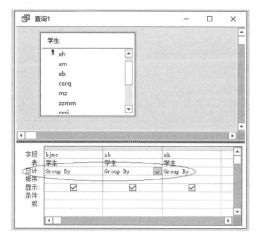

图 6-32　查询设计窗口

图 6-33　汇总查询结果

④ 运行结果发现显示"xh 之计数"字段，并不是按题目要求显示新字段"人数"字段，在查询设计视图下，将"xh"字段修改为"人数 :xh"即可，如图 6-34 所示。再次单击运行，即可得到想要的汇总查询。

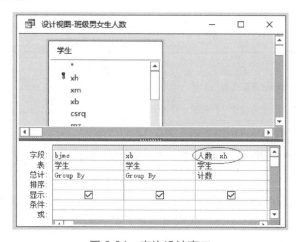

图 6-34　查询设计窗口

6.7.3　查询中条件的设置

查询往往需要进行条件筛选，如例 6-8 中要查找成绩优秀的女学生信息，这就要进行条件表达式的设置。通过在查询视图中设置条件来检索满足条件的记录。

查询中的条件经常使用关系运算符、逻辑运算符、特殊运算符和聚合函数来表示。

1. 关系运算符

关系运算符用于对两个类型相同的数据进行比较运算。其比较的结果是一个逻辑值 True 或者 False。常用的关系运算符如表 6-4 所示。

表 6-4　常用的关系运算符

运 算 符	运 算 关 系	表达式实例	运 算 结 果
=	等于	1=2	False
<>	不等于	1<>2	True
>	大于	"a"> "b"	False
<	小于	"a"< "b"	True
>=	大于或等于	"ab">= "ac"	False
<=	小于或等于	"ab"<= "ac"	True

2. 逻辑运算符

逻辑运算符又称布尔运算符，对逻辑型数据进行运算。常用的逻辑运算符如表 6-5 所示。

表 6-5　常用的逻辑运算符

运 算 符	运算关系	表达式实例	运 算 结 果
And	与	(4> 5) And (3 < 4)	值为 False。两个表达式的值均为 True，结果才为 True，否则为 False
Or	或	(4> 5) Or (3 < 4)	值为 True。两个表达式中只要有一个值为 True，结果就为 True，只有两个表达式的值均为 False，结果才为 False
Not	非	Not (1 > 0)	值为 False。由真变假或由假变真，即进行取"反"操作

3. 特殊运算符

常用的特殊运算符如表 6-6 所示。

表 6-6　常用的特殊运算符

运 算 符	功 能 说 明
In	用于指定匹配列表，只要一个列表值与查询值一致，表达式返回为 True
Between	用于指定数值或字符范围，查询值在范围内，表达式返回为 True
Is Null	如果字段值为 Null（空值），表达式返回为 True
Is Not Null	如果字段值不是 Null（空值），表达式返回为 True

4. Like 运算符

Like 运算符也是一种特殊运算符，是用来比较两个字符串的模式是否匹配，即判断一个字串是否符合某一模式，在"Like"表达式中可以使用的通配符如表 6-7 所示。

表 6-7　"Like"表达式中可以使用的通配符

统 配 符	含 义	表达式实例	可匹配字符串
*	可匹配任意多个字符	M*	Max，Money
?	可匹配任何单个字符	M?	Me，My
#	可匹配单个数字字符	123#	1234，1236
[charlist]	可匹配列表中的任何单个字符	[b-f]	b,c,d,e,f
[!charlist]	不允许匹配列表中的任何单个字符	[!b-e]	除 b,c,d,e 以外的字母

5．聚合函数

聚合函数在聚合表达式中使用，用以计算数值型字段的各种统计值。常用的函数和功能如表 6-8 所示。

表 6-8　常用聚合函数

函　数　名	功　　能
Avg(字段名)	计算指定字段中的一组值的平均值
Sum(字段名)	计算指定字段中的一组值的总和
Count(字段名)	计算指定字段中的一组值的个数，与字段记录的数值无关
Max(字段名)	计算指定字段中的一组值的最大值
Min(字段名)	计算指定字段中的一组值的最小值

6.7.4　创建 SQL 查询

Access 中的查询最终会被翻译成 SQL 语言，由系统执行。SQL 语言的全称是 Structured Query Language，即结构化查询语言，是一种数据库查询和程序设计语言。SQL 语言的主要功能包括数据定义、操作和维护。

Access 中的查询可以通过 SQL 视图查看其对应的 SQL 语句，也可以新建一个查询，然后选择 SQL 视图，直接书写 SQL 语句。

打开 SQL 视图的方法：在查询设计视图下，在功能区选择"视图"下拉列表，选择"SQL 视图"，相应的窗口如图 6-35 所示。

图 6-35　查询的 SQL 视图模式

1．SQL 数据定义语言

数据定义语言（Data Definition Language，DDL），用来建立和修改数据表。例如 CREATE、DROP、ALTER 等语句。

（1）CREATE 语句

CREATE 用来创建数据库或表。创建表的语法格式如下：

```
CREATE TABLE table_name (column_definition)
```

例如：创建"学生"表（学号，姓名，性别，民族，出生日期，高考成绩，简历），学号作为主键，对应的 SQL 语句是：

```
CREATE TABLE 学生 ( 学号 text (12) primary key, 姓名 text (8), 性别 text(2),
民族 text(10), 出生日期 date, 高考成绩 smallint, 简历 memo)
```

💡 **说　明：**

字段名后的关键字表示字段的属性，这里定义的"学号"字段，数据类型为文本型，字段长度为 12，作为表的主键。

（2）DROP 语句

DROP 语句用来删除表。语法格式如下：

```
DROP TABLE table_name
```

例如：删除前面创建的"学生"表，对应的 SQL 语句是：

```
DROP TABLE 学生
```

（3）ALTER 语句

ALTER 语句用来修改表的结构，包括增加（ADD）、删除（DROP）和修改（ALTER）字段属性。

① 增加字段的语法格式。

```
ALTER TABLE table_name ADD column_definition
```

例如：为新创建的"学生"表增加列班级（文本型，字段长度20），相应的 SQL 语句是：

```
ALTER TABLE 学生 ADD 班级 text(20)
```

② 删除字段的语法格式。

```
ALTER TABLE table_name DROP column_name
```

例如：删除班级列的 SQL 语句是：

```
ALTER TABLE 学生 DROP 班级
```

③ 修改字段的语法格式。

```
ALTER TABLE table_name  ALTER COLUMN column_name  type_name
```

例如：修改民族字段为文本类型，长度为的 SQL 语句是：

```
ALTER TABLE 学生 ALTER  COLUMN  民族  text(20)
```

2. SQL 数据操纵语言

数据操纵语言（Data Manipulation Language，DML），用于增加、修改、删除数据库中的数据，其操作对象是表的记录。例如 INSERT、UPDATE 和 DELETE。

（1）INSERT 语句

INSERT 语句用来向表中插入记录。语法如下：

```
INSERT INTO table_name [rowset_function] VALUES  expression
```

例如：在"学生"表中插入学号为"201200010001"，姓名为"张一"的一条记录，对应的 SQL 语句如下：

```
INSERT INTO 学生 (xm，xh) VALUES ("201200010001"，"张一")
```

 说 明：

> 插入的字段值与字段名必须一一对应，并且符合数据表的结构定义。

（2）UPDATE 语句

UPDATE 语句用来修改表中的记录。语法如下：

```
UPDATE table_name
SET <update clause> [, <update clause> ...n ]
[WHERE search_condition]
```

例如：将"学生"表中民族不是汉族的信息全部改为"少数民族"，对应的 SQL 语句如下：

```
UPDATE 学生
```

```
SET mz=" 少数民族 "
WHERE mz<>" 汉族 "
```

（3）DELETE 语句

`DELETE 语句`

用来删除表中的记录。语法如下 :

`DELETE FROM table_name WHERE search_condition`

例如 : 删除"学生"表中所有女生的记录。

`DELETE FROM 学生 WHERE xb=" 女 "`

3. SQL 查询语句

数据查询语句即 SELECT 语句是数据操纵语言中常用的一个。基本语法格式如下 :

```
SELECT select_list
FROM table_source
[ WHERE search_condition ]
[ GROUP BY group_by_expression]
[ HAVING search_condition]
[ ORDER BY order_expression [ ASC | DESC ] ]
```

说明 :

① ELECT 语句的核心是 SELECT select_list FROM table_source。其中，select_list 指字段名表，是查询需要显示字段的名称的集合，各字段名中间使用逗号间隔 ; table_source 指查询的数据来源——表或查询。

② WHERE 子句用来设置查询的条件，search_condition 指条件表达式，可以进行筛选或表连接操作。

③ GROUP BY 子句用来设置查询的分组依据。

④ HAVING 字句是对 GROUP BY 分组查询的进一步限制，要和 GROUP BY 一起使用，不能够单独使用。

⑤ ORDER BY 子句用来指定查询的排序字段，多个排序字段之间用逗号隔开。

SELECT 语句功能非常强大，可以实现数据库的任何查询操作，下面举例介绍使用方法。

（1）单表查询

利用 SELECT 语句可以实现对一个表的选择和投影操作。

例如 : 查询学生表中学生的学号，姓名和性别，按照学号升序排序，SQL 语句为 :

`SELECT 学号,姓名,性别 FROM 学生 ORDER BY 学号 ASC`

例如 : 查询所有姓张的同学的信息。

`SELECT * FROM 学生 WHERE 姓名 LIKE " 张 *"`

这里 SELECT *，表示筛选所有字段。

（2）多表查询

利用 SELECT 语句可以实现多个数据表的连接查询。有两种方法可以实现 : 一种是利用将两个表关联的字段（即两个表的主键和外键）作为条件写在 WHERE 字句中 ; 另一种用 INNER JOIN ON 将两个表进行关联查询。

例如:从"学生"表中选择学号、姓名,从"成绩"表中选择对应学生的课程号和选课成绩显示,对应的 SQL 语句如下 :

```
SELECT 学生.学号，姓名，课程号，选课成绩
FROM 学生，成绩
WHERE 学生.学号 =成绩.学号
```

也可以写为：

```
SELECT 学生.学号，姓名，课程号，选课成绩
FROM 学生 INNER JOIN 成绩 ON 学号
```

（3）汇总查询

SELECT 语句还可以实现数据的分组汇总操作。分组汇总常常用到聚合函数，经常使用的聚合函数有：

COUNT()：求所选数据的记录数。

MAX()：对数值型字段求最大值。

MIN()：对数值型字段求最小值。

SUM()：计算数值型字段的总和。

AVG()：计算数值型字段的平均值。

例如：求学生表中男女生的人数，显示字段为性别和人数，SQL 语句为：

```
SELECT 性别,COUNT(*) AS 人数 FROM 学生 GROUP BY 性别
```

例如：对学生表，求每个班高考成绩的最高分，显示字段为班级和高考最高分。

```
SELECT 班级,MAX(高考成绩) AS 高考最高分 FROM 学生 GROUP BY 班级
```

SQL 语句的功能强大、语法复杂，这里仅介绍了最基本的语法规则，如有需要可以查询标准 SQL 语句使用方法。最常用的 SQL 语句是 SELECT 语句，如果能熟练使用，将会提高创建查询的效率。SQL 数据控制语句，由于不同的数据库管理系统所支持的方法不一样，本章节不再介绍。

6.8 创建窗体和报表

窗体和报表都提供了一种更加直观、友好的操作界面，向用户展现数据。窗体不但能够浏览数据，通过窗体还可以编辑、修改、添加数据；报表是按照一定的格式打印输出数据。

6.8.1 创建窗体

窗体是人机交互的重要工具，是用户与数据库系统之间的主要操作接口。一个好的数据库应用系统，不但要求设计合理、功能完善，而且要操作方便、界面美观。

Access 提供了 6 种不同类型的窗体，分别是纵栏式窗体、表格式窗体、数据表窗体、主 / 子窗体、数据透视表窗体和数据透视图窗体。

1. 窗体的组成

完整的窗体由窗体页眉、页面页眉、主体、页面页脚和窗体页脚 5 部分组成。每一个部分称为一个"节"。图 6-36 是设计视图下窗体的组成。

（1）主体节

"主体"节是窗体的主要组成部分，其组成元素是 Access 提供的各种控件，用于显示、输入、修改或查找信息。

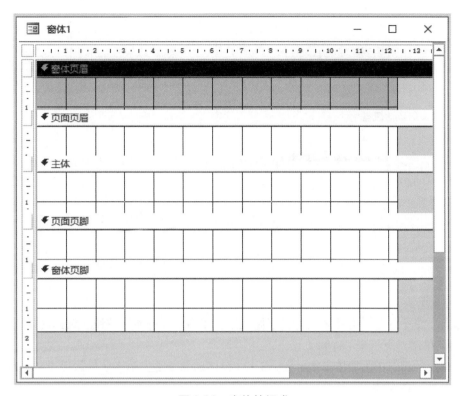

图 6-36 窗体的组成

（2）窗体页眉与窗体页脚

窗体页眉位于窗体顶部，一般用于设置窗体的标题或使用说明等。在打印窗体时，窗体页眉的内容只出现在第一页的顶部。

窗体页脚位于窗体底部，一般用于放置命令按钮或说明信息。窗体页脚的内容出现在最后一条主体节之后。

（3）页面页眉与页脚

页面页眉一般用来设置窗体在打印时的页头信息。如每一页都要显示的标题等。页面页脚一般用来设置窗体在打印时的页脚信息。如日期或页码等。

"主体"节对每个窗体来说都是必须的，其余 4 部分可根据需要选择添加。使用"设计视图"创建窗体时，默认只有"主体"节，用户可以根据需要选择其他节。方法是在窗体主体节右击，在弹出的快捷菜单中选择"窗体页眉 / 页脚"或"页面页眉 / 页脚"，可以显示或隐藏相关节。

2. 利用向导创建窗体

在 Access 中，提供了 3 种方法创建窗体：自动创建窗体、利用窗体向导创建窗体和使用设计视图创建窗体。本节举例介绍利用向导创建窗体。

【例 6-9】利用向导创建窗体，用来浏览学生的基本信息。

操作步骤如下。

① 打开"学籍管理"数据库，选择"创建"选项卡，在"窗体"组中单击窗体向导图标，弹出"窗体向导"对话框，如图 6-37 所示。

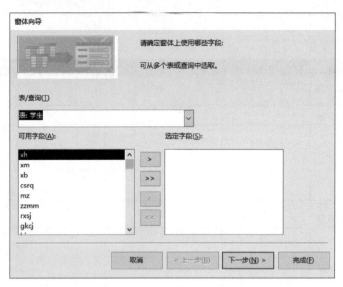

图 6-37 "窗体向导"对话框

② 选择"学生"表，并将表中所有字段选定。单击"下一步"按钮，选择窗体布局为"纵栏式"。继续单击"下一步"按钮。

③ 在弹出的窗口中为窗体指定标题,输入"窗体向导—学生基本信息",单击"完成"按钮，生成图 6-38 所示的窗体。

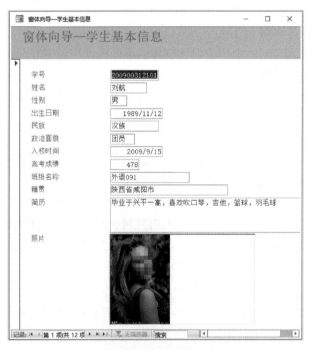

图 6-38 "学生基本信息"窗体

通用型字段——照片字段在数据表中不能够显示数据，而从图 6-38 看出，窗体中利用图像控件可以将照片显示出来。

利用向导生成的窗体，可以在窗体设计视图中进行修改。在窗体设计视图中，可以添加各种控件、修改窗体的布局、改变窗体的背景颜色，甚至可以进行编程控制等工作，功能非常强大。当有一定的窗体基础知识后，可以利用窗体设计视图设计窗体。

6.8.2 创建报表

在实际应用中，经常需要对数据进行汇总、统计，并按照一定的格式打印出来，如打印学生成绩表、打印每学期的课程表、打印财务报表等。报表对象可以实现这样的功能。

报表也是显示数据表中的数据，但报表中的数据仅能够浏览，不能够编辑。

Access 2010 报表可分为纵览式报表、表格式报表、图表报表和标签报表四种类型。前三种报表样式和窗体差不多，标签报表可以理解为是一种微型报表，每条记录对应一个标签，准考证就是标签类型。

1. 报表的组成

报表的组成包括报表页眉页脚、页面页眉页脚、主体、组的页眉页脚。每个部分称为节，报表中的数据可以分布在各个节中。只有对每个节的功能和作用有深入的了解，才能够灵活地设计报表。

（1）报表页眉

报表页眉的内容只在首页打印输出。报表页眉主要用于打印报表题目、报表封面之类的信息。

（2）页面页眉

页面页眉的内容在每页的顶部均打印输出。可以用它打印页标题或列标题信息。

（3）主体

主体节是打印报表数据明细部分。如数据表的每条记录都要输出，可以将绑定控件放在该区域，并绑定表中的相应字段。

（4）页面页脚

页面页脚出现在报表每页的底部，如页码、打印日期信息可以放在该节中。

（5）报表页脚

报表页脚内容在报表的最后一页打印一次。主要打印报表数据的统计结果信息。

（6）组页眉页脚

报表可以分组打印、统计汇总，这时可以在报表中添加组页眉和组页脚。组页眉显示在每一组记录的开头，可用于显示分组字段的数据；组页脚出现在每组记录的结尾，可用于显示该组的统计信息。

2. 利用向导设计报表

Access 提供 4 种创建报表的方法，分别是自动创建报表、利用向导创建报表、创建空报表和设计视图创建报表。本节同样仅介绍利用向导创建报表。

【例 6-10】打印学生的成绩，要求输出学生的"学号"、"姓名"、"课程号"、"课程名称"和"成绩"五个字段的信息。报表名称保存为"报表向导—学生成绩信息打印"。

分析：打印的字段包含在"学生"、"课程"和"选课成绩"三个表中，可以将例 6-6 建立的查询"查询向导—学生成绩信息查询"作为报表的数据源。操作步骤如下。

① 选择"创建"选项卡，在"报表"组中单击报表向导图标，弹出图 6-39 所示的"报

表向导"对话框。

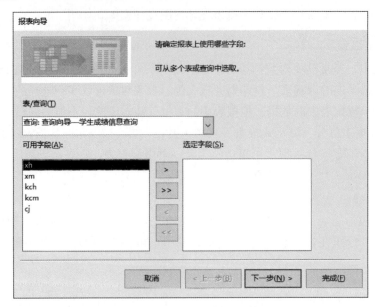

图 6-39 "报表向导"对话框

② 在"表/查询"下拉列表中选择"查询向导——学生成绩信息查询"查询作为报表数据源，选定所有字段，一直单击"下一步"按钮，直至出现"为报表指定标题"对话框，输入报表名称"报表向导-学生成绩信息打印"。单击"完成"按钮，结果如图 6-40 所示。

图 6-40 学生成绩打印报表

用向导设计的报表，同样可以在报表设计视图下进行修改，如修改数据源、调整记录之间的宽度、调整输出字体的大小以及每页打印的记录数等。实际数据库应用系统中，为了报表的美观以及符合用户需要，要反复的调整、修改报表。

习 题

一、选择题

1. 数据管理经过若干发展阶段，下列（ ）不属于发展阶段。

A. 人工管理阶段　　　　　　　　B. 机械管理阶段

C. 文件系统阶段　　　　　　　　D. 数据库系统阶段

2. 按数据的组织形式，数据库的数据模型可分为 3 种，是（ ）。

A. 小型、中型、大型　　　　　　B. 网状、环状、链状

C. 层次、网状、关系　　　　　　D. 独享、共享、实时

3. 一个教师可讲授多门课程，一门课程可由多个教师讲授。则实体教师和课程间的联系是（ ）。

A. 1∶1 联系　　B. 1∶m 联系　　　C. m∶1 联系　　　　　D. m∶n 联系

4. 在学生基本信息表中查找姓王的男学生，属于（ ）关系操作。

A. 选择　　　　B. 投影　　　　　C. 连接　　　　　　　D. 比较

5. Access 是一个（ ）。

A. 数据库系统　　　　　　　　　B. 数据库管理系统

C. 数据库应用系统　　　　　　　D. 数据库操作程序系统

6. 下列关于 OLE 对象，叙述正确的是（ ）。

A. 用于输入文本数据　　　　　　B. 用于处理超链接数据

C. 用于生成自动编号数据　　　　D. 用于链接或内嵌 Windows 支持的对象

7. 查询"书名"字段中包含"等级考试"字样的记录，应该使用的条件是（ ）。

A. Like " 等级考试 "　　　　　　B. Like "* 等级考试 "

C. Like " 等级考试 *"　　　　　　D. Like "* 等级考试 *"

8. 在 Access 数据库中，表是由（ ）。

A. 字段和记录组成　　　　　　　B. 查询和字段组成

C. 记录和窗体组成　　　　　　　D. 报表和字段组成

9. 窗体的组成不包括（ ）。

A. 主体节　　　　　　　　　　　B. 窗体页眉、窗体页脚

C. 页面页眉、页面页脚　　　　　D. 主窗体节、子窗体节

10. 在报表设计时，如果只在报表最后一页的主体内容之后输出规定的内容，则需要设置的是（ ）。

A. 报表页眉　　B. 报表页脚　　　C. 页面页眉　　　　　D. 页面页脚

二、填空题

1. _____ 是长期存储在计算机内的、有组织、可共享的数据集合。

2. 关系模型是把实体之间的联系用 _____ 表示。

3. 如果表中一个字段不是本表的主关键字，而是另外一个表的主关键字或候选关键字，这个字段称为 _____。

4. 人员的基本信息一般包括身份证号、姓名、性别、年龄等。其中可以作为主关键字的是_____。

5. 实体完整性约束要求关系数据库中元组的_____属性值不能为空。

6. 数据库系统的核心是_____。

7. 在关系数据库中，从关系中找出若干列，该操作称为_____。

8. 表中的人员编号、课程编号等，如此类的编号字段，一般将其数据类型定义为_____。

9. 窗体由多个部分组成，每个部分称为一个_____。

10. 窗体的数据来源可以是_____和_____。

三、操作题

1. 建立一个"商品销售"数据库，并添加如下所示的"员工"表、"商品"表和"销售"表。

"员工"表

字段名	工号	姓名	性别	出生日期	联系方式	照片
类型	短文本	短文本	短文本	日期时间型	短文本	OLE
宽度	4	4	1	默认	13	默认

"商品"表

字段名	商品编号	商品名称	厂商	进价	销售价格	进货日期
类型	短文本	短文本	短文本	数字	数字	日期时间型
宽度	6	20	20	浮点型，2 位小数	浮点型，2 位小数	默认

"销售"表

字段名	工号	商品编号	销售数量	销售日期
类型	短文本	短文本	数字	日期时间型
宽度	4	6	整型	默认

2. 分别为三个表建立索引。自己思考哪些字段需要建立主索引，哪些字段需要建立普通索引。

3. 为三个表建立关系，并实施参照完整性。

4. 建立查询，查询所有男员工的信息。

5. 建立查询，查询员工商品销售详细清单，包括工号、姓名、商品编号、商品名称、销售数量和销售时间。

6. 建立查询，统计每名员工的销售总额。

7. 建立窗体，浏览员工的基本信息。

8. 建立报表，打印员工商品销售详细清单，包括工号、姓名、商品编号、商品名称、销售数量和销售时间。

>>> 云计算

  云计算（Cloud Computing）是计算机技术和网络技术融合发展的产物，随着计算机技术的不断发展，云计算已经成为当前 IT 产业的一个发展重点。云计算本质上是一种面向服务的商业模式的创新，其目标是使计算资源做成和水、电、煤气这些生活资源一样，成为人们生活中不可或缺的公共基础设施。IT 技术的日益成熟、计算能力的提升、商业规模的扩大、社会需求的增加，使云计算技术和相关产业迅速发展，仅仅十余年的时间，众多云计算企业如雨后春笋般不断涌现，其中包括大家熟知的云计算三大巨头亚马逊、微软和谷歌。我国在云计算领域已经具备了一定的技术和产业基础，阿里巴巴、浪潮、华为等公司纷纷推出符合市场需求的云计算产品，中国的云计算服务正在逐步走向国际化水平。

  本章从云计算的产生背景和发展历史出发，阐述了云计算的概念、云计算的特征以及优势等基础知识，介绍了云计算的服务模型、部署方式，分析了云计算涉及的关键技术，本章的最后介绍了云计算的相关应用领域。

本章教学目标：

- 了解云计算的基础知识。
- 了解云计算的服务模型。
- 掌握云计算的部署方式。
- 理解云计算的关键技术。

7.1　云计算概述

7.1.1　云计算的产生背景

  云计算的产生离不开业务需求的驱动和技术的支持，是在网络技术高度发展、分布式计算和虚拟化等技术逐渐成熟的基础上发展起来的。

  1961 年，MIT（美国麻省理工学院）的教授 John McCarthy 提出"计算力"的概念和通过公用事业销售计算机应用的思想，认为使用计算资源可以像使用电力等基础设施资源一样按需付费，这是最早期云计算思想的提出。

  1989 年，欧洲粒子物理研究所的蒂姆·伯纳斯·李发明了万维网（World Wide Web），也称为 Web、WWW 或 W3。1993 年，美国网景公司推出了万维网产品，为人们获取信息并进行信息传播和交流带来了革命性的变革。1994 年开始，进入 Web 1.0 时代，这个时期信息的传送是单向的，通过大量的静态 HTML 网页来发布信息，人们通过浏览器搜索信息、获取信息，这种方式缺乏人与人之间的交流互动。2004 年，开启 Web 2.0 时代，这个时期不仅加大信息在网络上的不断积累聚合，更注重人们的参与体验，每个人既是信息的浏览者，也是信息内容的制造者，这是一个双向传递信息的过程。人们从被动接受互联网信息发展为主动创造互联网信息，并实现在线协同工作、社会关系网络化、分布式数据存储和文件共享，使互联网成为一个真正为用户提供网络服务的人性化的平台。

随着移动互联网和物联网的兴起和发展，人们对信息服务质量和快捷性要求越来越高。此外，各种传感器获取数据能力也大幅提高，造成了数据量爆发式的快速增长，2020 年，全球数据总量已达到 40~45 ZB。数据每时每刻都在产生，其来源不再局限于传统的信息管理系统等企业数据，还包括微博、微信和 Facebook 等各种社交媒体平台，以及各种智能传感设备、监控探头、RFID 检测仪、智能仪表、GPS 定位、VR 等技术，这些构成了丰富多彩的大数据。

大数据不仅指数据量大、数据种类多，更重要的是数据背后蕴藏的价值。从大数据中分析和挖掘出有价值的信息，作为企业和社会在进行各种决策时的科学依据。在对大数据的处理中，企业为了应对高流量、高密度的业务访问，需要增加各种硬件、运维和人力等成本，而业务高峰过后面对的是大量资源闲置、平均资源利用率低下等问题。传统的 IT 技术已经无法为企业带来应有的经济效益，云计算应运而生。大数据促进了云计算的迅速发展；云计算为海量多样的大数据提供了存储和计算的平台。

2006 年 3 月，Amazon 推出弹性计算云 EC2 服务；2006 年 8 月，Google 在搜索引擎大会（SES San Jose 2006）首次提出云计算的概念。这两个事件开启了云时代的大门。简单来说，云计算是一种创新的服务模式，是云计算服务提供商积累起庞大的计算资源和存储资源并进行虚拟池化，在集群技术、分布式存储、并行计算等技术的支持下，通过高速互联网络，用户可以按需获取虚拟计算资源和虚拟存储资源的服务。

随着云时代的到来，云计算已经从新兴技术发展为如今的热门技术，一大批优秀的 IT 企业积极参与到云计算产品的开发中，带来了更多优秀的云计算产品和解决方案。例如，亚马逊的 AWS、微软的 Azure 等云计算平台，IBM 的蓝云计划，OpenStack 开源项目等。2008 年，云计算进入中国，2009 年，中国首届云计算大会召开，此后中国在云计算领域迅速发展起来，先后涌现出阿里云、华为云、天翼云等优秀的公有云解决方案。

7.1.2 云计算的概念

目前云计算还没有一个统一的定义，不同的组织尝试从不同的角度定义什么是云计算，Gartner 咨询公司定义云计算是一种利用 Internet 技术和大规模的 IT 计算能力作为服务提供给多个外部用户的计算方式。IBM 在《"智慧的地球"——IBM 云计算 2.0》中将云计算看做一个虚拟化的计算资源池。云计算不仅是一种计算模式，也是一种基础架构管理方法。大量的应用、数据及其他 IT 资源组成 IT 资源池，动态创建并管理高度虚拟化的资源，并以服务的方式通过网络提供给用户使用。美国国家标准和技术研究院（NIST）提出云计算的定义为：云计算是一个通过互联网便捷地访问可配置计算资源池（包括网络、服务器、存储、应用和服务等）、获取资源并按需付费的模式，这些资源能够快速部署，尽可能地减少管理资源的工作量，或与服务提供商进行很少的交互。该云计算模式包括五个基本特征、三个服务模型和四种部署方式组成。

我国于 2014 年发布国家标准 GB/T 31167—2014《信息安全技术 云计算服务安全指南》中，对云计算定义如下："通过网络访问可扩展的、灵活的物理或虚拟共享资源池，并按需自主获取和管理资源的模式。"（注：资源实例包括服务器、操作系统、网络、软件、应用和存储设备等。）

综上所述，云计算并不仅仅是一项或一组技术，而是指 IT 基础设施、服务的交付与使用模式。云计算的核心思想是"按需服务"，它向用户提供的是计算能力，如同人们使用水、电、天然气等社会公共基础设施一样，用户不需要安装硬件、软件，直接调用服务即可。云计算将计算、存储、宽带、软件等资源集中起来，采用虚拟化技术，通过网络以按需、易扩展的方式提供给用户资源，并结合海量存储、分布式并行计算等技术实现对数据的分布式与并行处理。用户动态申请资源或服务，通过专门软件进行自动管理，用户不需要了解实现的细节，有利于提高自身的业务效率，降低成本。

互联网是最大的一片"云"，各种计算资源共同组成了若干个庞大的虚拟化存储与计算资源池，为用户提供数据存储与网络计算服务。

7.1.3 云计算的特征

云计算具有按需分配的自助服务、宽泛的网络访问、资源共享池、快速弹性、服务计费五个基本特征。云计算的概念模型如图 7-1 所示。

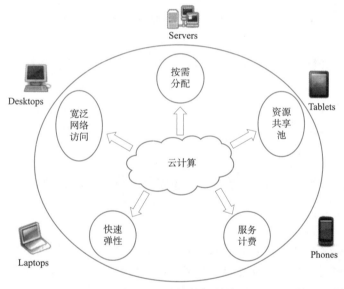

图 7-1 云计算的概念模型

1. 按需分配的自助服务

消费者可以像在自助餐厅挑选美食一样，根据自身的业务需求，通过云服务提供商的网站单方面自主申请并获取云端的计算资源，如服务器使用时间、网络存储等。在这个过程中，消费者不需要或者很少需要与云服务提供商交互，从而降低了成本，提高了工作效率。

2. 宽泛的网络访问

在全球网络技术和信息化高速发展的今天，消费者可以通过各种类型客户端（云终端设备）在不同的环境下随时随地接入互联网并使用云计算资源。常见的云终端设备包括台式计算机、笔记本计算机、PDA 掌上电脑、移动电话等。

3. 资源共享池

服务提供商汇集计算资源（包括处理器、内存、存储、网络带宽等），使用多租户模式为多个消费者服务。这些计算资源需要被池化，通过虚拟化的方式组成一个巨大的资源池，消除物理边界。依据用户的不同需求，在云计算平台上以资源池的形式对物理的、虚拟的资源进行动态分配和统一管理，从根本上降低了购置硬件设备和运维的成本，有效提升了资源利用率。

在使用云计算服务时，用户通常不需要了解正在使用资源的确切物理位置，但是在自助申请时可以指定大致的区域范围（如国家、省或者数据中心等）。

4. 快速弹性

对消费者来说，云端的计算资源是"无限"的。用户能在任何时间和任何地点方便、灵活、快速地获取任意数量的计算资源以扩充计算能力；也可以在不需要时迅速释放计算资源从而节约成本和费用。这在传统的 IT 环境中是无法实现的。

依赖传统 IT 环境部署一个业务往往需要花费几个星期、几个月甚至更长时间，而通过云计算服务可能在几小时内就能够完成。在云计算环境中，省去传统 IT 中诸如租赁场地、购买设备、设备安装调试等业务流程，所有资源来自于云计算中心，用户按需获取并使用资源，大大缩短了业务的部署周期。对于已经部署好的业务如果需要扩容或减容，只需要向云服务提供商申请增加或减少租赁资源，在几分钟内即可实现计算能力的扩展或释放，避免在传统 IT 环境下硬件资源的再购置以及当业务减少时大量资源的闲置情况出现。

5. 服务计费

消费者使用云端计算资源需要付费。根据不同服务类型按照相应的标准进行计量，计量的对象可以是处理器、内存、存储空间、网络带宽等。可以按照某类资源的使用数量来计费，也可以按照使用时间来计费。通过计费方式，促进资源的自动调控和优化利用；也可以监控和报告资源的使用情况，提高云服务提供商和云服务消费者之间的透明度。

7.1.4　云计算的优势

云计算技术已经应用于社会和生活的各个领域中，云计算能给我们的工作和生活带来如下的一些便利。

1. 节能减排，绿色计算

云计算技术降低全社会的 IT 能耗，真正做到"绿色计算"。云计算的核心是紧贴用户需求，当用户业务需要扩展时，可以随时增加服务器，以扩充云端计算能力；当需要减少业务时，可以自动释放多余的机器，以达到节能减排的效果。

为了减少能源消耗，云计算中心一般建在能源丰富的地区和寒冷地区。云中心的能耗主要包括 IT 机器设备和控制温湿度设备的电力消耗，因此要保证有充足稳定的能源供应。如果把云中心建在寒冷的地区，就不需要或只需要少量的制冷设备，降低了温湿度控制设备的能耗。

2. 提高性能，降低成本

在传统的 IT 环境中，构建一个 IT 系统的主要成本包括硬件、软件、网络、机房租赁以及运维人员等。将这些资源放在云平台上，通过虚拟化技术组成共享资源池，用户按需申请资源，云服务提供商对资源进行统一地分配和管理，可以很好地降低成本，提高全社会的 IT 设备使用率，减少因设备淘汰而产生的电子产品垃圾；同时用户也得到了更高的系统性能，包括增强的计算能力、无限的存储容量和更有保证的数据安全。

3. 弹性服务，快速部署

云计算技术能快速满足用户对计算资源的弹性需求，及时并快速进行业务部署。当企业要建设一项新的 IT 业务或对已有的 IT 系统进行扩容改造时，采用传统的 IT 方式往往需要数月或者一年后才能实现，难以适应瞬息万变的市场要求，这是企业管理层无法接受的。在云计算环境中，云服务提供商提供 IT 基础设施（处理器、内存、存储、网络带宽等），节省了大量选用场地、采购设备的时间和资金，缩短了业务的研发周期，需要几周甚至几天时间即可完成。

为了应对一些突发情况下对服务器的大流量访问（如节日期间对某购物网站的访问），传统 IT 方式和云计算环境的响应策略是不同的。传统 IT 方式下会提前按预计最大访问量进行系统扩容，当回到正常情况后，这些扩容后的资源大部分处于闲置状态，造成巨大的资源浪费。云计算的弹性服务很好地解决了这个问题。弹性服务根据用户访问量自动申请并分配所需要的软硬件资源，当访问结束后自动回收闲置资源，在大流量访问中真正做到游刃有余，极大地提高了资源利用率。

4. 应用可靠，体验良好

在云计算环境中，根据服务模式，信息技术进一步合理分工，对于云端的建设交给资金雄厚、技术更为专业的机构负责。其一，提高了整个云环境的可靠性，云服务提供商提供专业级的管理技术、设备和团队，进行软硬件管理和数据维护，如安全扫描、异地备份、灾难恢复、建立双活数据中心等。其二，普通用户从复杂的 IT 技术中脱离出来，专注于自己的需求和核心业务。用户在云终端只需要安装少量软件甚至不用安装软件，相关的配置信息和数据都存放在云端，用户可以随时随地采用任何云终端操作云端的软件，非常方便并且用户体验良好。

5. 信息共享，打破孤岛

利用云计算技术实现信息共享，打破信息孤岛。例如：企业内部员工之间共享数据的私有云；各个医院组建的医疗社区云，医院之间共享电子病历和各种化验数据；涉及公民教育信息的公有云平台等，都带来了巨大的社会效益。

7.2　云计算的服务模型

依据云服务商提供的资源类型来划分，云计算的服务模型将云分为 3 层，从下到上依次是基础设施即服务（IaaS）、平台即服务（PaaS）和软件即服务（SaaS），如图 7-2 所示。不同云层提供不同的云服务，下面对这 3 层云服务的结构和功能分别进行详细的阐述。

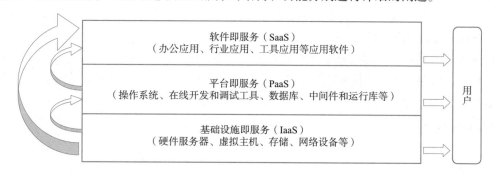

图 7-2　云计算的服务模型

7.2.1 基础设施即服务

基础设施即服务（Infrastructure as a Service，IaaS）位于云服务 3 层结构的最底层，是指云服务提供商将基础设施层作为服务出租给用户使用。这里的基础设施主要包括处理器、内存、存储、网络及其他基本资源，完成计算和存储功能。云服务提供商将计算和存储能力整合成一个虚拟的资源池，管理并维护相应的资源和服务，并对外向用户出租硬件服务器、虚拟主机、存储和网络设备（路由器、负载均衡器、防火墙、公网 IP 地址等）等服务。用户不需要管理云计算基础设施，只要在租用的 IaaS 上安装和运行操作系统、数据库和应用软件即可。

云服务提供商采用虚拟化等技术，同时为多个用户提供服务，降低 IaaS 成本，极大提高资源利用率。在 IaaS 平台上计量费用，通常从 CPU 使用时间、内存和存储的数量、占用的网络带宽、IP 地址数量及使用时间以及其他一些增值服务（如监控、自动伸缩等）多方面考虑。作为普通用户，无须购买 IT 硬件，IaaS 能够提供的计算资源几乎是无限的。用户登录云服务提供商的网站，填写资源配置表申请计算资源并付款。用户根据云服务提供商分配的账号和密码登录云端，对自己的主机进行管理，如启动机器、安装和配置操作系统、安装并运行应用软件等。

租赁 IaaS 云服务，对用户的专业能力提出了较高的要求，一般是计算机专业人员或者系统管理员，他们具备比较全面的专业知识，能够在 IaaS 服务之上进行系统的部署和更高级的软件开发。IaaS 的典型案例包括：IBM 的 BlueCloud，亚马逊的弹性计算云 EC2 和简单存储服务 S3 等。

7.2.2 平台即服务

平台即服务（Platform as a Service，PaaS）位于云服务 3 层结构的中间层，提供给用户基于互联网的应用开发环境，如互联网应用程序接口（API）和运行平台等。

云服务提供商需要将基础设施层和平台软件层都建设好；也可以从其他 IaaS 云服务提供商处租赁计算资源，再部署自己的平台软件，包括安装操作系统、编程语言开发和调试工具、开发运行时所需数据库以及 Web 服务等。用户可以在云端开发自己的应用程序，也可以安装、配置和使用应用软件，不需要管理或控制底层云基础设施。

PaaS 的核心功能体现在基于云端的软件开发和测试，包含两层含义：第一，无须在本地安装开发工具，PaaS 提供了在线开发工具，用户通过浏览器或者远程控制台等技术实现在线开发；第二，用户在本地安装开发工具进行软件开发，然后直接部署到云端，并且可以进行在线调试。

从用户角度看，他们无须自行建立开发平台，因此在平台兼容性方面不会遇到问题。此外，PaaS 提供了安装应用软件所需要的全部运行环境，如数据库、运行库、中间件等，当用户安装应用软件时，不会出现缺少文件的现象。从云服务提供商角度看，可以进行产品定制和多元化开发，加快 SaaS 应用的开发速度。

PaaS 云服务的用户主要包括软件开发人员、测试人员、部署人员、应用管理员以及应用软件最终用户。费用计算一般按照租户中的用户数量、用户类型、占用的资源量以及租用时间等因素计费。典型的 PaaS 案例包括 Google 的 Google App Engine（应用引擎）平台、Salesforce 公司的 Force.com。

7.2.3 软件即服务

软件即服务（Software as a Service，SaaS）位于云服务 3 层结构的最顶层，其客户群体是普通用户，因此是最常见的云计算服务。服务提供商统一部署应用软件提供给用户，用户只须使用云终端设备接入网络，通过浏览器或相应的接口使用云端的软件。

SaaS 云服务提供商负责管理和维护软硬件设施，可以选择自己搭建并管理 IaaS、PaaS 和 SaaS 云服务，也可以租用别人的 IaaS 云服务或 PaaS 云服务。用户无须在自己的计算机或终端上安装应用软件，而是根据相应的服务水平协议（SLA）通过网络从云端获取所需软件功能的云服务。在这种模式下，用户不需要花费大量的资金和时间用于购置硬件和安装维护软件，只要支出一定的租赁服务费用，就能够享受相应的硬件、软件和维护等服务，这是一种最有效的网络运营模式，同时减少了软件许可证费用的支出。

SaaS 云服务有面向普通用户的，如共享单车、Office 365 等应用软件；也有面向企业的，如人力资源管理软件、在线客户关系管理（CRM）服务等。在云平台上，Office 365 将 Word、Excel、PowerPoint、Project、Power BI、OneNote、OneDrive、Exchange、Skype、SharePoint 等软件集成起来提供给企业或个人所需的办公云平台，既可以在线使用，也可以下载到本地使用。

云计算的 3 层服务模型，具有云计算的特征，如弹性服务和快速部署等。每层云服务都可以独立成云，直接提供给最终用户使用；也可以下层为上层提供平台，支撑上层的服务。

7.3 云计算的部署方式

按照云计算的部署方式分类，云计算包括私有云、公有云、社区云和混合云，如图 7-3 所示。

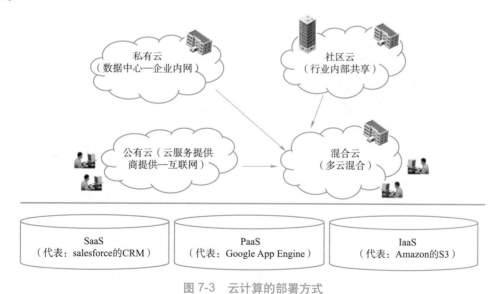

图 7-3 云计算的部署方式

7.3.1 私有云

私有云的云端资源为一家企事业单位或组织内的员工所独享，其他用户或机构都没有租赁和使用云端资源的权限。云设施的建立、管理和运营可以由企业自己来完成，这种情况云端通常部署在企业内部，称为本地私有云；也可以将云端托管给第三方云服务提供商进行建设和维护，称为托管私有云。

本地私有云的部署如图 7-4 所示。企业能够管理和控制网络安全访问边界，边界内的员工可以直接访问云端资源，边界外的用户必须通过边界安全检验才能访问云端资源，因此本地私有云适合运行企业的核心应用并存储企业的关键数据。

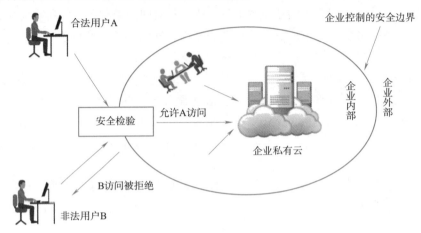

图 7-4　本地私有云的部署

托管私有云的部署如图 7-5 所示。企业和托管的云端通过网络专线相连接，或者建立虚拟专用网络 VPN 以降低专线成本。由于企业无法掌控云端的安全，在寻找托管方时，要关注云服务提供商的资金、信誉以及处理突发情况的能力。

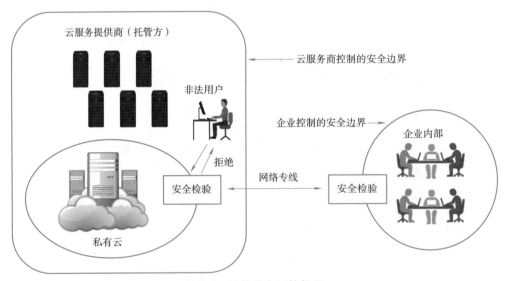

图 7-5　托管私有云的部署

7.3.2　公有云

公有云的云端资源向公众开放，任何个人或组织都可以免费使用或者租赁云端资源。用户使用云终端接入网络，能够随时随地以多种方式享受便捷的云服务。公有云由云服务提供商负责管理、维护和运营，一般情况下云服务提供商独立于所有个人或组织。公有云的部署如图 7-6 所示。

目前有很多公有云服务提供商,包括亚马逊云 Amazon Web Service、微软的 Azure、阿里云等。

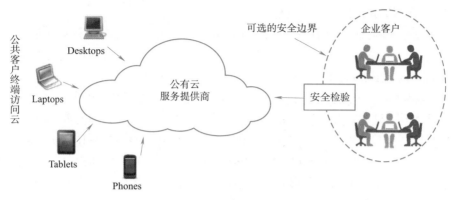

图 7-6　公有云的部署

7.3.3　社区云

社区云的云端资源由若干个特定的企业单位或组织内的员工共享,这些单位组织具有共同的需求,如共同的目标、共同的安全策略、共同的行业标准等。社区云一般由同一行业具有相关业务的单位组织共同建设,实现信息共享的同时也可以降低建设成本。例如,多所高校联合组建的教育社区云,教师和学生通过社区云共享教育资源和学习成果,优化教与学的模式,极大提升了教学效果。

与私有云相似,社区云也包括本地社区云和托管社区云两种部署方式。在本地社区云中,每个参与的单位或组织都是云服务的提供方或使用者,也可以两者兼具,但至少要有一个社区云成员提供云服务。托管社区云也是将云端交付给第三方云服务提供商部署,由于用户来自多个单位组织,云服务提供商还需要为他们制定并实施行之有效的共享策略。

7.3.4　混合云

混合云由两种或两种以上不同类型的云(私有云、公有云、社区云)组成,对外展现的是一个整体,就像用户在使用同一个云端一样,而实际上每个成员独立存在,通过标准的或专有的技术绑定在一起,进而支持数据和应用的可移植性。

混合云是未来云发展的方向,而公有云和私有云的混合是混合云中最主要的应用形式。将公有云和私有云进行整合,优势互补,既利用了公有云近乎无限的资源规模,又具备了私有云的保密性,解决了数据安全问题。企业在使用云服务时,把内部的重要数据保存在自己的私有云端,而把非机密的或公开的信息移动到公有云区域。此外,在业务高峰期,私有云无法提供更多的资源时,可以在公有云上创建虚拟主机以满足负载要求,业务完成后再释放这些虚拟主机。这些都给企业带来了真正意义上的云服务,使企业拥有良好的用户体验。

7.4　云计算的关键技术

7.4.1　虚拟化技术

虚拟化技术是云计算的一项重要技术,对物理资源进行虚拟池化,根据用户需求完成弹性分配,通过统一的界面进行自动化管理和部署,简化系统的工作流程,并有效地提高资源利用率。云计算的重要特性都需要虚拟化技术提供支撑。

虚拟化概念于 20 世纪 50 年代提出。20 世纪 60 年代,IBM 公司在一台大型机上运行多个操作系统,形成多个独立的虚拟机,实现了虚拟化的商用,有效地解决了大型机资源利用率低下的问题。随着 Intel x86 架构的提出及性能的日益完善,1999 年,VMware 公司推出一种软件解决方案,以虚拟机监视器为中心实现 x86 平台的虚拟化,开启了虚拟化技术面向 PC 服务器的应用。

虚拟化技术是对硬件资源和软件资源的逻辑抽象,形成为上层服务的资源池,并进行协调管理。这里硬件资源包括 CPU、内存、存储和网络等;软件资源诸如操作系统、应用程序、文件系统等。虚拟化环境为这些资源提供标准的接口来完成用户输入和输出,通过标准接口,用户不需要了解虚拟化逻辑资源的内部细节,因为他们与虚拟资源的交互方式不变,即使底层资源的实现方式发生了变化,用户也感受不到,这些变化对用户是透明的。虚拟化技术降低了用户和具体实现之间的耦合度,当系统管理员对资源进行升级和维护时,不会对用户使用造成太大的影响。

虚拟化技术包含很多类型,主机虚拟化是其中一种虚拟化实现方案,本小节重点介绍主机虚拟化技术。主机虚拟化的目标是在一台物理主机上模拟多台虚拟主机(Virtual machine),将服务器资源分配给多台虚拟机,每台虚拟机拥有自己的虚拟硬件和独立的操作系统。和传统服务器比较,主机虚拟化在维护管理、成本效率以及灾备等方面具备明显优势。

主机虚拟化在系统结构上通常由物理主机硬件、虚拟化层软件以及运行在虚拟化层之上的虚拟机构成。物理主机硬件包括 CPU、内存和 I/O 设备等。虚拟化层软件称为 Hypervisor 或虚拟机监视器(Virtual Machine Monitor,VMM),主要功能是访问物理资源并将其分配给虚拟机,实现底层资源的调度及共享功能。虚拟机是运行在虚拟化层之上的各个客户机操作系统,用户操作起来就像在使用一台真实的计算机。

1. 虚拟化层实现方式分类

根据虚拟化层实现方式的不同,将主机虚拟化分为寄居虚拟化和裸金属虚拟化两种类型,如图 7-7 所示。

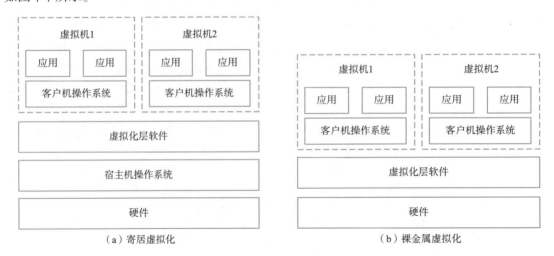

图 7-7　主机虚拟化的实现方式

（1）寄居虚拟化

寄居虚拟化就是在宿主机（在虚拟化中，物理资源通常被称作宿主 Host）操作系统之上安装虚拟化层软件，在此基础上可以创建多台虚拟机，为每台虚拟机灵活配置 CPU、内存、I/O 设备等，并在每台虚拟机中安装不同的操作系统和应用软件，满足不同用户的需求。

寄居虚拟化实现起来比较简单，但是资源调度和管理需要宿主机操作系统的支持，管理开销较大，性能较低。

（2）裸金属虚拟化

裸金属虚拟化是在物理硬件之上直接部署虚拟化软件层，不再需要宿主机操作系统的支持。在虚拟机中，客户操作系统的大部分指令都能够直接调用 CPU 来执行，只有少量需要虚拟化的指令由虚拟化层处理，和寄居虚拟化相比，缩短了虚拟机到物理硬件的距离，提高了系统的响应速度，同时也减少了虚拟化软件层消耗的计算资源。

2. 对主要硬件资源的虚拟化

主机虚拟化必须完成对三类主要硬件资源的虚拟化：CPU 虚拟化、内存虚拟化、I/O 虚拟化。

（1）CPU 虚拟化

在 x86 体系结构中，CPU 有 4 个运行级别，分别是 Ring0、Ring1、Ring2 和 Ring3，运行级别依次递减。其中 Ring0 级别最高，运行操作系统内核代码，执行对 CPU 的状态进行控制等特权指令；而应用程序一般运行在 Ring3 级别，不能执行特权指令。若没有虚拟化时，宿主机操作系统工作在 Ring0 级别，如图 7-8 所示。在实现虚拟化时，虚拟化软件层管理并控制虚拟机，运行在 Ring0 特权级上，那么客户机操作系统只能运行在低于 Ring0 的级别上。但是客户机操作系统并不知道这一点，还是执行原来的指令，当执行某些特权指令需要 Ring0 级时就产生了错误。解决这个问题有两种方案，全虚拟化和半虚拟化。

图 7-8　非虚拟化架构

全虚拟化方案采用动态二进制翻译技术。由于特权指令无法在虚拟机中直接执行，当运行虚拟机时，在特权指令之前插入陷入指令，把执行陷入到虚拟机监视器中进行指令转换后再执行，如图 7-9 所示。全虚拟化技术不用修改客户机操作系统，但是动态转换指令需要一定的性能开销。

半虚拟化方案通过修改客户机操作系统，将特权指令替换为对底层虚拟化平台的超级调用，同时虚拟化平台也为这些特权指令提供了调用接口，如图 7-10 所示。相比于全虚拟化技术，半虚拟化技术具有较小的性能开销，但是由于修改了客户机操作系统，无法保证虚拟化平台对虚拟机的透明性。

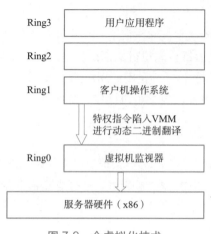

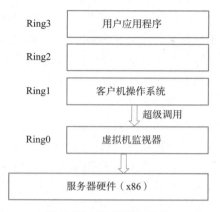

图 7-9　全虚拟化技术　　　　图 7-10　半虚拟化技术

全虚拟化和半虚拟化两种方案都是通过软件方式来完成的 CPU 虚拟化，都存在着一定的性能开销，进而出现了硬件辅助虚拟化技术，通过硬件来辅助完成 CPU 虚拟化。Intel 公司和 AMD 公司分别推出了各自的硬件辅助虚拟化技术 Intel VT 和 AMD-V。

（2）内存虚拟化

内存虚拟化就是对物理主机的物理内存进行统一管理，使多个虚拟机共享物理内存地址空间，为每个虚拟机提供彼此隔离而又连续的虚拟化内存空间。虚拟化软件层根据每个虚拟机对内存的需求进行合理分配，从虚拟机中看到的内存并不是真正的物理内存，而是经过虚拟化软件层管理的虚拟物理内存。

在内存虚拟化中，包括三种类型的地址：虚拟机逻辑地址、虚拟机物理地址和物理机真正内存地址。三种类型地址之间的关系如图 7-11 所示。虚拟机逻辑地址与物理主机真实地址之间的映射关系通过内存虚拟化管理单元来完成。目前，内存虚拟化的实现方法主要有两种，分别是影子页表法和页表写入法。

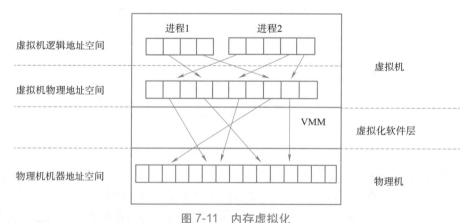

图 7-11　内存虚拟化

（3）I/O 虚拟化

I/O 虚拟化是虚拟化层对物理主机上有限的外设资源进行有效的管理，将其包装为多个虚拟化的设备，提供给多个虚拟机使用，并能及时响应每个虚拟机的输入或输出访问请求。

虚拟化层通过软件的方式模拟真实外围设备，将虚拟机客户操作系统对外围设备的请求转译给物理设备，并将物理设备的运行结果返回给虚拟机。虚拟机不能直接访问物理设备，只能感知虚拟化平台提供的模拟设备，因此虚拟机不会依靠底层的物理设备实现输入输出，有利于虚拟机的迁移。

除了主机虚拟化技术以外，虚拟化技术还包含网络虚拟化、存储虚拟化、桌面虚拟化、软件虚拟化等，学习其他虚拟化技术请查阅相关文献资料。

7.4.2 容器

主机虚拟化在每个虚拟机中都要安装和运行操作系统，消耗了很多计算资源，由此出现了容器技术。在宿主机操作系统上创建容器，每个容器可以看作一台真实的计算机，有自己独立的文件系统、网络和系统设置等。这些容器共享底层操作系统内核和硬件资源，容器内不需要再安装操作系统，性能开销要求比较低。

2010 年，美国 dotCloud 公司推出了基于 Linux 容器（Linux Container，LXC）技术的 PaaS 服务，进而在 LXC 的基础上对容器技术进行了改进，将其命名为 Docker。Docker 是一个基于软件平台的容器引擎，实现了轻量级的操作系统虚拟化解决方案。Docker 不需要虚拟整个操作系统，只需要局部虚拟运行应用程序所需要的环境（如应用程序上下文、类库等），将其打包放置于容器中。Docker 容器的虚拟化模式如图 7-12 所示。

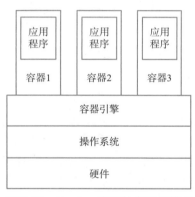

图 7-12 Docker 容器的虚拟化模式

和其他虚拟化技术相比，Docker 容器的优势体现在以下几个方面。

① 使用 Docker 容器的系统开销少。轻量、便捷、开源，适合部署应用程序，同一操作系统上启动多个容器，和宿主机共享操作系统，如同使用物理服务器一样，对宿主机无额外的性能损失。每个容器只加载变化的部分，占用很少的资源。

② 启动 Docker 容器的速度快。传统的虚拟化模式对整个操作系统虚拟化，生成虚拟机占用空间大（大约几十 GB），启动速度慢，备份和迁移都会造成很大的负担；而 Docker 文件很小（一般几百 MB），启动时间为秒（甚至毫秒）级别。随着业务范围的不断扩大，一台主机上可以同时运行数千个 Docker 容器，也就意味着瞬间 Docker 就可以启动多个应用程序。

③ Docker 容器虚拟应用程序的运行环境，能够很好地解决不同应用程序在运行中由于环境差异发生冲突等问题。

Docker 容器显示出了其独特的优势，但是依然存在一些问题。容器的隔离效果比虚拟机差，容器一旦被攻击，会影响到其他容器和宿主机操作系统。因此在安全性需求高的场合（如公有云），使用虚拟机更好一些；而在相对部署比较安全的私有云中，容器更能满足要求。此外，多个容器共享底层操作系统，缺乏灵活性，容器迁移也会受到限制。

7.4.3　分布式系统

分布式系统是云计算中最基本也是最重要的系统架构。所谓分布式，就是使不同物理位置上的独立组件协同完成数据资源的处理和共享，这些组件包括多个 CPU 或者网络中的多台计算机。分布式系统应用于很多领域，如银行联网系统、交通售票系统、区域医疗系统等。

分布式系统其实是分布式软件系统，即支持分布式处理的软件系统，将多个分散于不同地理空间的结点组织起来，通过通信网络互连，协同完成某项任务的系统。分布式系统由分布式操作系统、分布式程序设计语言及其编译（解释）系统、分布式文件系统和分布式数据库系统等组成。

分布式系统按照系统架构可以分为分布式存储和分布式计算。对于大型网站常常需要处理海量数据，通常单台计算机无法满足存储数据的需求，可以通过分布式存储完成海量数据的保存；同样，对于一些需要大规模计算才能完成的应用，如建立索引、页面查询等，如果采用集中式计算，需要耗费大量的时间，有些甚至实现不了，通过分布式计算将应用分解成若干个模块，由网络上多台机器协同完成，极大地节约了时间，提高了计算效率。分布式系统对用户来说是透明的，用户不用关心如何实现数据的分发及计算，也不需要知道数据存储在什么位置，所有这些问题都被封装在类库中，系统提供接口，用户调用即可得到结果。

分布式系统具有如下几个特点。

① 保证关联数据之间的逻辑关系正确，对数据进行操作，始终要维护数据的可用性和完整性。

② 对于用户的请求，服务器要能及时并正确做出响应。

③ 提供高性能，实现负载均衡。分布式存储不存在集中的数据热点，采用大容量分布式缓存；分布式计算在多台计算机上平衡计算负载。

④ 采用集群管理方式，在不同机器、服务器或硬盘上存放多个数据副本，当单个结点故障时，系统仍然能够由其他结点提供正常服务，具有较完善的容错机制，提供高可靠性。

Hadoop 是 Apache 软件基金会旗下的一个开源分布式计算平台，实现了分布式文件系统和部分分布式数据库系统的功能。Hadoop 中的分布式文件系统 HDFS 能够实现在计算机集群组成的云上对数据高效的存储和管理；Hadoop 中的并行编程框架 MapReduce 是一种简化的分布式编程模型，它允许开发人员在不具备并行开发经验的情况下也能开发出分布式并行程序，并将其运行于大规模集群上，在短时间内完成海量数据的计算。有关 Hadoop 的详细内容，将在后续章节中讲解。

7.4.4　负载均衡

负载均衡是云计算资源管理中的关键技术。负载就是用户要在云端完成的任务。平衡用户要完成的任务，合理地分配给云端的多个服务器，协同工作并快速返回处理结果，就是负载均衡要解决的问题。

企业业务量的不断增长使现有的服务器资源跟不上访问的需求，如果投入高额的费用对硬件进行升级，会造成现有资源的严重浪费。负载均衡在原有系统架构基础上，为用户提供了一种廉价、透明且有效的方法，扩展闲置服务器和网络设备的使用，提高网络处理数据能力，增加吞吐量，避免资源浪费或形成系统瓶颈，增强系统的可用性和高效性。

负载不均衡主要体现在以下几方面。

① 同一服务器中的各类资源使用不均衡。由于一些用户在购买服务器时对自身的应用需求没有做出准确的分析，会出现 CPU 利用率低下而内存空间不足等问题。对于需要频繁计算或数据处理的应用，服务器应配置高主频 CPU；对于网络密集型应用，服务器应配置高速网络。

② 对不同应用的资源分配不均衡。用户租用的云端总是包含多个应用，每个应用需要的资源类型和数量都是不同的，要按照应用的实际需求来分配云端资源。

③ 时间段要求不均衡。用户的业务经常存在一定规律的高峰期和低谷期。例如对企业的私有办公云，通常白天的负载高于晚上，晚上的负载高于深夜，工作日的负载高于节假日。这就需要对资源进行动态的调配，保证系统正常工作的前提下提高效率并节约系统开销。

合理的资源管理能有效地均衡负载，实现负载均衡通常采用以下四种方式。

① 软件负载均衡。软件负载均衡是在服务器或虚拟机上安装额外的软件来实现负载均衡。这种方式节约成本、配置简单、操作灵活，能够满足一般的负载均衡需求，适合于中小型企业应用。软件负载均衡的缺点也显而易见，由于需要在服务器上安装并运行附加的软件，会消耗一定的系统资源，尤其是当用户较多的情况下，有时会成为服务器工作的瓶颈。

② 硬件负载均衡。硬件负载均衡是在服务器和外部网络间安装负载均衡器。硬件设备较稳定，具有更高的性能，能够达到更好的负载均衡需求，但是成本也比较昂贵，这种方案一般适合于业务量大的大型企业。

③ 本地负载均衡。本地负载均衡对本地服务器群做负载均衡处理。只需要利用现有的服务器和网络设备资源，采用多种均衡策略，解决数据流量大和网络拥塞的问题。例如通过在多台服务器上安装负载均衡软件合理地分配数据流量。

④ 全局负载均衡。全局负载均衡适合于拥有跨区域服务器站点的大型网站或企业，对分布于不同地区的服务器集群实现负载均衡。根据访问用户的域名或 IP 地址选择距离自己最近的服务器以达到最快的访问速度。

实现负载均衡，要结合用户的需求选择不同的策略，最终目的是要保证用户良好的操作体验。如使每台服务器消耗的计算资源尽可能占比相同；再比如，企业中同一部门的用户工作时使用的应用软件大体相同，登录云端后尽可能分配使用同一服务器。要实现这些策略，需要选择合适的负载均衡算法。

负载均衡算法包括静态负载均衡算法和动态负载均衡算法。静态负载均衡算法不考虑服务器的状态信息，以固定的概率或优先级分配任务，如轮询算法、优先级算法等；动态负载均衡算法以服务器当前的状态信息为依据，选择适当的方法分配任务，如最少连接法、最快响应法等。

7.5　云计算的应用

目前中国的云计算应用正在各行各业和各个领域广泛开展，这里选择部分典型的云计算应用进行介绍。

7.5.1　医疗云

将云计算应用于医疗卫生领域，诞生了"医疗云"。结合现代医疗技术，使用云计算的理念，以全民电子健康档案为基础，构建医疗健康服务云平台，实现医疗信息的共享，提高医疗机构的服务效率，降低服务成本，节省患者的支出。医疗云如图 7-13 所示。

图 7-13　医疗云

建设医疗云的主要作用包括以下几方面。

① 整合医疗卫生信息资源。医疗云将不同医疗机构的信息资源和信息系统进行整合，形成统一的医疗卫生信息平台，并在此基础上提供标准的医疗服务，提升行业的整体医疗服务水平。

② 建立全民电子健康档案。医疗云建立并集中管理所有患者的电子健康档案，其中记录了患者的身体状况和每次就诊情况，为医生了解病人的病史以及最后确诊提供了准确的信息。

③ 合理共享医疗资源。通过医疗云平台收集和共享多家医院的医疗资源，如诊断影像和报告，用于医生的临床诊断，并满足患者的查询要求，同时减少了患者的重复检查开支，减轻患者的经济负担。

④ 统一的健康业务部署。凭借医疗云，可以在人口密集的社区建立各种体检自助终端，也可以建设远程医疗系统，尤其对于偏远山区，通过远程医疗系统能够享受更加优质的医疗服务。

7.5.2　教育云

教育云是云计算技术在教育领域中的应用。将教育信息化所必需的一切软硬件计算资源虚拟化之后，向学校、教师和学生提供一个良好的服务平台。

目前很多学校都开发了各自的私有云教育服务平台，包括在线精品课程、学习资源库、在线交流答疑系统、在线测试系统等。教师能够在线备课，随时向云中上传学习资料；在教学过程中学生通过云终端听课，完成在线练习和测试；课下还可以实现教学内容的回放，按需从云中下载复习资料，并进行在线交流答疑。将云端和云终端通过校园高速光纤联通在一起，完成校园教育云的建设。

这些小型校园私有云只能满足本校师生的教学和学习需要，缺乏扩展性和互通性，校与校之间缺乏资源共享，并且存在重复建设、浪费资源和管理困难的问题。再者，我国各地的教育资源分布不均，需要进行统一部署和管理，将小型私有云建设为区域或者社会教育云，给同类学校乃至全社会提供教育服务。只要拥有云终端设备、能够上网并且具有信息访问权限，无论身处何处，每个人都能够使用优质的教育信息资源，实现教育资源的共享，提高教育资源的利用率和共享率。教育云改变了传统的教育信息化模式，充分发挥了其便捷、通用、开放、安全、绿色等优势。教育云如图 7-14 所示。

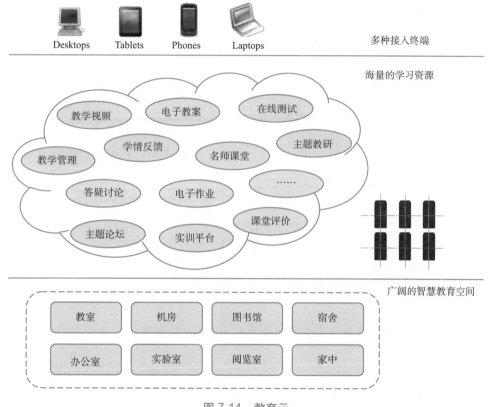

图 7-14 教育云

7.5.3 交通云

交通云是一个信息化、智能化、社会化的交通信息服务平台，交警、汽车厂商、保险公司等部门都可以共享其中的信息，实现国家交通的平稳发展并发挥最大功效。

交通云为每位驾驶员建立个人档案，记录驾驶人的基本情况、驾驶记录以及驾驶员行为习惯等信息；收集每辆机动车的信息，包括车辆基本信息、车辆定位以及保养、维修、车况等相关内容；将驾驶员信息、车辆监控、路况监控等信息集中到云计算平台进行分析和处理，一方面反馈给司机相关结果，如路况提醒、驾驶提醒、保养提醒等，另一方面结合大数据预测车辆故障和事故发生的概率，做到提前预防和避免。

习　题

一、选择题

1. 2006 年 8 月，"云计算"的概念由 _____ 在搜索引擎大会上首次提出。

    A. 亚马逊　　　　　　　　　　　　　B. 微软

    C. IBM　　　　　　　　　　　　　　D. 谷歌

2. 云计算的一大特征是 _____，体现在没有高效的网络就不能为用户提供良好的使用体验。

    A. 按需分配的自助服务　　　　　　　B. 宽泛的网络访问

    C. 资源共享池　　　　　　　　　　　D. 快速弹性

3. 把开发平台或运行环境提供给用户的是 _____。

    A. 基础设施即服务　　　　　　　　　B. 软件即服务

    C. 平台即服务　　　　　　　　　　　D. 管理即服务

4. 云计算是对 _____ 技术的发展与应用。

    A. 分布式计算　　　　　　　　　　　B. 并行计算

    C. 网格计算　　　　　　　　　　　　D. 以上三个选项都对

5. 云计算的服务模式不包括 _____。

    A. IaaS　　　　　　B. Laas　　　　　　C. PaaS　　　　　　D. SaaS

二、填空题

1. 按照云计算的部署方式分类，云计算包括 _____、_____、_____ 和 _____ 四种。

2. 主机虚拟化在系统结构上通常由 _____、_____ 以及 _____ 组成。

3. 主机虚拟化必须完成对三类主要硬件资源的虚拟化，分别是 _____、_____、_____。

4. 分布式系统由 _____、_____、_____ 和 _____ 等组成。

5. 实现负载均衡通常采用四种方式，分别是 _____、_____、_____ 和 _____。

三、问答题

1. 简述云计算的概念。

2. 简述云计算的主要特征和优势。

3. 云计算的三层服务模型是什么？详细阐述每层的特点和功能。

4. 公有云和私有云的主要区别在哪里？

5. 简述虚拟化技术的主要思想。

第8章

>>> 大数据基础与应用

大数据时代，需要转换思维方式，培养大数据思维，运用大数据思维指导工作和生活，不断增强创新实践。本章从大数据的产生背景、发展历程及重要性入手，介绍了大数据的概念、特点以及大数据思维，介绍了大数据从采集、预处理，到存储、分析，再到结果展示的全流程以及对应技术。通过平台架构、使用场景及应用现状揭晓大数据潜在价值。

教学目标：

- 深刻理解大数据的产生背景、发展历程和演化趋势。
- 理解大数据处理流程及通用技术。
- 深入理解大数据关键技术、平台架构和使用场景。
- 了解大数据核心技术和产业应用现状，及大数据潜在价值。

8.1 大数据概述

2020 年 9 月，《大数据标准化白皮书》（2020 版）指出："大数据是新时代最重要的'数字金矿'，是全球数字经济发展的核心动能。"

随着计算机和互联网的广泛使用，人类所产生的数据呈爆炸式增长，我国拥有海量的数据资源和丰富的应用场景，目前已是世界上产生和积累数据体量最大、数据类型最丰富的国家之一，具备大数据发展的先天优势。依托我国庞大的数据资源与用户市场，使得我们对数据的应用正渗透到生活的每个角落。中国企业在大数据的应用驱动创新方面更具优势，大量新应用和服务将层出不穷并迅速普及，我们的生产和生活方式也随之发生巨大改变，中国正以前所未有的速度迎来"大数据"时代。

8.1.1 大数据的概念和特征

大数据（Big Data），从字面意义理解就是巨量数据的集合，此巨量数据来源于海量用户的一次次的行为数据，如企业用户的信息管理系统用户数据，电子商务系统、社交网络、社会媒体、搜索引擎等网络信息系统中所产生的用户数据，新一代物联网中通过传感技术获取外界的物理、化学和生物等数据信息，以及来源于科学实验系统中由真实实验产生的数据和通过模拟方式获取的仿真数据。

事实上，海量数据仅仅是大数据的特性之一，大数据真正的价值体现在数据挖掘的深度和应用的广度。麦肯锡全球研究院在其报告 *Big data: The next frontier for innovation, competition and productivity* 中，将大数据定义为：一种规模大到在获取、存储、管理、分析方面大大超出了传统数据库软件工具能力范围的数据集合。

百度百科对"大数据"的定义为："大数据"，或称巨量资料，指的是所涉及的资料量规模巨大到无法通过目前主流软件工具，在合理时间内达到撷取、管理、处理，并整理成为帮助企业经营决策的资讯。

在大数据时代，任何微小的数据都可能产生不可思议的价值。大数据具有海量的数据规模、快速的数据流转、多样的数据类型和价值密度低四大特征。这四大特征就是被大众广为认可的大数据 4V 特征。

1．Volume（数据规模大）

随着 5G、云计算、大数据、物联网、人工智能等信息技术的快速发展，全球数据量呈几何级增长，根据摩尔定律进行预测，全球数据量每 18 个月就会翻一番。大数据中的数据不再以 GB 或 TB 为单位来衡量，而是以 PB、EB 或 ZB 为计量单位，各数据计量单位可存储信息如表 8-1 所示。

表 8-1　大数据计量描述示例表

英文缩写	英文单位	中文单位	进　率	描述示例
PB	PetaByte	拍字节	1 PB = 2^10 TB	1 PB 相当于全美学术研究图书馆藏书内容的 50%
EB	ExaByte	艾字节	1 EB = 2^20 TB	1 EB 相当于持续约 237 823 年的视频通话信息
ZB	ZettaByte	泽字节	1 ZB = 2^30 TB	1 ZB 相当于 1 千亿人一生所说的话
YB	YottaByte	尧字节	1 YB =2^40 TB	1 YB 相当于 7 000 个人体内的微细胞的总和

从 2010 年始，人类进入"泽字节时代"，全球数据存储总量在那一年首次超过 1 泽字节，达到 1.2 泽字节，到了 2013 年，每 10 分钟的数据信息总量就达到了 1.8 泽字节。1 泽字节数据是什么样的概念呢？一首 3 分钟的音乐，将其以 MP3 格式存储大约是 10 MB，那么 1 ZB 的 MP3 音乐，将播放 8 亿多年。

据 IDC（Internet Data Center，国际数据中心）统计，全球数据量由 2016 年的 16.1 ZB，在 2019 年达到 45 ZB，预计 2025 年将达到 175 ZB。IDC 中国预测，2025 年中国大数据产生量有望增长至 48.6 ZB。如此大规模的数据迫切需要智能的算法、强大的数据处理平台和新的数据处理技术进行统计、分析和预测。

2．Velocity（数据高速性）

大数据的高速性体现在数据增长高速和数据处理高速两方面。

① 数据增长高速性。1 分钟内，新浪可以发送 2 万条微博，苹果商店可以下载 4.7 万次应用，淘宝可以卖出 6 万件商品，百度可以产生 90 万次搜索查询，由此可见，生活中每个人都离不开互联网，也就是说每人每天都在向大数据提供大量的资料。

② 数据处理高速性。这些增长快速的网络数据通常是需要及时进行处理的，由于花费大量资本去存储作用较小的历史数据是非常不划算的，对于一个平台而言，保存的数据或许只有过去几天或者一个月内，再之前的数据就需要及时进行清理，否则就会付出很大的代价。基于此情况，大数据对数据处理速度有非常严格的要求，服务器中大量的资源都用于处理和计算数据，

很多平台都需要做到实时分析，处理速度通常需遵循"1 秒定律"，即对大数据而言，必须要在 1 秒钟内从各种类型的数据中快速获得高价值的信息、形成答案，否则处理结果就是过时和无效的。

大数据的处理要求实时分析而非批量分析，数据的输入、处理与丢弃是立竿见影、即刻见效的，这是区别大数据和传统数据仓库技术、BI（Business Intelligence，商业智能）技术最显著的特征之一。

3. Variety（数据多样性）

数据多样性，主要体现在数据来源广、数据类型多和数据关联性强三方面。

① 数据来源广泛，不仅可以从企业内部系统中采集数据，也可以从社交网络、网上交易平台、各种传感器和智能设备中获取数据。

② 广泛的数据来源，决定了大数据类型的多样性。在传统的关系型数据库中通常获取到结构化数据；各网络平台都会通过对用户的日志数据进行分析，从而进一步推荐用户喜欢的东西，日志数据就属于结构化明显的数据，除此之外还有一些结构化不明显的数据信息，例如图片、音频、视频等，这些数据通常就是半结构化和非结构化的数据信息。据不完全统计，大数据中仅有 10% ~ 20% 的结构化数据，其余 80% 多都是半结构化、非结构化数据。

③ 大数据时代，数据之间交互频繁，例如游客在旅行途中上传的图片和日志，就与游客的位置、行程等信息有了很强的关联性。

4. Value（数据价值特征）

大数据不仅仅是技术，关键是产生价值。低密度、高价值是大数据的价值特征，也是大数据的核心特征。

尽管在现实世界中产生了大量数据，但是其中有价值的数据所占比例很小，挖掘大数据的价值正如大浪淘沙，"千淘万漉虽辛苦，吹尽狂沙始到金"。例如，在视频监控过程中，所采集到的连续视频信息中，有用的数据可能仅有一两秒钟，但是这一两秒钟的视频内容却有着非常重要的作用。

相比于传统的小数据，大数据最大的价值在于通过从大量不相关的各种类型的数据，挖掘出对未来趋势与模式预测分析有价值的数据，并通过机器学习方法、人工智能方法或数据挖掘方法进行深度复杂分析，发现新规律和新知识，并运用于农业、工业、金融、医疗等各个领域，从而最终达到改善社会治理、提高生产效率、推进科学研究的效果。

8.1.2　大数据的发展历程

尽管大数据是当今时代最热门的话题之一，但大数据的起源可以追溯到 20 世纪中期。

1. 大数据的产生背景

随着 20 世纪 40 年代第一台数字电子计算机的出现，数字资源逐渐成为继物质和能源之后的第三大战略资源。20 世纪 60 年代，出现了最早的数据处理系统和数据中心。现代数据中心也是信息系统的中心，是通过网络向企业或者公众提供信息服务，但 20 世纪 60 年代的数据中心还只能靠几台大型主机完成本地数据计算，不仅不能做分布式运算，也无法对外提供服务，是现代数字中心的雏形。

1980 年，美国著名未来学家阿尔文·托夫勒所著的《第三次浪潮》书中首次使用"大数据"

一词，预言"大数据"极有可能是继农业革命和工业革命后的"第三次浪潮"，将成为"第三次浪潮的华彩乐章"。

在 20 世纪 80 年代，微电子技术和集成技术得以不断发展，计算机各类芯片不断小型化，兴起了微型机浪潮，个人计算机得以大规模普及应用。80 年代末期，英国计算机科学家蒂姆·伯纳斯·李设计超文本系统，为之命名为万维网，开始使用互联网在世界范围内实现信息共享。随着网络技术快速发展，越来越多的人开始接触并使用网络，数字资源开始急剧增长。

从结绳计数起，人类就开始产生数据，到 20 世纪 40 年代至 80 年代这一时期被称为信息化浪潮的第一阶段，主要特征为面向单机应用的数字阶段，关系型数据库开始出现，使得数据管理的复杂度大大降低，此时的数据往往伴随着一定的运营活动而产生，并记录在数据库中，数据的产生是被动的，数据体量开始增大，但还未真正成为"大数据"。

2. 大数据的萌芽和传播时期

从 20 世纪 90 年代中期开始，美国提出"信息高速公路"建设计划，互联网开始进入大规模商用阶段，迎来了蓬勃发展的第二次信息化浪潮，即以互联网应用为主要特征的网络化浪潮阶段。互联网快速发展及延伸，加速了数据的流通与汇聚，促使数据资源体量指数式增长。

1997 年，美国 NASA 阿姆斯科研中心的研究员迈克尔·考克斯和大卫·埃尔斯沃斯首次使用"大数据"这一术语来描述 20 世纪 90 年代的挑战：在模拟飞机周围的气流时超级计算机生成了大量的信息，数据集之大，超出了主存储器、本地磁盘，甚至远程磁盘的承载能力。他们称之为"大数据问题"。

1998 年，一篇名为《大数据科学的可视化》的文章在美国《自然》杂志上发表，大数据正式作为一个专用名词出现在公共刊物之中。

2002 年在 911 事件之后，美国政府为阻止恐怖主义已经涉足大规模数据挖掘。

2007—2008 年随着社交网络的激增，技术博客和专业人士为"大数据"注入新的生机。一些政府机构和美国的顶尖计算机科学家也声称："应该深入参与大数据计算的开发和部署工作，因为它将直接有利于许多任务的实现。"

2008 年 9 月，*Nature* 杂志首次出版一期名为"大数据"的封面专刊，科学家们提出"大数据真正重要的是新用途和新见解，而非数据本身"。

从 20 世纪 90 年代到 21 世纪初，这一时期可以看作是大数据的萌芽和传播阶段，从概念的提出到专业人士和媒体的认同及传播，意味着大数据的正式诞生。随着数据挖掘理论和数据库技术的逐步成熟，一批商业智能工具和知识管理技术（如数据仓库、专家系统、知识管理系统等）开始被应用，但"大数据"的概念也仅限于数据量的巨大，并没有更进一步的探索有关数据的收集、处理和存储等问题，因此在长时间里并没有得到实质性的发展，整体发展速度缓慢。

3. 大数据的发展和成熟时期

21 世纪的前十年，互联网行业迎来了飞速发展的时期，非结构化数据大量产生，传统方法难以应对，IT 技术不断推陈出新、带动大数据技术随之快速发展。

2005 年大数据实现重大突破，Hadoop 技术诞生并成为数据分析的主要技术，大数据解决方案逐渐走向成熟。

2007 年，图灵奖得主，关系型数据库鼻祖 Jim Gray 在加州山景城召开的 NRC-CSTB 大会上，发表了名为 *The Fourth Paradigm: Data-Intensive Scientific Discovery* 的演讲，提出"数据密集型

科学"的出现将成为全新的科学研究范式，"数据密集型科学"就是如今的"大数据"。

2009年1月，印度政府对12亿人的指纹、照片和虹膜进行扫描，并为每人分配12位的数字ID号码，建立了世界最大的用于身份识别管理的生物识别数据库。

2009年5月，美国政府建立全球首个可自由获取数据的、用户与政府互动的，提供可供开发人员调用数据的API（Application Programming Interface，应用程序编程接口）开放网络数据共享平台data.gov。这一行动激发了从肯尼亚到英国范围内的各国政府相继推出类似举措，拥有丰富数据的各国政府开始从信息公开走向数据开放，以用户为中心，以公众需求为导向，面向用户提供服务，进一步开放了数据的大门。

2010年肯尼斯•库克尔发表《数据，无所不在的数据》："从经济界到科学界，从政府部门到艺术领域，很多地方都已感受到了这种巨量信息的影响"。2010年，美国信息技术顾问委员会PITAC在《规划数字化未来》报告中，详细叙述了政府工作中对大数据的收集和使用，美国政府已经高度关注大数据的发展。

从21世纪初到2010年的这一阶段，被认为是大数据的发展时期，伴随着互联网的成熟，大数据的概念和特点得到进一步丰富，相关数据处理技术相继出现，各国政府开始意识到数据的价值，大数据开始展现其活力。

4．大数据的爆发与应用时期

2010年以来，智能手机快速普及，各类传感系统应用广泛，RFID（Radio Frequency Identification，射频识别）标签渗透生活，可穿戴设备等智能设备随时随地自动采集数据，移动数据剧增，随之而来的是存储设备性能不断提高、网络带宽持续增长，信息科技的进步为大数据的采集、存储和流通提供了物质基础，大数据已经渗透到人们生活的方方面面。

2011年，IBM公司研制出了沃森超级计算机，以每秒扫描并分析4 TB的数据量打破世界纪录，大数据计算迈向了一个新的高度。紧接着，麦肯锡全球研究院发布《大数据：下一个创新、竞争和生产力的前沿》，详细介绍了大数据在各个领域中的应用情况，以及大数据的技术架构。

2012年维克托•舍恩伯格《大数据时代：生活、工作与思维的大变革》出版，《纽约时报》《自然》《人民日报》等都推出大篇幅对大数据的应用、现状和趋势进行报道，大数据概念风靡全球。

2014年，"大数据"首次写入我国《政府工作报告》；2015年，国务院正式印发《促进大数据发展行动纲要》，明确指出要全力推动大数据发展和应用。

2018年达沃斯世界经济论坛等全球性重要会议都把"大数据"作为重要议题，进行讨论和展望，大数据发展浪潮正在席卷全球。

现阶段，在政策、法规、技术、应用等多重因素推动下，大数据技术开始向商业、科技、医疗、政府、教育、经济、交通、物流及社会的各个领域渗透，大数据迎来全面爆发式增长。

8.1.3 大数据时代的思维变革

大数据已影响到人们生活的方方面面，也必将影响到人们的思维模式。大数据时代，要求人们必须具备计算思维和大数据思维两大思维模式。大数据思维是什么？就是在你的工作和生活中如何去获取数据，如何去分析数据，如何从数据中萃取出有用的价值，如何去应用这些有价值的数据。大数据为我们提供了一种认识现实世界、认识复杂系统的新手段、新思维。那么大数据思维方式与传统思维方式有哪些不同？大数据思维是全样的思维而非抽样的思维，是容错的思维而非精确的思维，是相关的思维而非因果的思维。

1. 全样思维

"大数据"是相对于"小数据"而言的，"全样思维"是相对于"抽样思维"而言的。"大数据"与"小数据"的根本区别在于大数据采用全样思维方式。

在"小数据"时代，人类很难获得大量数据，即便是获得了也可能会历经很长时间，很难对这些数据进行实时的或快速的处理，为了解决这个问题而诞生了"随机采样法"。采样，又称抽样、取样，是从欲研究的全部样品中抽取一部分样品单位。其基本要求是要保证所抽取的样品单位对全部样品具有充分的代表性。抽样的目的是从被抽取样品单位的分析、研究结果来估计和推断全部样品特性，是科学实验、质量检验、社会调查普遍采用的一种经济有效的工作和研究方法。在随机采样中，由于一切都是随机的，它本身就综合了各种因素，又排除了人为因素，所以它的结论也大致满足需求。但抽样也有其自身的缺点：首先抽样是不稳定的，如由于抽取的样本不同，从而导致的结论与实际情况可能差异非常明显；其次，在很多情况下，抽样并不能满足需求，例如为了获得我国的准确人口，从而使党和国家在制定政策、方针时更加符合时代要求，我们基本不会采用抽样，而是采用人口普查。所谓人口普查，就是获得中国所有人的样本，计算中国的精确人口数量。

随着技术的发展，大数据时代就是全样的时代，样本就是数据总体。如被 Ebay 收购的美国 decide.com 网站，可以告诉消费者何时购买某商品最便宜，可以预测商品的价格趋势，帮助人们做购买决策，这家公司背后的驱动力就是"大数据"，他们在全球各大网站搜集数以十亿计的数据，从而使得用户可以购买到便宜的商品，这就是"大数据"催生出的一项全新的产业。再如，在我国进行第7次全国人口普查期间，可以通过电力大数据对入户普查进行辅助服务支撑，电力大数据具有数据量大、准确、实时等特点，通过对居民用户日常用电情况进行数据分析，并对用户进行画像，分析预测居民生活规律，可为普查人员提供空房情况、候鸟人群情况、居民居家情况预测等相关信息，精准锁定居民居家时段，可根据需要调整入户时间，从而提高普查效率、节约普查成本。

2. 容错思维

"容错思维"是相对于"精确思维"而言的。在小数据时代的"抽样思维"中，由于选取的样本数量有限，因此必须确保数据尽可能精确，否则在抽样中的很小的错误，即会导致结论的"失之毫厘谬以千里"。因此，为保证抽样得出的结论相对准确，人们对抽样的数据要求精益求精，容不得半点差错，这是小数据年代的必然要求。但在"大数据"时代，全样的样本数据就是现实世界中所获得的全部数据，一般要比抽样样本数量多得多。而数据本身存在的异常、纰漏、疏忽，甚至错误，正是现实世界的真实反映，因此我们无须对其进行任何数据清洗，其结果恰是最接近客观事实的。

例如，在机器翻译软件的发展过程中，就体现了这种并不追求"精确"的"容错思维"。在最初的翻译软件版本中，翻译软件想要把所有的语法语义规则全部置入软件中，以实现机器的自动翻译，但由于语言极其复杂，而且几乎所有语法规则都有例外，当你想要实现"精确"的内置所有规则和特例时，翻译质量根本无法达到预期效果。Google Translate 转换了策略，不再执着于精确置入所有语言规则，而是让计算机自己去发现、去学习这些规则，学习的对象就是网络中的海量数据资源，它首先将所有馆藏的双语对照书籍置入机器学习语料库，随后将网络中每天出现的大量双语信息进行记录并学习。当计算机在扫描这些资料时，会找出其中翻译结果和原文之间的对应模式，一旦找到这些模式，今后就可以用它来翻译类似的语句了。当计算机数十亿次的重复这个学习过程，就可以得到数十亿计的这种翻译模式，同时也得到了一个非常棒的翻译程序。当然在计算机去学习网络中的数据信息时，是无法保证所有数据都是绝对正确的，因此翻译的精准度也会有所差异，但随着翻译软件的使用用户对其翻译结果进行纠偏，也就取得了更好的学习效果。2005 年，美国国家科学技术研究所举办了一项计算机翻译软件的测试，Google 翻译软件打败 IBM 及其他几个对手，在测试中取得最高分。此后，该团队也在一直改进这种"统计机器翻译"（Statistical Machine Translation），基本思想就是通过对大量平行语料进行统计分析，构建统计翻译模型，进而使用此模型进行翻译。在这个例子中，很好地体现了大数据的"全样思维"以及"容错思维"，正是这样包含错误内容的大数据多样性，才赋予了计算机翻译软件更加智能的翻译效果。

大数据时代要求我们重新审视数据的"精确性"，我们无须也无法彻底消除错误、实现精确，纷繁多样的数据将伴随大数据长期存在，我们只需找出更加简单有效的方法去解决问题。

3. 相关思维

在传统思维中，大家总是相信"因果关系"，而不认可其他关系。因果关系根源于数据抽样理论，因果关系的得出，一般分为如下几个步骤：

① 在某一个抽样样本中，发现了某个规律。

② 在另一个更大的样本中，发现此规律依然成立。

③ 在所有可见样本中进行验证，发现规律依然成立。

④ 得出结论，此规律是一个必然规律，因果关系成立。

但实际上，因果关系是一种非常脆弱的关系，只要存在一个反例，因果关系就失败。例如，17 世纪之前的欧洲人认为天鹅都是白色的。但随着第一只黑天鹅的出现，这个不可动摇的观念崩溃了，整个因果关系也就随之瞬间崩塌。

在大数据年代，我们不追求抽样，而追求全样。当全部数据都加入分析的时候，由于只要有一个反例，因果关系就不成立，因此在大数据时代，因果关系变得几乎不可能。而另一种关系就进入大数据专家的眼里："相关关系"，当一种现象发生或改变时，另一种现象随之发生或改变，这就是相关关系。需要注意的是，因果关系一定是相关关系，但相关关系未必是因果关系。

例如，在美国的零售业有着这样一个传奇故事：沃尔玛将它们的纸尿裤和啤酒并排摆在一起销售，结果纸尿裤和啤酒的销量双双增长！为什么看起来风马牛不相及的两件商品这样搭配，能取得惊人的效果呢？因为沃尔玛很好地运用了大数据技术，成功地发现了"纸尿裤"和"啤酒"之间的相关性！当沃尔玛发现这两件商品存在联系后，再分析其原因，原来，美国的太太们常叮嘱她们的丈夫下班后为小孩买尿布，而丈夫们在买尿布后又随手带回了两瓶啤酒。在这个案例中，啤酒和纸尿裤并不存在逻辑上的因果关系，事实上，我们只需要挖掘出其中的相关性，并做出正确决策，实现销售的增长就可以了。至于这种现象背后的原因，其实是可以被忽略的。尽管探索事物的因果关系是我们人类的本性，但从大数据角度来看，我们只需关注"是什么"，而忽略"为什么"。

8.2 大数据基本技术

大数据的战略意义不在于掌握庞大的数据信息，而在于对这些含有意义的数据进行专业化处理，旨在分析、处理和提取来自极其复杂的大型数据集的信息。而传统的数据处理软件无法进行处理或无法及时进行处理如此复杂的数据信息，因此，"大数据"需要新的技术才能具有更强的决策力、洞察发现力和流程优化能力，才能适应海量的、高增长率和多样化的数据信息。

8.2.1 大数据技术发展历程

1. 技术发展阶段

大数据技术起源于 Google 分别与 2003、2004、2006 年所发表的三篇论文 :《分布式文件系统 GF》《大数据分布式计算框架 MapReduce》《NoSQL 数据库系统 BigTable》，被称为 Google "三驾马车"，奠定了大数据技术发展的基石。

当时大多数公司的关注点仍然聚焦在单机上，思考如何提升单机性能，寻找更贵更好的服务器。而 Google 的思路是部署一个大规模的服务器集群，通过分布式的方式将海量数据存储在这个集群上，然后利用集群上的所有机器进行数据计算。这样，就不需要买很多很贵的服务器，只要把这些普通的机器组织到一起就可是实现海量数据的存储与计算。

受 Google 论文启发，2004 年 7 月，Lucene 开源项目创始人 Doug Cutting 和 Mike Cafarella 在开源网页爬虫项目 Nutch 中实现了类似 GFS 的功能，即后来 HDFS 的前身。2005 年 2 月，Mike Cafarella 在 Nutch 中实现了 MapReduce 的最初版本。到 2006 年 Hadoop 从 Nutch 中分离出来并启动独立项目。Hadoop 的开源推动了后来大数据产业的蓬勃发展，带来了一场深刻的技术革命。

2. 技术突破阶段

随着大数据相关技术不断发展，开源使得大数据生态逐渐形成。由于 MapReduce 编程的烦琐，Facebook 贡献了 Hive，SQL 技术为数据分析、数据挖掘提供巨大帮助。第一个运营 Hadoop 的商业化公司 Cloudera 也在 2008 年成立。

Spark 在 2009 年诞生于 UC Berkeley AMPLab，2010 年实现开源，2013 年贡献到 Apache 基金会。由于内存硬件已经突破成本限制，Spark 在内存内运行程序的运算速度比 Hadoop MapReduce 快 100 倍，并且其运行方式更适合机器学习，Spark 在 2014 年逐渐取代 Mapreduce 受到业界追捧。

3. 技术更新阶段

由于 Spark 和 MapReduce 都专注于离线计算，通常处理时间都需要几十分钟甚至更长时间，为批处理程序，不能满足实时计算的需求。为了解决实时计算的效率问题，包括 Storm、Flink、Spark Streaming 在内的流式计算引擎开始出现，效率倒逼大数据技术不断迭代更新。

8.2.2 大数据处理基本流程

大数据技术所面向的应用领域不同，数据来源也不同，但大数据处理的基本流程是相同的，主要包括数据采集、数据预处理、数据存储、数据处理与分析、数据展示 / 数据可视化、数据应用等环节。通常，一个好的大数据产品要有很大的数据规模、快速的数据处理能力、能进行精确的数据分析与预测、可提供优秀的可视化图表以及简练易懂的结果分析，从而进一步将分析结果应用与社会生活各个领域。大数据处理基本流程如图 8-1 所示。

图 8-1　大数据处理基本流程

8.2.3　大数据通用技术

大数据技术是利用一系列工具和算法对大数据进行处理，以得到有价值的信息的技术。随着大数据领域的广泛应用，大数据处理技术也在不断更新，按照大数据处理流程可将大数据处理技术分为大数据采集技术、预处理技术、存储技术、分析技术及大数据的可视化技术等，其中大数据的存储与分析技术是大数据技术的核心内容。

1．大数据采集技术

大数据处理的第一步就是数据的采集。由于大数据处理的数据来源类型丰富，如 Web 终端用户的操作行为数据、后台服务器的日志记录、数据库中的数据记录以及物联网终端自动采集的数据等。

为了尽可能保证所采集数据的可靠性和高效性，现在的中大型项目通常都采用微服务架构进行分布式部署，所以数据的采集需要在多台服务器上进行，且采集过程不能影响正常业务的开展。基于这种需求，根据数据源的不同，衍生出了 4 种不同的大数据采集技术。

（1）从传统数据库中采集数据

传统企业会使用传统的关系型数据库 MySQL 和 Oracle 等来存储数据。随着大数据时代的到来，Redis、MongoDB 和 HBase 等 NoSQL 数据库也常用于数据的采集。企业通过在采集端部署大量数据库，并在这些数据库之间进行负载均衡和分片，通过数据库采集系统直接与企业业务后台服务器结合，将企业业务后台时刻产生的大量业务数据写入数据库中，完成数据的采集工作。

（2）从系统日志采集数据

系统日志采集主要是收集公司业务平台日常产生的大量日志数据，供离线和在线的大数据分析系统使用。

许多公司的业务平台每天都会产生大量的日志数据。对于这些日志信息，我们可以得到很多有价值的数据，如可根据数据信息来推测和自动生成用户兴趣，主要表现为分析用户查询信息、浏览行为、访问历史和对文档的下载或对历史记录的查看等信息。通过对这些日志信息进行日志采集、分析，挖掘出公司业务平台日志数据中的潜在价值，也可为公司决策和公司后台服务器平台性能评估提供可靠的数据保证。

高可用性、高可靠性、可扩展性是日志收集系统所具有的基本特征。目前常用的开源日志收集系统有 Flume、Scribe 、Logstash、Kibana 等。系统日志采集工具均采用分布式架构，能通过简单的配置完成复杂的数据收集和数据聚合,能够满足每秒数百 MB 的日志数据采集和传输需求。

（3）Web 数据的采集

Web 数据采集是指通过网络爬虫或通过网站平台所提供的公共 API（如 Twitter 和新浪微博 API）等方式从网站上获取数据信息的过程。

网络爬虫是一个自动提取网页的程序。在搜索引擎系统中负责抓取公共可访问的网页、图片、文档等资源，传统爬虫是从一个或若干个初始网页开始，这些网页通常是各大门户网站或官方网站的首页，以这些网页的链接地址作为种子站点的 URL 地址，加入待抓取队列中。在抓取网页的过程中，不断从当前页面上抽取新的 URL 放入队列，指引爬虫深入抓取更多网页，直到满足系统设置的停止条件结束。对于已下载到本地的网页，一方面将其存储到抓取的信息库中，同时将已下载的网页地址放入已抓取队列中避免重复抓取。对于新抓取的网页，在抽取其中所包含的新的 URL 地址的同时，将其与已抓取队列中的 URL 地址比对，若无相同项，则意味着该 URL 对应网页还未被抓取过，将其放入待抓取队列等待下载，直到待抓取队列为空，则该爬虫系统已完成了所有网页的下载工作。网络爬虫系统的基本框架如图 8-2 所示，这样就可将非结构化数据、半结构化数据从网页中提取出来，存储在本地的存储系统中。目前常用的网页爬虫工具有 Apache Nutch、Crawler4j、Scrapy 等。

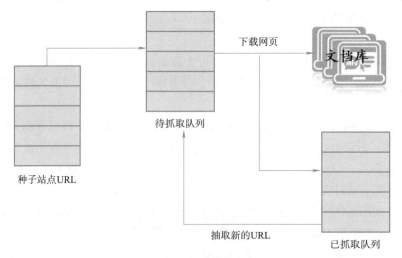

图 8-2　网络爬虫系统的基本框架图

（4）智能感知设备数据采集

智能感知设备数据采集是指通过 RFID、传感器、摄像头和其他智能终端自动采集信号、图片或录像来获取数据的过程。

与人类可以自动感知外界环境的光照、温度、图像等信息不同，智能设备需要借助传感器芯片来收集外界信息，再经过分析处理后才能理解所处的环境，从而进行下一步操作。大数据智能感知系统需要根据所采集数据的不同，对应不同的传感器，设计不同的方案，以实现对结构化、半结构化、非结构化的海量数据的智能化识别、定位、跟踪、接入、传输、信号转换、监控、初步处理和管理等，其关键技术包括针对大数据源的智能识别、感知、适配、传输、接入技术。

2. 大数据预处理技术

在真实世界中，数据通常是不完整的（如在 Web 数据的采集中，用户不愿意填写年龄、工资等敏感信息，造成数据的不完整）、不一致的（在数据库中，不同地方存储和使用的同一数据应当是等价的，但在不同数据库中可能存在代码或者名称的差异，如数据库 A 中，性别用"男""女"表示，数据库 B 中，则分别用 0、1 进行表示等）、极易受到噪声（如由于数据输入错误、数据采集设备故障、数据传输过程出错等原因造成的错误数据或异常数据）侵扰的。在数据采集的过程中，多源、多样的数据源也会影响大数据质量的真实性、完整性、一致性、准确性和安全性，导致所采集数据的质量存在差异，影响到数据的可用性，低质量的数据终将导致低质量的挖掘分析结果，因此数据预处理是目前大数据处理流程中的重要一环。

大数据预处理技术就是完成对已采集数据的辨析、抽取、清洗等操作，目前常用的预处理工具有商业软件 Informatica 和开源软件 Kettle。大数据预处理通常包含数据清洗、数据集成、数据变换、数据规约 4 个部分，如图 8-3 所示。

图 8-3　大数据预处理流程图

① 数据清洗：目的是将数据格式进行标准化，纠正错误数据，清除异常数据，去除重复或无关数据。

对缺失值可通过直接填写可能值填充，也可使用全局变量、属性均值进行填充，还可通过直接忽略该缺失值的方法进行处理；对于噪声数据，可用分箱（对原始数据进行分组，然后对每一组内的数据进行平滑处理）、聚类、计算机人工检查和回归等方法光滑噪声数据；识别或删除离群点（数据集中的某些数据对象，属于正常值，但偏离大多数数据），并通过手工更正数据来解决不一致性问题，从而达到数据清洗的目的。

② 数据集成：将互相关联的分布式异构数据源中的数据结合起来并统一存储，使用户能够以透明的方式访问这些数据源，建立数据仓库的过程实际上就是数据集成。

集成过程要处理的问题包括：实体识别（匹配多个信息源在现实世界中的等价实体）、冗余与相关分析（同一数据在系统中多次重复出现，需要消除数据冗余，针对不同特征或数据间的关系进行相关性分析）及数据冲突和检测。

③ 数据转换：将数据转换成适用于数据挖掘的数据存储形式，使得挖掘过程可能更有效。数据转换包括基于规则或元数据的转换、基于模型与学习的转换等技术，可通过平滑聚集、数据概化、规范化等方式实现。这一过程有利于提高大数据的一致性和可用性。

④ 数据规约：在数据挖掘时，通常根据业务需求所获取的数据量非常庞大，而在海量数据上进行数据分析和数据挖掘的成本极高、时间很长。使用数据规约技术则可以实现数据集的精简 / 规约表示，使得数据集变小的同时仍然接近于保持原数据的完整性，并且能够得到与使用原数据集近乎相同的分析结果。数据规约包括维规约、数量规约和数据压缩等技术，这一过程有利于提高大数据的价值密度，即提高大数据存储的价值性。

3. 大数据存储技术

完成数据预处理后，就可以将采集到的数据进行存储了。大数据存储技术就是指将采集到的海量的复杂结构化、半结构化和非结构化数据存储起来，并进行管理的技术。

对于结构化数据，可以使用传统的关系型数据库 MySQL、Oracle 等，通常用于规范化企业内部的数据管理，它们以表的形式对结构化数据进行存储，结构化数据的特点就是数据以行为单位，一行数据表示一个实体的信息，每一列数据的属性是相同，每个数据项都是不可再分割的，如图 8-4 所示。使用关系数据库存储结构化数据的优点是能够快速存储，并支持随机访问，主要缺点是它难以扩展，性能随着数据库的变大而快速下降。

学号	课程ID	分数	领取时间	提交时间
202006054101	215349216	64.0	2020-11-30 14:50:20	2020-11-30 15:32:51
202006054102	215349216	58.0	2020-11-30 14:52:59	2020-11-30 15:29:21
202006054103	215349216	74.0	2020-11-30 14:50:38	2020-11-30 15:29:37
202006054104	215349216	86.0	2020-11-30 14:50:24	2020-11-30 15:26:28
202006054105	215349216	84.0	2020-11-30 14:50:24	2020-11-30 15:22:41
202006054106	215349216	82.0	2020-11-30 14:50:21	2020-11-30 15:20:13
202006054107	215349216	62.0	2020-11-30 14:50:49	2020-11-30 15:34:38
202006054108	215349216	72.0	2020-11-30 14:51:15	2020-11-30 15:34:45
202006054109	215349216	80.0	2020-11-30 14:50:33	2020-11-30 15:33:42
202006054110	215349216	86.0	2020-11-30 14:50:45	2020-11-30 15:25:55

图 8-4　结构化数据表

NoSQL 数据库的出现，主要面向互联网应用，如 Web 2.0 时代，数据的来源多种多样，数据的结构通常是非结构化数据或半结构化数据，且传统的关系型数据库也不能满足现代数据库每秒处理的事务数量。

非结构化数据是数据结构不规则或不完整，没有预定义的数据模型，不方便用数据库二维逻辑表来表现的数据，包括所有格式的办公文档、文本、图片、图像和音频 / 视频信息等，对于这类数据，我们一般直接整体进行存储，而且一般存储为二进制的数据格式。

半结构化数据则是指处于结构化和非结构化数据之间的数据，比如网页标记数据，XML 数据和 JSON 格式的数据等，图 8-5 为两个 XML 文件示例，在示例中，属性的顺序是不重要的、可以随意更改的，不同的半结构化数据的属性个数也可以是不同的。示例中的 <stu> 标签可以理解为树的根结点，<sID> 和 <cID> 等标签可以看做树的子结点，通过这样的数据格式，可以自由地表达数据信息，也可以用来表达复杂的如"个人简历"类的描述型"元数据"（Metadata）

信息,结构与数据相交融,"元数据"和"一般数据"合二为一,半结构化数据拥有很好的扩展性。

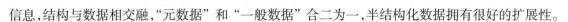

```
2  <stu>
3      <sID>202006054101</sID>
4      <cID>215349216</cID>
5      <score>65</score>
6      <receiveTime>2020-11-30 14:50:20</receiveTime>
7      <submitTime>2020-11-30 15:32:51</submitTime>
8  </stu>
```

```
2  <stu>
3      <cID>215349216</cID>
4      <sID>202006054102</sID>
5      <receiveTime>2020-11-30 14:52:59</receiveTime>
6  </stu>
```

图 8-5　半结构化数据示例

为了满足海量的,结构、非结构、半结构化数据信息的存储,Google 公司开发了 GFS、MapReduce、BigTable 为代表的一系列大数据存储技术,同时涌现出了以 Hadoop 为代表的一系列开源的分布式文件系统 HDFS、HBase、MongoDB 等。NoSQL 数据库系统,能够支持多结构化数据的存储,并可以通过在集群中增加机器的方法进行横向扩展,有效解决了 SQL 数据库系统的可扩展性问题。

尽管 NoSQL 能够解决大数据海量存储的问题,但它不能够像传统的 SQL 那样进行高性能的随机读写数据。为了将 SQL 的高性能和 NoSQL 的可扩展性相结合,诞生了 NewSQL 数据库系统,如 Google Spanner、VoltDB、Clustrix、NuoDB 等。

4. 大数据分析算法与技术

大数据分析是大数据处理流程中最重要的环节,它通过特定的模型(如分布式并行编程模型)和计算框架,结合机器学习和数据挖掘算法,进行分类、关联、预测、相关性分组或关联规则、聚类等,来对海量数据进行分析处理,找出隐藏在大数据内部的、具有价值的规律。

大数据分析的理论核心就是数据挖掘算法,数据挖掘领域的十大经典算法有:C4.5 算法、k-Means 算法、支持向量机 SVM 算法、Apriori 算法、最大期望 EM 算法、PageRank 算法、AdaBoost 算法、kNN 算法、Naive Bayes 算法和 CART 分类与回归树算法。而大数据分析的数据处理技术目前需要解决的问题有以下 2 点。

① 对结构化、半结构化数据进行高效率的深度分析,从而挖掘隐形知识的方法,例如在前面"纸尿裤和啤酒"的故事中,就是运用数据分析技术对商品购物车数据进行分析和挖掘,从而发现的商品与商品间的关联关系,帮助管理者制定有效的营销策略。这类数据分析的业务场景主要针对业务所产生的历史数据,而非实时在线数据,计算需要花费的时间大概是几十分钟甚至更长的时间,然后得到所需的结果,所以这类计算被称为大数据"离线计算",或被称为针对静态数据的"批处理计算"。常用的"批处理"计算框架有 Hadoop MapReduce、Spark、Flink 等。

② 对非结构化数据如语音、图像和视频数据进行分析,转化为机器可识别的、具有明确语义的信息,进而从中提取有用的知识,如从遍布城市的监控摄像头所拍摄的大量视频监控数据中进行人脸识别,实时挖掘出极少数的有用信息,进行安全报警或和嫌犯追踪。在这一类应用场景中,通常需要对运动中实时产生的大量数据进行即时计算,即在接收数据的同时就对其进行处理,所以这类计算被称为大数据的"实时计算"或"流计算"。常用的计算框架有 Storm、Spark Streaming、Flink Streaming 等。

大数据计算模式的"批处理计算"和"流处理计算"各有其适用的业务场景:时间不敏

感或者硬件资源有限的可采用"批处理";对及时性要求高、时间敏感的就可以采用"流处理"。在典型的大数据业务场景下，数据业务最通用的做法是，采用"批处理计算"处理历史全量数据，采用"流式计算"处理实时新增数据。而像 Flink 这样的计算引擎，可以同时支持"流式计算"和"批处理计算"。另外，随着服务器硬件的价格越来越低和大家对及时性的要求越来越高，"流处理计算"的应用也越来越普遍，如其在股票价格预测和电商运营数据分析中的应用等。

除了以上计算框架外，常用的查询分析框架还有 Hive 、Spark SQL 、Flink SQL、Pig、Phoenix 等，这些框架能够使用标准的 SQL 或者类 SQL 语法灵活地进行数据的查询分析。在实际的大数据处理流程中，为了解决数据处理中的各种复杂问题而衍生出了很多不同的计算框架，如 Ambari、Cloudera Manager 等集群管理工具，保证集群高可用的 ZooKeeper、Hadoop YARN 等，工作流调度框架 Azkaban、Oozie 等，还有一些常用框架如 Kafka、Sqoop 等。

5. 大数据展示 / 可视化

大数据处理流程中用户最关心的是数据处理的结果，正确的数据处理结果只有通过合适的展示方式才能被终端用户正确理解，因此数据处理结果的展示非常重要。大数据时代，信息产生的速度已经远远高于人们接收信息的速度，而人类从外界获得的信息有 80% 以上来自于视觉系统，因此以可视化方式直观地展示数据分析结果时，可以使分析者更容易洞悉数据背后隐藏的信息，提高数据洞察力。数据可视化技术就是进行数据展示的解药良方。

大数据的可视化技术是利用计算机图形学和图像处理技术，将数据转换成图形或图像在屏幕上显示出来，并可以进行人机交互处理的一套理论、方法和技术。数据可视化技术可以映射为编码和解码两个过程：编码是将数据映射为可视化的图元结构，如图元的形状、颜色、布局等；解码则是人类利用自身的视觉系统对可视化元素的结项，包括感知和认知两部分。其中，可视化编码是数据可视化的核心过程，在可视化编码过程中需要注意效率和准确性，效率指的是可让用户能够瞬间感知到大量的信息，准确性则是指用户在解码过程中是否可以获得原始数据的真实信息。目前常用的可视化工具有 Echarts、Tableau 和 D3。常见的数据可视化研究包括文本可视化、网络关系可视化等。

① 文本可视化 ：文本信息是传递信息最常用的载体，也是大数据时代非结构化数据类型的典型代表，如互联网中大部分的信息内容都是文本类型的，人们日常工作和生活中接触最多的电子文档也是文本类型的。对于一篇文章，文本可视化可以快速呈现文章主要内容，对于一系列文档，文本可视化可快速呈现它们之间的联系。文本可视化可以对社交网络上的发言进行信息归类、情感分析 ；可以可视化地呈现网络新闻中事情发展的脉络、每个人物的关系等。如"标签云"就是一个典型的文本可视化技术应用，可将关键词根据词频或其他规则进行排序，然后可以根据关键词的重要程度用不同的颜色、大小或字体来表现，图 8-6 为一个标签云示例，目前有很多简单的标签云生成工具，可帮助用户一键生成标签云，如 Wordle、ImageChef、Wordart 等。

文本可视化技术综合了文本分析、数据挖掘、数据可视化、计算机图形学、人机交互、认知科学等学科的理论和方法。目的是将文本中蕴含的语义特征、结构和内在的规律等信息直观、有效地展示出来，如对词频与重要度的展示、对文本逻辑结构的展示、主题聚类展示和动态演化规律的展示等，图 8-7 展示了文本可视化的处理流程，其中，文本预处理是指无效数据过滤、有效词提取等，特征抽取是指提取文本关键词、词频分布、实体信息、主题等，特征度量是指对多环境、多数据源中所抽取的文本特征进行如相似性、文本聚类等的深层分析。

图 8-6 标签云示例

图 8-7 文本可视化的处理流程

② 网络关系可视化：网络关系是大数据中最常见的关系，如社交网络、邮件网络、电话网络等，网络数据并不具有自顶向下或自底向上的明显层次关系，它表达的关系更加自由和复杂。网络关系可视化的主要内容就是基于网络结点和连接的拓扑关系进行直观的展示。大数据时代，对于具有海量结点和连接的大规模网络，如何在有限的屏幕空间进行可视化是研究的重难点所在。除了展示静态的网络关系外，大数据相关的网络还往往具有动态演化性，因此，对动态网络关系的可视化也是至关重要的环节。Gephi、Prefuse toolkit、Tulip 就是目前常见的一些网络关系可视化软件。

8.3 非关系型 NoSQL 数据库简介

NoSQL（Not only SQL）泛指非关系型数据库，大数据时代，面对快速增长的数据规模和日渐复杂的数据模型，关系型数据库系统已无法应对很多数据库处理任务，因此 NoSQL 凭借易扩展、大数据量和高性能及灵活的数据模型在数据库领域获得了广泛的应用。

8.3.1 NoSQL 数据库分类

近年来，NoSQL 数据库发展迅速，目前已经产生了上百种 NoSQL 数据库系统。典型的 NoSQL 数据库包括键值（Key-Value）存储数据库、列式/列族（Wide Column Store / Column-Family）存储数据库、文档（Document-Oriented）存储数据库和图形（Graph-Oriented）存储数据库等。

1. 键值（Key-Value）存储数据库

键值存储数据库，使用简单的键值方法来存储数据。键值数据库将数据存储为键值对集合，其中 Key 作为唯一标识符，根据 Key，可以对 Value 进行相应的查询、更新、删除等操作。如要在数据库中存储用户信息，包含姓名、年龄、爱好等信息，可以使用以下两种 Key-Value 的解决方案实现。

① 将用户 ID 作为查找 Key，其他信息封装成一个对象，以序列化的方式存储，如图 8-8 所示。

Key	Value
s0001	{'姓名':'张三'，'年龄':18,'爱好':['读书','画画']}
s0002	{'姓名':'李四'，'年龄':30,'爱好':'游泳'}
s0003	{'姓名':'王五'，'年龄':60,'爱好':['旅游','美食']}

图 8-8　Key-Value 存储方案示例 1

② 把用户信息中的所有成员都存成单个的 Key-Value，把用户 ID 和属性名称作为唯一标识 Key 来对应查找属性值 Value，如图 8-14 所示。

Key		Value
ID	属性名	属性值
s0001	姓名	"张三"
s0002	姓名	"李四"
s0003	姓名	"王五"
s0001	年龄	18
s0002	年龄	30
s0003	年龄	60
s0001	爱好	['读书','画画']
s0002	爱好	"游泳"
s0003	爱好	['旅游','美食']

图 8-9　Key-Value 存储方案示例 2

从 API 的角度来看，Key-Value 数据库是最简单的 NoSQL 数据库。客户端可以根据 Key 查询、更新 Key 所对应的 Value，或从数据库中删除该键值对。但客户端不能根据 Value 进行查询等操作，Value 只是数据库存储的一块数据而已，它并不关心也无须知道其中的内容，应用程序负责理解所存数据的含义。由于键值数据库总是通过主键（Primary Key）访问，所以它们在进行大量写操作时性能较高，且扩展性、灵活性都较好，但也由于只能推过主键访问，导致对于条件查询效率较低。

Key-Value 数据库主要用于处理大量数据的高访问负载。典型应用有：内容缓存，如会话、配置文件、参数、购物车等。例如，一个 Web 应用程序（面向会话的应用程序）在用户登录时将启动会话，并保持活动状态直到用户注销或会话超时。在此期间，应用程序将所有与会话相关的数据存储在主内存或数据库中。会话数据可能包括用户资料信息、消息、个性化数据和主题、建议、有针对性的促销和折扣。每个用户会话具有唯一的标识符，除了主键之外，任何其他键都无法查询会话数据，因此 Key-Value 键值存储数据库非常适合于存储会话数据。一般来说，键值数据库所提供的每页开销可能比关系数据库要小。典型的 Key-Value 数据库有 Redis、

BerkeleyDB、Voldmort 等。

2. 列式 / 列族（Wide Column Store / Column-Family）存储数据库

列式 / 列族存储数据库起源于 Google 的 BigTable，其数据模型可以看作是一个每行列数可变的数据表，其最大特点就是方便存储结构化和半结构数据，更容易对数据进行压缩。

列式存储数据库主要解决的是数据查询问题。我们知道，平时的查询大部分都是条件查询，通常是返回某些字段（列）的数据。列式数据库可以分别存储每个列，从而在列数较少的情况下更快速地进行扫描。图 8-15 就是一个简单的列式存储数据库模型，布局看起来和行式数据库很相似。但在"行式数据库"中查询时，数据读取时通常将一行数据的每一列都完全读出，如果只需要其中几列数据的情况，就会存在冗余列，如在"用户（姓名，年龄，爱好）"的数据表中查询"年龄为 30"的用户，数据库将会从上到下和从左到右扫描表，最终返回年龄为 30 的列表。出于缩短处理时间的考量，行式数据库中消除冗余列的过程通常是在内存中进行的。而在图 8-10 的列式存储中，则可以更快速地扫描到要查询的数据，不存在冗余的问题。 通过这种存储方式的调整，使得查询性能得到极大的提升。

姓名	ROWID
张三	1
李四	2
王五	3
赵六	4

年龄	ROWID
18	1
30	2
60	3

爱好	ROWID
读书	1
画画	1,4
游泳	2
篮球	4
美食	3,4
旅游	3,4

图 8-10　列式存储数据库模型

另外，列式数据库将数据映射到行号，采用这种方式使得计数变得更容易，如可以快速查询并统计出某个项目的爱好人数，并且每个表都只有一种数据类型，所以单独存储列也有利于优化压缩。

在列式存储数据库中，也可以将多个列聚合成一个列族（Column Family），键仍然存在，但指向了一个列族（多个列），如图 8-11 所示的示例模型。

RowKey	列族		列族			
	UserInfo		ContactInfo			
	Name	Age	phone	Wechat	QQ	Email
1	张三	18	111111	zs	1234	
2	李四	30	222222	ls		
3	王五		333333			ww@123.com

图 8-11　列族存储数据库模型

列式数据库能够在其他列不受影响的情况下，轻松添加一列，可扩展性强，更容易进行行分布式扩展，适用于分布式的文件系统。但是如果要添加一条记录时就需要访问所有表，所以行式数据库要比列式数据库更适合联机事务处理过程（OLTP),因为 OLTP 要频繁地进"行记录"的添加或修改。列式数据库的典型应用场景有日志存储、分布式文件系统(对象存储)、推荐画像、时空数据等。常用列数存储数据库代表有 Cassandra、HBase 等。

3. 文档（Document-Oriented）存储数据库

文档数据库是通过键来定位一个文档的，所以是键值数据库的一种升级版，允许之间嵌套键值。在文档数据库中，文档是数据库的最小单位。文档数据库可以指定某个文档结构，如

JSON 类半结构的文档以特定的格式进行存储。一个文档可以包含复杂的数据结构，并且不需要采用特定的数据模式，每个文档可以具有完全不同的结构。

文档数据库是按照日常文档的存储来设计的，并且允许对这些数据进行复杂的查询和计算。尽管每一种文档数据库的部署各有不同，但是大都假定文档以某种标准化格式进行封装，并对数据进行加密。文档格式包括 XML、JSON 和 BSON 等，也可以使用二进制格式，如 PDF、Office 文档等。

文档数据库既可以根据键来构建索引，也可以基于文档内容来构建索引。基于文档内容的索引和查询能力是文档数据库不同于键值数据库的主要方面，因为在键值数据库中，值对数据库是透明不可见的，不能基于值构建索引。

文档数据库主要用于存储和检索文档数据，它将整个文档存储为单个实体，这样就降低了用户对文章数据的认知负担。文档存储数据库的优点就是：对数据结构要求不严格，表结构可变，不需要像关系型数据库一样预先定义表结构。缺点是：查询性能不高，缺乏统一的查询语法，适用于日志、Web 应用等的存储。常用文档存储数据库有 MongoDB、CouchDB 等。`

4．图形（Graph-Oriented）存储数据库

图形数据库是一种存储图形关系的数据库，以图论为基础，用图来表示存储实体之间的关系信息。图形数据库使用图作为数据模型来存储数据，以顶点和边存储实体及实体间的关系，是 NoSQL 数据库类型中最复杂的一个。

图形数据库适用于高度互联的数据，可以高效地处理实体间的关系，如使用图形数据库存储社会网络中人与人之间的关系。关系型数据库用于存储"关系型"数据的效果并不好，其查询复杂、缓慢、超出预期，而图形数据库的独特设计恰恰弥补了这个缺陷，尤其适合于社交网络、依赖分析、模式识别、推荐系统、路径寻找、科学论文引用，以及资本资产集群等场景。

图形数据库种类繁多，如 Neo4J、ArangoDB、OrientDB、FlockDB、GraphDB、InfiniteGraph、Titan 和 Cayley 等。

8.3.2　NoSQL 数据库特点

NoSQL 数据库种类繁多，但是它们都有一个共同的特点，就是它们都去掉了关系数据库的关系型特性。

① 易扩展：NoSQL 数据之间无关系，能够透明地利用新结点将数据库分布在多台主机上进行横向扩展。

② 大数据量和高性能：NoSQL 数据库都是使用键值对进行存储的，数据库结构简单，具有非常高的读写性能，尤其在大数据量下，同样表现优秀。

③ 灵活的数据模型：NoSQL 在数据模型约束方面更加宽松，无须事先为要存储的数据建立字段，随时可以存储自定义的数据格式。对于大型的生产性的关系型数据库来讲，变更数据模型非常困难，即使只对数据模型做很小的改动，就需要停机或降低服务水平。而 NoSQL 数据库可以让应用程序在一个数据元素里存储任何结构化、或半结构化、非结构化的数据。

④ 高可用性：NoSQL 可以方便地实现高可用的架构，如 Cassandra、HBase 模型，通过复制模型也能实现高可用。

8.3.3 典型 NoSQL 数据库介绍

1. HBase 数据库

HBase（Hadoop Database），是分布式、面向列的开源数据库（HBase 中使用 Column Family 列族）。HBase 是 Google Bigtable 的开源实现，它利用 Hadoop HDFS 为其提供可靠的底层数据存储服务，利用 MapReduce 为其提供高性能的计算能力，利用 Zookeeper 为其提供稳定服务和容错机制，此外，Pig 和 Hive 还为其提供了高层语言支持，使得在 HBase 上进行数据统计处理变得非常简单。因此，我们说 Hbase 是一个通过大量廉价的机器解决海量数据的高速存储和读取的分布式数据库解决方案。Sqoop 为 HBase 提供了方便的 RDBMS 数据导入功能，使得传统数据库数据向 Hbase 中迁移变得非常方便，但 HBase 缺少很多 RDBMS 系统的特性，如列类型、辅助索引、触发器和高级查询语言等。

（1）HBase 数据模型

HBase 是使用"列族"进行存储数据的，如图 8-16 所示模型，也使用 Key-Value 进行存储。HBase 的 Key 是由"RowKey + 列族名 + 列标识 + 时间戳 + 类型"组成的。当数据写入 HBase 时都会被记录一个时间戳，当我们修改或者删除某一条记录时，本质上是向 HBase 中增加一条加了新的时间戳的数据而已，如图 8-12 所示，当读取数据的时候，按照最新的时间戳进行读取就可以了。如果在增加新数据时，同时设置"类型"为"Delete"，就表示删除了该数据。

RowKey	列族	列标识	值	时间戳
1	UserInfo	Age	18	1614499099
1	UserInfo	Age	20	1614411009

图 8-12　HBase 修改数据示例

（2）HBase 应用

HBase 适合存储 PB 级别的海量数据，在 PB 级别的数据以及采用廉价 PC 存储的情况下，能在几十到百毫秒内返回数据。HBase 适用于长久保存海量订单流水数据、交易记录以及数据库历史数据。

2. MongoDB 数据库

MongoDB 是一个基于分布式文件存储的数据库。由 C++ 语言编写，旨在为 Web 应用提供可扩展的高性能数据存储解决方案。

（1）MongoDB 数据模型

MongoDB 是一个介于关系数据库和非关系数据库之间的产品，是非关系数据库当中功能最丰富、最像关系数据库的，尽管其存储方式和处理方式与 SQL 是不同的，但有些概念是与 SQL 相一致的。将 MongoDB 和 SQL 数据库的概念对照起来理解，会更容易。MongoDB 是一个面向文档存储的数据库，一个 MongoDB 的实例（进程）中可以包含多个数据库，一个数据库中可以包含多个 Collection 集合，一个集合可以包含多个 Document 文档，每个 Document 又可以包含一组 field 字段，每一个字段都是一个 Key-Value 键值对。其中，MongoDB 的 Document 文档就对应 SQL 中的一行，MongoDB 的 Collection 就对应 SQL 中的一张表，其对照如表 8-2 所示。

表 8-2　MongoDB 与 SQL 术语对照表

MongoDB 术语	SQL 术语
Field 字段	Column 列 / 字段 / 域
Document 文档	Row 行 / 元组
Collection 集合	Table 表 / 关系
Database 数据库	Database 数据库

MongoDB 支持的数据结构非常松散，是类似 JSON 的 BSON 格式，因此可以存储比较复杂的数据类型。MongoDB 最大的特点是它支持的查询语言非常强大，其语法有点类似于面向对象的查询语言，几乎可以实现类似关系数据库单表查询的绝大部分功能，而且还支持对数据建立索引。

（2）MongoDB 应用

MongoDB 的应用已经渗透到各个领域，比如游戏、物流、电商、内容管理、社交、物联网、视频直播等。MongoDB 适合的应用场景如下。

① 网站实时数据处理：如使用 MongoDB 存储订单信息，订单状态在运送过程中会不断更新，以 MongoDB 内嵌数组的形式来存储，一次查询就能将订单所有的变更读取出来。

② 缓存：由于 MongoDB 的高性能，适合作为信息基础设施的缓存层，在系统重启之后，由它搭建的持久化缓存层可以避免下层的数据源过载。

③ 高伸缩性场景：非常适合由数十或数百台服务器组成的数据库。

MongoDB 不适合要求高度事务性的系统，传统的商业智能应用以及复杂的跨文档（表）级联查询。

3. Redis 数据库

Redis（Remote Dictionary Server，远程字典服务），是一个开源的、基于内存的分布式键值对存储数据库，并提供多种语言的 API。

Redis 又被称为数据结构服务器，它支持存储的 Value 类型非常丰富，不仅仅支持 Key-Value 类型数据，还支持字符串、列表、集合、有序集合以及哈希等类型。这些数据类型都支持 push、pop，add、remove 等操作，也支持交、并、差的运算，而且 Redis 所有操作均是原子性的，即要么成功执行，要么失败则完全不执行。

Redis 整个数据库统统加载在内存当中进行操作，性能极高，可以 110 000 次 /s 速度读入数据，81 000 次 /s 速度写入，是已知性能最快的 Key-Value 数据库。为了保证效率，数据缓存在内存中，周期性地把更新的数据持久化写入磁盘或者把修改操作写入追加的记录文件。

Redis 的主要缺点是数据库容量受到物理内存的限制，不能用作海量数据的高性能读写，因此 Redis 适合的场景主要局限在较小数据量的高性能操作和运算上。由于 Redis 提供持久化，因此适合用作会话缓存，如可将用户购物车信息周期性持久化；由于 Redis 提供 list 和 set 操作，这使得 Redis 能作为一个很好的消息队列平台使用；大型互联网公司会使用 Redis 作为缓存存储数据，提升页面相应速度，即使重启了 Redis 实例，因为有磁盘的持久化，用户也不会看到页面加载速度的下降。

4．Neo4j 数据库

Neo4j 是一个世界领先的高性能图形数据库，以结点（顶点）、关系（边）和属性的形式存储应用程序的数据，每个结点和关系都可以由一个或多个属性。它是一个嵌入式的、基于磁盘的、具备完全的事务特性的 Java 持久化引擎，具有企业级数据库的所有优点。Neo4j 因其嵌入式、高性能、轻量级等优势，越来越受到关注，其查询语言 cypher 已经成为事实上的标准。

Neo4j 提供了大规模可扩展性，在一台机器上可以处理数十亿结点 / 关系 / 属性的图，可以扩展到多台机器并行运行。相对于 RDBMS 来说，图数据库善于处理大量复杂、互连接、低结构化的数据，这些数据变化迅速，需要频繁的查询——在关系数据库中，这些查询会导致大量的表连接，因此会产生性能上的问题。Neo4j 重点解决了拥有大量连接的传统 RDBMS 在查询时出现的性能衰退问题。通过围绕图进行数据建模，Neo4j 会以相同的速度遍历结点与边，其遍历速度与构成图的数据量没有任何关系。此外，Neo4j 还提供了非常快的图算法、推荐系统和 OLAP 风格的分析，而这一切在目前的 RDBMS 系统中都是无法实现的。

主要应用场景：适用于图形一类数据。这是 Neo4j 与其他 NoSQL 数据库最显著的区别。例如，应用于社交媒体和社交网络图、推荐引擎和产品推荐系统、欺诈检测和分析解决方案、知识图谱等。

8.4　大数据应用

大数据价值创造的关键在于大数据的应用。大数据技术的出现，让我们可以更快地找到自己喜欢的商品；可以更贴切地掌握行业、城市、国家的运行规律，帮助我们优化管理；可以更完善地掌握自然运行规律，提前预防自然灾害的发生。

目前，大数据最令人瞩目的应用领域是健康医疗、城镇化智慧城市、金融、互联网电子商务及制造业工业大数据。在电子商务行业，借助于大数据技术分析客户行为，进行商品个性化推荐和有针对性的广告投放；在制造业，大数据为企业带来极具时效性的预测和分析能力，从而大大提高制造业的生产效率；在金融行业，利用大数据可以预测投资市场，降低信贷风险；利用大数据、物联网和人工智能技术可以实现无人驾驶汽车；物流行业，利用大数据优化物流网络，提高物流效率，降低物流成本；城市管理，利用大数据实现智慧城市；政府部门，将大数据应用到公共决策中，提高科学决策的能力。

8.4.1　大数据构建商业智能

《中国企业家》的"大数据专题"为我们带来了详实的大数据案例报道，极具参考价值，摘录如下。

2011 年 6 月，SAP 和农夫山泉开始共同开发基于"饮用水"这个产业形态中，运输环境的数据场景。农夫山泉在全国有十多个水源地。农夫山泉把水灌装、配送、上架，一瓶超市售价 2 元的 550 ml 饮用水，其中 3 角钱花在了运输上。如何根据不同的变量因素来控制自己的物流成本，成为问题的核心。

基于上述场景，SAP 团队和农夫山泉团队开始了场景开发，他们将很多数据纳入了进来：高速公路的收费、道路等级、天气、配送中心辐射半径、季节性变化、不同市场的售价、不同渠道的费用、各地的人力成本、甚至突发性的需求（比如某城市召开一次大型运动会）。

在没有数据实时支撑时，农夫山泉在物流领域花了很多冤枉钱。比如某个小品相的产品（350 ml 饮用水），在某个城市的销量预测不到位时，公司以往通常的做法是通过大区间的调运来弥补终端货源的不足。"华北往华南运，运到半道的时候，发现华东实际有富余，从华东调运更便宜。但很快发现对华南的预测有偏差，华北短缺更为严重，华东开始往华北运。此时如果太湖突发一次污染事件，很可能华东又出现短缺。"

这种没头苍蝇的状况让农夫山泉头疼不已。在采购、仓储、配送这条线上，农夫山泉特别希望大数据解决三个顽症：首先是解决生产和销售的不平衡，准确获知该产多少，送多少；其次，让 400 家办事处、30 个配送中心能够纳入到体系中来，形成一个动态网状结构，而非简单的树状结构；最后，让退货、残次等问题与生产基地能够实时连接起来。

但是以当时的计算能力，在日常运营中，产生的销售、市场费用、物流、生产、财务等数据，从抽取到展现的过程长达 24 小时，也就是说，在 24 小时后，物流、资金流和信息流才能汇聚到一起，彼此关联形成一份有价值的统计报告。因此决策者们只能依靠数据来验证以往的决策是否正确，或者对已出现的问题做出纠正，仍旧无法预测未来。

在采用新的数据平台后，同等数据量的计算速度从过去的 24 小时缩短到了 0.67 秒，几乎可以做到实时计算结果，这让很多不可能的事情变为了可能。

有了强大的数据分析能力做支持后，农夫山泉近年以 30% ~ 40% 的年增长率增长。根据国家统计局公布的数据，饮用水领域的市场份额，农夫山泉、康师傅、娃哈哈、可口可乐的冰露，分别为 34.8%、16.1%、14.3%、4.7%，农夫山泉几乎是另外三家之和。

从 2008 年开始，农夫山泉的业务员每天都要在一个销售点拍摄 10 张照片：水怎么摆放、位置有什么变化、高度如何……这样的点每个业务员一天要跑 15 个，按照规定，下班之前150 张照片就被传回了杭州总部。每个业务员，每天会产生的数据量在 10 MB 左右，并不是很大。但农夫山泉全国有 10 000 个业务员，这样每天的数据就是 100 GB，每月为 3 TB。

对于公司的 CIO 胡健来说，下一步他希望那些业务员搜集来的图像、视频资料可以被利用起来。他想知道的问题包括：怎样摆放水堆更能促进销售？什么年龄的消费者在水堆前停留更久，他们一次购买的量多大？气温的变化让购买行为发生了哪些改变？竞争对手的新包装对销售产生了怎样的影响？

"图片"属于典型的非关系型数据。要系统地对非关系型数据进行分析是农夫山泉在"大数据时代"必须迈出的步骤。如果超市、金融公司与农夫山泉有某种渠道来分享信息，如果类似图像、视频和音频资料可以系统分析，如果人的位置有更多的方式可以被监测到，那么这就是一幅基于人消费行为的画卷，而描绘画卷的是一组组复杂的"0、1、1、0"。

8.4.2　大数据在医疗卫生领域的应用

医疗健康行业目前面临着巨大的挑战，其中，最主要的挑战包括：急剧升高的医疗支出、人口老龄化带来的慢性疾病问题、医疗人员短缺、医疗欺诈等。

1. 助力公共卫生检测

2009 年，Google 比美国疾病控制与预防中心提前 1~ 2 周预测到了甲型 H1N1 流感爆发，此事件震惊了医学界和计算机领域的科学家，Google 的研究报告发表在 *Nature* 杂志上。Google 正是借助大数据技术从用户的相关搜索中预测到流感爆发。随后百度公司也上线了"百度疾病预测"，借助用户搜索预测疾病爆发。借助大数据预测流感爆发分为主动收集和被动收集，被动收集利用用户周期提交的数据分析流感的当前状况和趋势,而主动收集则是利用用户在微博的推文、搜索引擎的记录进行分析预测。

2020 年 1 月 30 日,WHO 宣布将新型冠状病毒肺炎疫情列为国际关注的突发公共卫生事件。在疾病传播中,长时间与病原体接触会增加感染的概率,因此追踪人口接触信息以及人口位置信息将有助于了解流行病的行为。疫情大数据人员追踪系统是基于物联网平台进行数据采集,通过互联网或内网的方式推送到数据中心进行统一处置和分析,并通过 GIS 系统和图表大数据的方式进行展示,科学地掌握疫情的发展及分布情况。

随着复产复工,各地疫情防控出现识别难、准入难等问题。浙江在全国率先运用大数据研判,推出"健康码",以红、黄、绿三色二维码动态显示个人疫情风险等级。显示"绿码"者可直接通行,显示"黄码"和"红码"者需接受相应隔离措施。重庆、河南、湖北、云南等地相继推出"健康码",多省份疫情防控健康码已实现跨省互认。"健康码"以真实数据为基础,由市民或返工人员自行网上申报,经后台审核后,生成二维码,可作为出入通行的电子凭证。这种操作具有方便快捷、网上申请、扫码识别等特点,充分利用大数据、互联网技术优势,符合当下我国扫码查询信息的应用环境,很容易被社会各界所接受,非常适合用于疫情防控复工。目前,各地已相继推出"健康码",为市民和返程复工人员提供服务,保障防控复产工作顺利推进落实。

2. 助力医保行业

在美国,医保的总体花费在以 15% 的速度高速增长。以更低的价格提升患者的治疗结果是医保提供者的目标。全面的数字化转型、增强的通信和大数据分析是支持转型的重要工具。

在国内,大数据技术也广泛应用于医保监管领域,并取得了不错的成效。我们建立了覆盖城乡 13 亿参保群众、上百万家定点医药机构的医保信息系统,并以大数据技术为依托在全国 300 多个统筹区建立了医保智能监控系统,开展了医保数据的挖掘应用,有效提升了医保监管的水平,有效缓解了传统监管手段能力不强的问题。同时,各地因地制宜,积极探索本地化的医保监管大数据应用,成效显著。如成都市为解决本地医药机构监管难题,有效缓解监管人员不足的问题,依托大数据和云计算等新技术,建立线上线下融合的医保智能监控系统,实现了医保监管能力的快速提升,规范了医疗服务市场,遏制了欺诈骗取医保金行为的发生,有效地控制了医保费用的增长。

8.4.3　大数据在金融行业的应用

数据处理技术时代的到来,使得金融数据呈现出爆炸式增长,BCG 曾有报告指出,银行业每创收 100 万美元,平均就会产生 820 GB 的数据。庞大的数据体系所蕴含的价值也在不断体现,金融业对数据的依赖越发加强,众多的金融环节都需要通过对数据的收集和分析后完成。

1. 汇丰银行风险管理

汇丰银行在防范信用卡和借记卡欺诈的基础上,利用 SAS 构建了一套全球业务网络的防欺诈管理系统,为多种业务线和渠道提供完善的欺诈防范。该系统通过收集和分析大数据,以更快的信息获取速度挖掘交易的不正当行为,并迅速启动紧急告警。

2. 国内银行运营能力提升

商业银行目前具有庞大的客户群体,同时,企业级数据仓库存储了覆盖客户、账户、产品、交易等大量的结构化数据,以及海量的以语音、图像、视频等形式存在的非结构化信息。这些信息背后都蕴藏了诸如客户偏好、社会关系、消费习惯等丰富全面的信息资源。

通过客户管理形成的细分客户，用大数据技术智能化分析细分客户的需求，如客户的理财偏爱好、年龄等，因人而异，实施精准化、有针对性的产品及服务推荐。

资产优化：基于全方位的数据记载，包括个人定期存款、活期存款、信用贷款、抵押贷款等，以及个人互联网行为数据、个人位置信息数据、商户数据等，构建可视、可控、动态、协同及精细化的资产管理方案，支撑金融业及其客户的财务转型等功能，构建智慧财资的体系，提升资源整合的力度，实现高效的价值创造。

习　　题

1. 理解并简要描述大数据的特征。
2. 怎样理解大数据的全样思维？
3. 怎样理解大数据的容错思维？数据中的错误是否重要？是否必须纠正？可举例说明。
4. 怎样理解大数据的相关性思维和因果关系？
5. 从你知道的大数据应用出发，解释其运用了哪种或哪些思维模式。
6. 给出一个大数据在社会管理、农业、交通等更多领域中的应用案例。
7. 思考并给出一个大数据在未来的应用或发展中的方向。

第9章

>>> 人工智能及其应用

近年来，人工智能越来越成为万众瞩目的焦点。随着大数据、物联网和5G移动通信等技术的发展，人工智能技术已经进入了人类社会的各个角落。它作为引领新一代工业革命的核心驱动力，对各行各业进行着深刻的塑造和改变，推动了国家战略、经济结构和商业模式的变革和升级。在本章中，我们将对人工智能建立初步认识，学习人工智能的现代方法和研究领域，了解人工智能的行业应用。

教学目标：

● 了解人工智能的定义、发展和内容，理解人工智能的实现方法。

● 了解机器学习的概念、理解监督算法和无监督算法。

● 了解人工神经网络和深度学习，理解模式识别和机器感知。

● 了解自然语言处理的概念和应用。

● 理解知识图谱和知识推理。

9.1 人工智能概述

9.1.1 人工智能的定义

"人工智能"是一个听着都让人兴奋的术语，这其中的原因就是我们对智能的推崇。正是具有了智能，让我们人类成为这颗蓝色星球上伟大的生命形式。那么，什么是智能呢？智能及其本质是古今中外许多哲学家和科学家一直努力探索的问题，但至今仍然没有完全了解，所以智能还没有一个一致认可的确切定义。不过一般认为，智能是知识和智力的总和。其中，知识是一切智能行为的基础，智力是获取并应用知识求解问题的能力。

人工智能由"人工"和"智能"组成。"人工"表示人为的，这比较好理解，争议性也不大。但是关于什么是"智能"，就问题多多了。这涉及其他诸如意识（Consciousness）、自我（Self）、思维（Mind）[包括无意识的思维（Unconscious_mind）]等问题。人唯一了解的智能是人本身的智能，这是普遍认同的观点。但是我们对我们自身智能的理解都非常有限，对构成人的智能的必要元素也了解有限，所以就很难定义什么是"人工"制造的"智能"了。因此人工智能的研究往往涉及对人的智能本身的研究。其他关于动物或其他人造系统的智能普遍被认为是人工智能相关的研究课题。

人工智能领域的开创者之一、原斯坦福大学教授尼尔斯·约翰·尼尔森对人工智能下了这样一个定义："人工智能是关于知识的学科——怎样表示知识以及怎样获得知识并使用知识的科学。"而美国麻省理工学院的帕特里克·温斯顿教授认为："人工智能就是研究如何使计算机去做过去只有人才能做的智能工作。"这些说法反映了人工智能学科的基本思想和基本内容。即人工智能是研究人类智能活动的规律，构造具有一定智能的人工系统，研究如何让计算机去完成以往需要人的智力才能胜任的工作，也就是研究如何应用计算机的软硬件来模拟人类某些智能行为的基本理论、方法和技术。

9.1.2　人工智能的起源和发展

人类对智能机器的梦想和追求可以追溯到三千年前。我国古籍记载，西周时期，能工巧匠偃师研制出了能歌善舞的"倡者"，这是中国最早记载的机器人。三国时期，魏国人马钧认真钻研，利用机械原理制造出了指南车。

古希腊哲学家和科学家亚里士多德的《工具论》，为形式逻辑奠定了基础。英国数学家乔治·布尔于 19 世纪中叶创立了逻辑代数系统"布尔代数"，用符号语言描述了思维活动中推理的基本法则。这些理论对人工智能的创立发挥了重要作用。

20 世纪 30 年代末到 50 年代初，通用数字电子计算机的诞生为人工智能的研究提供了物质基础，一系列科学进展交汇引发最初的人工智能研究。诺伯特·维纳的控制论描述了电子网络的控制和稳定性，克劳德·香农提出的信息论描述了数字信号（二进制信号）。阿兰·图灵的计算理论证明数字信号可以描述任何形式的计算。这些理论进展暗示了构建电子大脑的可能性。

1950 年，阿兰·图灵提出"图灵测试"，预言了创造真正意义上的智能机器的可能性。

1956 年 8 月，在美国汉诺斯小镇达特茅斯学院，数学助理教授约翰·麦卡锡组织马文·闵斯基、克劳德·香农、艾伦·纽厄尔、赫伯特·西蒙等科学家聚在一起，讨论着一个完全不食人间烟火的主题：用机器来模仿人类学习以及其他方面的智能。会议足足开了两个月的时间。虽然大家没有达成普遍的共识，但是却为会议讨论的内容起了一个名字——人工智能。它标志着"人工智能"这门新兴学科的正式诞生。因此，1956 年被称为人工智能元年。

人工智能的发展并不是一帆风顺的。这门神秘而又令人神往的学科，在它的探索未知的道路上既经历了兴起，又度过了低迷，然而过后它会以新的面貌迎来再一次爆发。在人工智能的发展之路上，它经历了三个时期：初创时期、发展时期和突破时期。

1．初创时期（1956—1969 年）

1956 年达特茅斯夏季会议之后的 10 多年间，人工智能的研究在机器学习、定理证明、模式识别、问题求解、专家系统及人工智能语音等方面都取得了许多引人注目的成就，例如：

① 机器学习方面：1957 年罗森布拉特研制成功的感知机将神经元用于识别系统，推动了连接机制的研究。

② 定理证明方面：1958 年，王浩在 IBM-704 机器上证明了《数学原理》中有关命题演算的全部 220 条定理，并证明了谓词演算中 150 条定理的 85%。1965 年，鲁滨孙提出了归结原理，为定理的机器证明做出了突破性的贡献。

③ 模式识别方面：1959 年，塞尔福里奇推出一个模式识别程序；1965 年，罗伯特编制出了可分辨积木构造的程序。

④ 问题求解方面：1960 年，纽厄尔等人通过心理学试验总结出了人们求解问题的思维规律，编制了通用问题求解程序 GPS。

⑤ 专家系统方面：1965 年，费根鲍姆等研制化学分析专家系统程序 DENDRAL，1968 年

完成并投入使用。该系统能根据质谱仪的实验，通过分析推理决定化合物的分子结构。

⑥ 人工智能语言方面：1960 年，麦卡锡研制出人工智能语言 LISP，成为构建专家系统的重要工具。

2. 发展时期（1970—1992 年）

发展时期分为两个阶段：20 世纪 70 年代和 20 世纪 80 年代。

进入 20 世纪 70 年代，诸多的研究成果使得人们对人工智能的期望大大提高，人们尝试用它完成更具挑战性的任务。然而，当时计算机有限的内存和处理速度不足以解决任何实际的人工智能问题，例如：机器翻译的研究没有像人们想象的那么容易，由机器翻译的文字有时会出现非常荒谬的错误；人们无法证明两个连续函数之和也是连续函数；等等。接二连三的失败和预期目标的落空使人工智能的研究遭遇了瓶颈，提供资助的机构对人工智能研究逐渐停止了资助。

但是，即便处在发展低潮阶段，仍有许多研究者在反思挫折，提出了许多新思想和新方法。70 年代中前期，约翰·霍兰德根据大自然中生物体进化规律而设计提出了遗传算法。1974 年，保罗·韦斯特提出了如今人工神经网络和深度学习的基础学习训练算法——反向传播算法。1977 年，费根鲍姆提出了"知识工程"概念，推动了专家系统的发展。

20 世纪 80 年代，人工智能在经历了一段发展的低潮后，迎来了新一轮的蓬勃发展，主要是因为专家系统对人工智能系统架构进行了重大修订。这一时期，很多机器学习算法不断发展并越来越完善，计算机的计算、预测和识别等能力也有了较大提升。1981 年，日本政府拨款 8.5 亿美元用以研发第五代计算机项目，当时称为人工智能计算机。随后，英国、美国也向信息技术领域的研究投入大量资金。专家系统在医疗、化学、地质等领域的实际应用取得成功，推动人工智能应用发展的新高潮。

随着人工智能的应用规模不断扩大，专家系统存在的应用领域狭窄、缺乏常识性知识、知识获取困难、推理方法单一等问题逐渐暴露出来，使得原本充满活力的市场大幅崩溃。日本政府也因此停止了第五代智能计算机研发工作，人工智能的发展在 20 世纪 80 年代末进入了第二次低潮时期。

3. 突破时期（1993 年至今）

由于计算机网络技术特别是 Internet 的迅速发展，加速了人工智能的创新研究，促使人工智能技术进一步走向实用化。1997 年 5 月，IBM 公司的"深蓝"超级计算机战胜国际象棋世界冠军卡斯帕罗夫，2008 年 IBM 公司提出"智慧地球"概念，2011 年 IBM 开发的"Watson"机器人在一档智力问答节目中战胜了两位人类冠军，这些都是这一阶段的标志性事件。

随着大数据、云计算、物联网等信息技术的发展，泛在感知数据和图形处理器等计算平台推动以深度神经网络为代表的人工智能技术飞速发展。2016 年，美国谷歌旗下的 DeepMind 公司开发的围棋智能系统 AlphaGo 以 4:1 击败围棋世界冠军、韩国职业九段棋手李世石。该系统集成了搜索、人工神经网络、强化学习等多种人工智能技术。这一事件也是人工智能发展史上的一个重要里程碑。

2016 年以后，以 AlphaGo 为代表的新一代人工智能引起了世界各国的关注。各国政府纷纷进行顶层设计，在规划、研发和产业化等方面提前布局，推出一系列政策和计划，掀起了人工智能研发的国际竞赛。如今，以深度学习为代表的人工智能技术在图像识别、语音识别、知识问答、人机对弈、无人驾驶、机器翻译等领域取得了很好的应用效果，对工业界产生了巨大的影响。国内外的互联网巨头公司如谷歌、Facebook、微软、百度、阿里巴巴、腾讯等纷纷加大对人工智能的投入，想要占领人工智能技术的前沿高地。诸多的初创科技公司也不甘示弱，加入了人工智能产品的战场，从而掀起了人工智能发展历史上的第三次高潮。

9.1.3 人工智能研究的基本内容

1. 知识表示

人类的智能活动主要是一个获得并运用知识的过程，知识是智能的基础。为了使计算机具有智能，也就是能模拟人类的智能行为，就必须使它具有适当形式表示的知识。知识表示方法可分为两大类：符号表示法和连接机制表示法。符号表示法是用各种包含具体含义的符号，以不同的方式和顺序组合起来表示知识的方法。连接机制表示法是用神经网络表示知识的方法。

2. 机器感知

所谓机器感知，就是使机器（计算机）具有类似于人的感知能力，其中，以机器视觉和机器听觉为主。机器感知是机器获取外部信息的基本途径。为了使机器具有感知能力，就需要为它配置能"听"会"看"的感觉器官。为此，人工智能中已经形成了模式识别和自然语言理解两个研究领域。

3. 机器思维

所谓机器思维，是指通过感知得来的外部信息及机器内部的各种工作信息进行有目的的处理。机器思维使机器能模拟人类的思维活动，因此是人工智能中最重要、最关键的领域。

4. 机器学习

知识是智能的基础，为了使计算机具有真正的智能，必须使计算机像人类一样，具有获得新知识并在实践中不断完善、改进的能力，实现自我完善。机器学习就是研究如何使计算机具有类似于人的学习能力，使它能通过学习自动获取知识。

5. 机器行为

机器行为主要是指计算机的表达能力，即"说""写""画"等能力。对于智能机器人，它还应具有人的四肢功能，即能走路、能取物、能操作等。

9.2 人工智能的实现方法

从人工智能创立以来，人们开发了多种实现人工智能的方法。他们都是基于各自对人工智能的理解，来构建基础理论并设计相应方法。传统的人工智能实现方法主要来自符号主义学派、联结主义学派和行为主义学派。20世纪90年代后，研究者又发展出了数据驱动等新方法。

9.2.1 传统实现方法

1. 符号主义方法

人类智能的重要标志是不仅会使用语言，还能使用各种复杂的符号来表达人们的思想。符号主义的主要观点认为智能活动的基础是物理符号系统，思维过程是符号模式的处理过程。

以符号主义的观点看，知识是人工智能的核心，认知就是处理符号，推理就是采用启发式知识及启发式搜索对问题求解的过程，而推理过程又可以用某种形式化的语言来描述。符号主义主张用逻辑的方法来建立人工智能的统一理论体系，但是存在"常识"问题以及不确定性事物的表示和处理问题。因此，该学派受到其他学派的批评。

符号主义又可分为逻辑学派和认知学派。逻辑学派主张用逻辑来研究人工智能。认知学派假设人的智能活动是一个推理过程，尽管机器不知道其中的意义，但机器能像人一样对符号形式作出处理。

2. 联结主义方法

基于神经元和神经网络的连接机制和学习算法是联结主义学派的主要方法。这种方法研究能够进行非程序的、可适应环境变化的、类似人类大脑风格的信息处理方法的本质和能力。这种学派的主要观点认为，大脑是一切智能活动的基础，因而从大脑神经元及其连接机制进行研究，搞清楚大脑的结构以及它进行信息处理的过程和机理，就能揭示人类智能的奥秘，从而真正实现用机器对人类智能的模拟。

1943 年，麦克罗奇和皮兹提出的一种神经元的数学模型（M-P 模型），是人工神经网络最初的模型，是联结主义的代表性成果，它开创了神经计算的时代，为人工智能创造了一条用电子装置模拟人脑结构和功能的新的途径。

3. 行为主义方法

行为主义学派认为智能行为的基础是"感知 - 行动"的反应机制，他们主张智能的形成不依赖于符号计算，也不依赖于连接机制，而是在与环境的交互和适应过程中不断进化的，即不用考虑大脑的机制，而是直接通过行为模拟实现智能，可以称之为"无脑智能"。从行为主义的观点考察智能，人们会发现，实现智能系统的最直接的是仿造人或动物的"模式 - 动作"关系，无须知识表达和推理。基于这种方法，人们研制出具有自学习、自适应、自组织特征的智能控制系统，开发出各种工业机器人、人形机器人、机器动物等。

行为主义方法来源于对人或动物行为的观察，只是在行为方面反映了人或动物的智能特征，并不能反映智能的内在本质和认知、决策等高级智能。

9.2.2　数据驱动方法

2010 年以后，深度学习结合大数据成为人工智能领域流行的新方法。基于脑科学、数据科学尤其是大数据技术发展形成的数据驱动方法，从新的角度提出了人工智能的实现途径和创新性思路，在技术层面上也进一步增强了智能摸拟的精确性和有效性，成为传统人工智能方法的重要补充。

算法、大数据与计算能力被认为是推动新一代人工智能发展的三大引擎。

人工智能对计算能力的要求很高，而以前研究人工智能的科学家往往受限于单机计算能力，需要对数据样本进行裁剪，让数据在单台计算机里进行建模分析，导致模型的准确率降低。伴随着云计算基数和芯片处理能力的迅速发展，可以利用成千上万台的机器进行并行计算，尤其是 GPU\FPGA 以及人工智能专用芯片的发展为人工智能落地奠定了基础计算能力，使得使用类似于人类的深层神经网络算法模型的人工智能应用成为现实。

随着互联网的飞速发展，在线数据变得异常丰富，多来源、实时、大量、多类型的数据可以从不同的角度对现实进行更为逼真的描述，而利用深度学习算法可以挖掘数据之间的多层次关联关系，为人工智能应用奠定了数据源技术。正如阿里巴巴集团技术委员会主席王坚博士的观点所述，人工智能是互联网驱动下的一个重要领域，能够发展到今天，不是靠着自身内部的驱动力，而是因为互联网在不断完善，数据变得随处可得，所以，人工智能的进步来源于互联网基础设施的不断进步，离开互联网孤立地来看人工智能，是没有意义的。

算法的发展，尤其是杰弗里·辛顿教授 2006 年发表的论文 *A fast learning algorithm for deep belief nets*，开启了深度学习在学术界和工业界的浪潮，以人工神经网络（ANN）为代表的深度学习算法成为了人工智能应用落地的核心引擎。

数据驱动方法通过深度学习、大规模数据、传感器及其他复杂的算法，执行或完成智能任务。大数据结合深度学习算法，能自动发现隐藏在庞大而复杂的数据集中的特征和模式，这是数据驱动方法最成功的地方。目前，这种方法超越了传统方法，成为实现人工智能的有效途径。

9.3　机器学习

人类智能最根本的特征是学习能力。从诞生之后，人就具有学习能力。而且随着年龄的增长，其学习能力也会越来越强。机器能像人一样具有学习能力吗？机器怎样做到？如果机器也能像人一样学习，那么是否就会实现真正的类人工智能呢？

9.3.1　机器学习的概念及研究概况

1．机器学习的概念

机器学习是一门多领域交叉学科，它专门研究计算机怎样模拟或实现人类的学习行为，以获取新的知识或技能，重新组织已有的知识结构，使之不断改善自身的性能。

换句话说，机器学习就是指计算机算法能够像人一样，从数据中找到信息，从而学习一些规律或知识，也就是"利用经验来改善系统自身的性能"。因为计算机系统中的"经验"通常以数据形式存在，所以机器学习要利用经验，就必须对数据进行分析。传统的计算机软件程序是为了完成特定问题而编制的，而机器学习则是用数据来训练，并通过各种算法从数据中学习如何完成任务。因此，机器学习的研究主要是分析和设计一些让计算机可以自动"学习"的算法，通过这些算法来自动分析规律，并利用规律对新的数据进行分类和预测。

机器学习是人工智能的核心，是使计算机具有智能的根本途径。机器学习过程是人类对历史经验归纳过程的模拟。机器学习与人类思考的对比如图 9-1 所示。

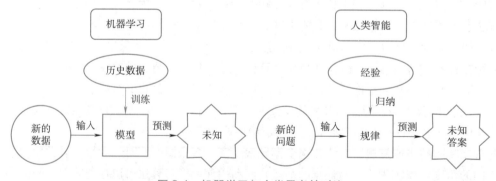

图 9-1　机器学习与人类思考的对比

人类在成长过程中积累了很多的历史经验，通过不断地对这些经验进行"归纳"，掌握了越来越多的生活或工作中的"规律"。当人类遇到未知的问题或者需要对未来进行"预测"时，就会利用这些"规律"指导自己的生活或工作。机器学习中的"训练 – 预测"过程是人类的"归纳 – 预测"过程的对应和模拟。由于机器学习不是基于编程形成的结果，它的处理结果不是简单的因果逻辑，而是通过归纳得出的相关性结论。

2. 机器学习的研究概况

机器学习实际上已经存在了几十年，或者也可以认为存在了几个世纪。追溯到 17 世纪，贝叶斯、拉普拉斯关于最小二乘法的推导和马尔可夫链，这些构成了机器学习广泛使用的工具和基础。1950 年阿兰·图灵提议建立一个学习机器，到 2000 年初有深度学习的实际应用以及最近的进展（比如 2012 年的 AlexNet），机器学习有了很大的进展，比如 2020 年的图机器学习领域的神经算法。

现阶段，机器学习是人工智能及模式识别领域的共同研究热点，其理论和方法已被广泛应用于解决工程应用和科学领域的复杂问题。2010 年的图灵奖获得者为哈佛大学的 Leslie Vlliant 教授，其获奖工作之一是建立了概率近似正确（Probably Approximate Correct，PAC）学习理论；2011 年的图灵奖获得者为加州大学洛杉矶分校的 Judea Pearll 教授，其主要贡献为建立了以概率统计为理论基础的人工智能方法。2018 年，因 Yoshua Bengio、Geoffrey Hinton 和 Yann LeCun 三位深度学习巨头在深度神经网络（DNN）概念和工程上的突破，使得 DNN 成为计算的一个重要构成，因而成为图灵奖得主。这些研究成果都促进了机器学习的发展和繁荣。

机器学习是研究怎样使用计算机模拟或实现人类学习活动的科学，是人工智能中最具智能特征、最前沿的研究领域之一。自 20 世纪 80 年代以来，机器学习作为实现人工智能的途径，在人工智能界引起了广泛的兴趣，特别是近十几年来，机器学习领域的研究工作发展很快，它已成为人工智能的重要课题之一。机器学习不仅在基于知识的系统中得到应用，而且在自然语言理解、非单调推理、机器视觉、模式识别等许多领域也得到了广泛应用。一个系统是否具有学习能力已成为是否具有"智能"的一个标志。机器学习的研究主要分为两类研究方向：第一类是传统机器学习的研究，该类研究主要是研究学习机制，注重探索模拟人的学习机制；第二类是大数据环境下机器学习的研究，该类研究主要是研究如何有效利用信息，注重从巨量数据中获取隐藏的、有效的、可理解的知识。

机器学习历经 70 年的曲折发展，以深度学习为代表借鉴人脑的多分层结构、神经元的连接交互信息的逐层分析处理机制，以及自适应、自学习的强大并行信息处理能力，在很多方面收获了突破性进展，其中最有代表性的是图像识别领域和自然语言处理领域。

3. 机器学习的分类

机器学习是一个庞大的学科体系，涉及众多的算法和学习理论。根据不同的角度和方式，机器学习主要有以下 4 种分类方法。

① 按所用学习方法的不同，机器学习可分为机械式学习、指导式学习、示例学习、类比学习、解释学习等。

② 按学习能力分类，机器学习可以分为监督学习（Supervised Learning）、无监督学习（Unsupervised Learning）、强化学习（激励学习）、半监督学习（(Semi-Supervised Learning)。

③ 按推理方式分类，机器学习可分为基于演绎的学习及基于归纳的学习。

④ 按学习的综合属性（包含知识表示、推理方法、应用领域等），机器学习可分为归纳学习、分析学习、连接学习以及遗传算法与分类器系统等。

9.3.2 监督学习和无监督学习

1. 监督学习

监督学习是指利用一组已知类别的样本调整分类器的参数，使其达到所要求性能的过程，也称为监督训练或有教师学习。监督学习的数据训练集中，每个样本既包含该样本的输入属性（通常为矢量），也包含对应的"正确答案"（即类别标签）。例如，在一个猫狗图片分类任务中，给定很多图片，有的标记为猫，有的标记为狗。监督学习算法分析该训练数据，学习输入特征与标签之间的映射，并用该映射预测数据测试集中新的样本的输出值（类别标签）。

输入变量和输出变量可以是连续的，也可以是离散的。根据输出变量的不同类型，人们将监督学习问题细分为两类：回归问题和分类问题。回归问题的输出变量为连续变量，比如通过房子的面积和卧室数量预测房价，算法主要有线性回归、Gradient Boosting 和 AdaBoost 等。分类问题的输出变量为有限个离散值，比如猫狗图片分类，算法主要有逻辑回归、决策树、KNN、支持向量机、朴素贝叶斯等。

下面以识别鸢尾花的种类为例理解监督学习的基本思想。鸢尾花鲜艳美丽，是一种常见的草本植物，全世界的鸢尾花约有 300 个品种，常见的包括山鸢尾、变色鸢尾和维吉尼亚鸢尾。我们希望能用机器学习方法对鸢尾花的这 3 个常见品种进行预测分类。已知一般的山鸢尾的花瓣较小，变色鸢尾有较大的花瓣，而维吉尼亚鸢尾的花瓣更大。如果使用监督学习的方法，为了建立输入特征到分类标签的映射，则需要收集一些鸢尾花的数据，我们采用 Iris 鸢尾花数据集，其部分数据如表 9-1 所示。这是一个经典数据集，在统计学习和机器学习领域都经常被用作示例。数据集内包含 3 类共 150 个样本，每类各 50 个数据，每条记录都有 4 项特征：花萼长度、花萼宽度、花瓣长度、花瓣宽度，对表中已知种类的鸢尾花样本的数据的学习，我们可以得到鸢尾花特征数据到分类标签的映射（预测公式），利用表中数据可以对不同的预测公式进行测试，并通过比较在每个样本上的预测输出和真实类别的差别获得反馈，机器学习算法根据这些反馈不断地对预测公式进行调整，从而建立一个分类预测模型。通过模型可以预测鸢尾花卉属于哪一品种。在这种学习方式中，预测输出的真实值通过提供反馈度学习起到了监督的作用，因此这种学习方式被称为监督学习。

表 9-1　尾花数据集

花萼长度 /cm	花萼宽度 /cm	花瓣长度 /cm	花瓣宽度 /cm	类　　别
5.1	3.5	1.4	0.2	山鸢尾
4.9	3.	1.4	0.2	山鸢尾
4.7	3.2	1.3	0.2	山鸢尾
…	…	…	…	
7.	3.2	4.7	1.4	变色鸢尾
6.4	3.2	4.5	1.5	变色鸢尾
6.9	3.1	4.9	1.5	变色鸢尾
…	…	…	…	
6.3	3.3	6.	2.5	维吉尼亚鸢尾
5.8	2.7	5.1	1.9	维吉尼亚鸢尾
7.1	3.	5.9	2.1	维吉尼亚鸢尾
…	…	…	…	

2. 无监督学习

监督学习要求为每个样本提供类别标签，这在有些应用场合是有困难的，第一种情况：缺乏足够的先验知识，因此难以人工标注类别；第二种情况：人工标注成本太高，比如在医疗诊断的应用中，如果要通过监督学习来获得诊断模型，则需要请有经验的医生对大量的病例及他们的医疗影像资料进行精确标注，这需要耗费大量的人力，代价非常高昂。为了克服这些困难，研究者提出了无监督学习。

无监督学习是指从无标注的训练数据中寻找数据的统计规律或隐含的结构。相比于监督学习，无监督学习没有确切的答案，学习过程也没有受监督，是通过算法运行去发现和表达数据中的结构。我们希望计算机能替代我们完成这些工作的全部或一部分，或至少提供一些帮助。比如：有一大群人，知道他们的身高体重，但是我们不告诉机器"胖"和"瘦"的评判标准，聚类就是让机器根据数据间的相似度，把这些人分成几个类别。

那它是怎么实现的呢？怎么才能判断哪些数据属于一类呢？有几种常见的主要用于无监督学习的算法：K 均值（K-Means）算法；自编码器（Auto-Encoder）；主成分分析（Principal Component Analysis）。

K 均值算法是最常用的聚类算法。虽然其性能不一定好，但是速度快。它的基本思想是将样本划分到其最近的簇中，以迭代方式实现。

K 均值算法如下：

① 随机的选取 K 个点，作为初始中心点。

② 计算 N 个样本点和 K 个中心点之间的欧氏距离。

③ 将每个样本点划分到最近的（欧氏距离最小的）中心点，形成 K 个簇。

④ 计算每个簇中样本点的均值，得到 K 个均值，将 K 个均值作为新的中心点。

⑤ 重复②～④，得到收敛后的 K 个中心点（中心点不再变化或达到最大迭代次数）。

无监督学习往往比监督学习困难得多。但是由于在实际应用中很多场合都无法获取有效的标记数据，因而无监督学习也一直是机器学习领域的一个重要方向。

9.3.3 人工神经网络和深度学习

传统机器学习在处理小规模数据方面卓有成效，但是对于大数据背景下的机器学习问题，尤其对于图像类型的数据，需要获得数据特征以用于对图像进行分类，而数据特征往往需要人工标注，这是非常烦琐的工作。机器学习在大规模数据处理方面陷入了困境，深度学习方法的出现使得机器学习有了突破性的发展。

1. 人工神经网络和 M-P 神经元模型

简单来说，人工神经网络（Artificial Neural Networks，ANNs）是一种模仿动物神经网络行为特征，进行分布式并行信息处理的算法数学模型。

神经网络依靠系统的复杂程度，通过调整内部大量"简单单元"之间相互连接的关系，从而达到处理信息的目的，并具有自学习和自适应的能力。

在上述定义中提及的"简单单元",其实就是神经网络中的最基本元素——神经元（Neuron）模型。神经元的树突用于将其他神经元的信号（输入信号）传递到细胞体（也就是神经元本体）中，细胞体把从其他多个神经元传递进来的输入信号进行合并加工，然后再通过轴突前端的突触传递给别的神经元。神经元就是这样借助突触结合而形成网络的。神经元之间的"信息"传递，属于化学物质传递。当它"兴奋"（Fire）时，就会向与它相连的神经元发送化学物质（神经递质，Neurotransmiter），从而改变这些神经元的电位；如果某些神经元的电位超过了一个"阈值"（Threshold），那么，它就会被"激活"（Activation），也就是"兴奋"起来，接着向其他神经元发送化学物质，犹如涟漪，就这样一层接着一层传播，如图 9-2 所示。

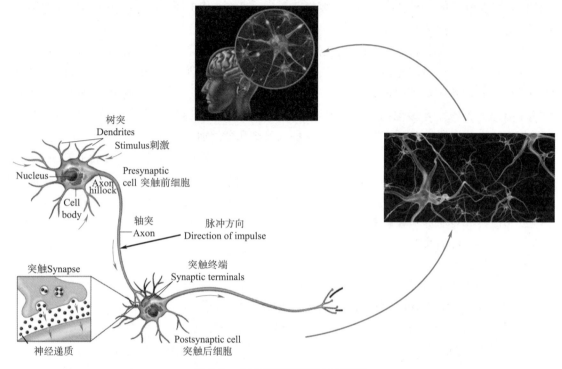

图 9-2　大脑神经细胞的工作流程

受到人类大脑的启发，沃伦·麦克洛克和沃尔特·皮兹于 1943 年提出且一直沿用至今的"M-P 神经元模型"，如图 9-3 所示。神经元模型模拟大脑神经元的活动，包括输入、输出与计算功能，其中输入 x_i 可以类比为神经元的树突，输出 y 可类比为神经元的轴突，计算则可类比为细胞核。

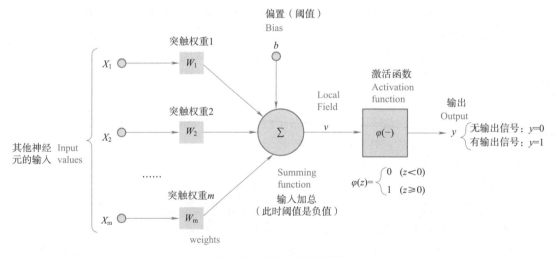

图 9-3　M-P 神经元模型

神经元的功能为 $y = \varphi\left(\sum_{j=1}^{m} W_j x_j + b\right)$。其中每一个输入 $x_{j, j=1,\cdots,m}$ 对应一个权重 W_j，神经元对输入与权重做乘法后求和 $\sum_{j=1}^{m} W_j x_j$，求和的结果与偏置 / 激活阈值 b 相比较，最终将结果经过激活函数 φ 输出。非线性的激活函数使神经网络具有非线性建模能力。

2. 多层神经网络和深度学习

多个神经元连接构成神经网络，最常见的一种网络结构是前馈全连接神经网络，又称为多层感知机（Multi-Layer Perception，MLP）。一个典型的前馈全连接神经网络的结构如图 9-4 所示。在输入层和输出层之间，可能有一个或多个隐藏层。其中隐藏层的层数根据需要而定，没有明确的理论推导来说明到底多少层合适。前馈全连接神经网络的信息只向前移动，从输入层开始，通过隐藏层，再到输出层，网络中没有循环或回路。通过神经元的非线性激活函数，前馈神经网络可以在实数空间近似任何连续函数。20 世纪 80 ~ 90 年代，Backpropagation 刚刚开始大行其道，利用这一算法，只需知道输入和输出便可训练网络参数，从而得到一个神经网络"黑箱"。之所以称为黑箱，是因为无须知道 $y=f(x)$ 中 f 的表达式是什么，也能轻易做函数计算。多层神经网络的座右铭是："函数是什么我不管，反正我能算！"。

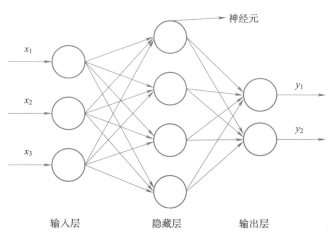

图 9-4　前馈全连接神经网络

当然，多层神经网络并非无所不能，它有三个主要限制。一是在面对大数据时，需要人为提取原始数据的特征作为输入。必须忽略不相关的变量，同时保留有用的信息。这个尺度很难掌握，多层神经网络会把蹲在屋顶的猫和骑在主人头上的猫识别为不同的猫，又会把哈士奇和狼归类为同一种动物。前者是对不相关变量过于敏感，后者则因无法提取有实际意义的特征。二是想要更精确的近似复杂的函数，必须增加隐藏层的层数，这就产生了梯度扩散问题。三是无法处理时间序列数据（比如音频），因为多层神经网络不含时间参数。随着人工智能需求的提升，我们想要做复杂的图像识别、做自然语言处理、做语义分析翻译，等等。多层神经网络显然力不从心。

深度学习是为了让层数较多的多层神经网络可以训练、能够有效工作而演化出来的一系列的新的结构和新的方法。新的网络结构中最著名的就是 CNN，它解决了传统较深的网络参数太多、很难训练的问题，使用了"局部感受野"和"权值共享"的概念，大大减少了网络参数的数量。关键是这种结构确实很符合视觉类任务在人脑上的工作原理。新的结构还包括了

LSTM、ResNet 等。新的方法有很多：新的激活函数 ReLU，新的权重初始化方法（逐层初始化、XAVIER 等），新的损失函数，新的防止过拟合方法（Dropout、BN 等）。这些方面主要都是为了解决传统的多层神经网络的一些不足，如梯度消失，过拟合等。

从广义上说，深度学习的网络结构也是多层神经网络的一种。

传统意义上的多层神经网络是只有输入层、隐藏层、输出层。其中隐藏层的层数根据需要而定，没有明确的理论推导来说明到底多少层合适。而深度学习中最著名的卷积神经网络 CNN，在原来多层神经网络的基础上，加入了特征学习部分，这部分是模仿人脑对信号处理上的分级处理。具体操作就是在原来的全连接的层前面加入了部分连接的卷积层与池化层，而且加入的是一个层级，如图 9-5 所示。卷积神经网络结构为：输入层—卷积层—池化层—卷积层—池化层— … — 输出层。 简单来说，原来多层神经网络做的步骤是特征映射到值，其中特征是人工挑选的。深度学习做的步骤是：信号→特征→值。在深度学习中，特征是由网络自己选择。

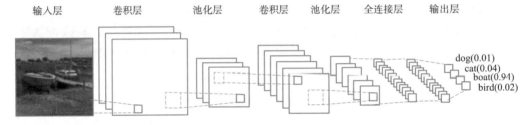

图 9-5　卷积神经网络（CNN）

深度学习通过组合低层特征形成更加抽象的高层表示属性类别或特征，以发现数据的分布式特征表示。它是机器学习中一种基于对数据进行表征学习的方法。

深度学习颠覆了语音识别、图像分类、自然语言处理等诸多领域的传统算法的设计思路，形成了一种从训练数据出发，经过一个端到端模型（输入端到输出端），直接输出最终结果的新模式。这让一切变得简单，而且由于深度学习中的每一层都可以为了最终的任务而调整自己，实现各层之间的协作，因此可以大大提高任务（分类、回归等）的准确度。

3. 深度学习框架

在深度学习初始阶段，每个深度学习研究者都需要写大量的重复代码。为了提高工作效率，这些研究者就将这些代码写成了一个框架放到网上让所有研究者一起使用。接着，网上就出现了不同的框架。目前，全世界最为流行的深度学习框架有 PaddlePaddle、Tensorflow 和 PyTorch 等。

PaddlePaddle 是百度研发的开源开放的深度学习平台，是国内最早开源、也是当前唯一一个功能完备的深度学习平台。依托百度业务场景的长期锤炼，PaddlePaddle 有最全面的官方支持的工业级应用模型，涵盖自然语言处理、计算机视觉、推荐引擎等多个领域，并开放多个领先的预训练中文模型，以及多个在国际范围内取得竞赛冠军的算法模型。

Tensorflow 是 Google 开源的一款使用 C++ 语言开发的开源数学计算软件，使用数据流图（Data Flow Graph）的形式进行计算。图中的结点代表数学运算，而图中的线条表示多维数据数组（Tensor）之间的交互。Tensorflow 灵活的架构可以部署在一个或多个 CPU、GPU 的台式及服务器中，或者使用单一的 API 应用在移动设备中。Tensorflow 几乎可以在各个领域适用，是全世界使用人数最多、社区最为庞大的一个框架。

PyTorch 由 Torch7 团队开发，是一个有大量机器学习算法支持的科学计算框架。它不仅使用灵活，支持动态图，而且提供了 Python 接口。它是以 Python 优先的深度学习框架，不仅能够实现强大的 GPU 加速，同时还支持动态神经网络。它既可以看作加入了 GPU 支持的 NumPy，同时也可以看成一个拥有自动求导功能的强大的深度神经网络。

9.4　模式识别与机器感知

9.4.1　模式识别

模式识别诞生于 20 世纪 20 年代，随着 40 年代计算机的出现，50 年代人工智能的兴起，模式识别在 60 年代初迅速发展成为一门学科。简单来说，模式识别是根据输入的原始数据对其进行各种分析判断，从而得到其类别属性、特征判断的过程。为了具备这种能力，人类在过去的上千万年里，通过对大量事物的认知和理解，逐步进化出了高度复杂的神经和认知系统。举例来说，我们能够轻易判别出哪个是钥匙、哪个是锁，哪个是自行车、哪个是摩托车；而这些看似简单的过程，其背后实际上隐藏着非常复杂的处理机制。而弄清楚这些机制的作用机理正是模式识别的基本任务。

那么，到底什么是模式呢？广义地说，模式是存在于时间和空间中的可观察的事物，如果我们可以区别它们是否相同或者是否相似，那我们从这种事物所获取的信息就可以称之为模式。简单说就是识别对象所属的类别，比如人脸识别中的人脸。

在日常生活中，有很多模式识别应用的场景：

① 医生根据心电图来判断病人是否得某种心脏病。

② 智能门禁根据用户的虹膜或指纹进行身份识别。

③ OCR 技术利用计算机进行字符识别。

④ 手机的智能助理判断用户发出的声音是什么字符。

以第 1 个场景为例，医生应该具有以下先验知识：

① 一般资料：阵发性房颤诊断标准按发作不定时的房颤为阵发性。

② 病因与诱因：冠心病、肺心病、高血压心脏病、风湿性心脏病患者都有临床表现。诱发因素包括过度劳累、情绪紧张、剧烈运动、受凉、咳嗽、发热、感染等。

③ 心电图 (Electrocardiograph, ECG) 分析：房颤的心电图特征是窦性 P 波消失，代之以大小形态不规则的颤动波，频率每分钟 400 ~ 600 次，R 波呈室上型，R-R 间距不规则。

如图 9-6 所示，正常的心电图可分解为三个主要部分：P 波（P-wave）、QRS（QRScomplex）、T 波（T-wave）。与心房颤动相关的特征是 P 波和 R-R 间距（R-Rinterval）。

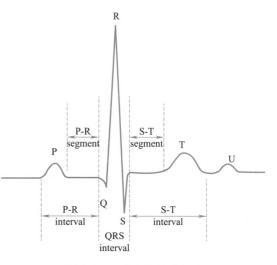

图 9-6　正常心电图分解图

在图 9-7 中,上方显示的是阵发性心房颤动发作时的心电图,下方显示的则是正常的心电图。医生在进行诊断的步骤如下。

① 观察患者的心电图。

② 从心电图中提取关键特征：P 波特征、R-R 间距和功率谱。

③ 对提取的关键特征进行综合分析。

④ 得出分析结果。

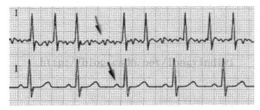

图 9-7　阵发性心房颤动心电图和正常心电图

医生诊断的第②步和第③步是依据先验知识通过对从获取到的心电图中提取来的特征的分析而进行的。

机器模式识别采用的也是类似的做法,图 9-8 显示的是典型机器模式识别的过程。数据采集,又称数据获取,是利用一种装置,从系统外部采集数据并输入到系统内部的一个接口。数据采集技术广泛应用在各个领域,比如摄像头、麦克风,都是数据采集工具。数据的预处理是指对所收集数据进行分类或分组前所做的审核、筛选、排序等必要的处理。特征抽取是对某一模式的组测量值进行变换,以突出该模式具有代表性特征的一种方法。特征选择也称特征子集选择,是指从已有的 M 个特征中选择 N 个特征使得系统的特定指标最优化,是从原始特征中选择出一些最有效特征以降低数据集维度的过程,是提高学习算法性能的一个重要手段。分类算法指根据模式将识别对象分类的算法。空间即赋以某种结构的集合。特征空间指特征向量所在的空间,每一个特征对应特征空间中的一维坐标。由图 9-8 中可以看出,机器模式识别同样需要依据先验知识对采集到的信号进行特征处理之后再进行类型判别。

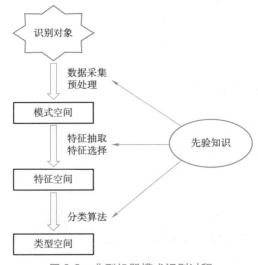

图 9-8　典型机器模式识别过程

先验知识的获得需要学习，也就是经历一个对样本进行特征选择并寻找分类的规律的阶段。一个完整的模式识别过程包括三个步骤：学习模块、测试模块和验证模块，如图 9-9 所示。其中，学习模块主要完成对模型的构建和训练，验证模块主要完成对模型的验证，测试模块主要完成模型性能的测试。具体实现过程是：首先构建模型，同时将样本按照一定的比例分成训练集、验证集和测试集；然后采用训练集中的训练样本对模型进行训练，每次训练完成一轮后再在验证集上测试一轮，将所有样本均训练完成；最后在测试集上再次测试模型的准确率和误差变化。

由此可见，每个模块都需要有对应的样本。

根据学习过程方式的不同，模式识别可以分为两大类：分类（有监督学习）和聚类（无监督学习）。

顾名思义，有监督学习就是学习过程是在监督下进行的，可以知道学习过程中有没有犯错，犯了什么错，对应的样本有类别标签。而无监督学习就是自学成才，对应的样本无类别标签。

从研究方法上看，传统模式识别又可以分为统计模式识别和句法模式识别，步入现代后，模式识别与其他学科相互渗透，出现了诸如神经网络模式识别、模糊模式识别、遗传算法、支撑向量机等新方法，或者称为分支。

可以说，经过近一个世纪的发展，模式识别中涌现出了大量优秀的算法，但是，经典的算法却不外乎几种，其他算法可以看作是对这些算法的改进和发展。

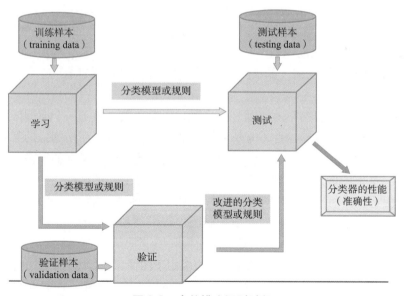

图 9-9 完整模式识别过程

9.4.2 机器感知

机器感知就是计算机直接"感知"周围环境，就像人一样通过感觉器官直接从外界获取信息，如通过"视觉器官"获取图形、图像信息，通过"听觉器官"获取声音信息。要让机器能够理解这些图形、图像和声音等信息，就必须能够对信息进行识别。

1. 图像识别

图像识别是指计算机对图像进行处理、分析和理解，以识别各种不同模式的目标和对象的技术。图像识别技术是以图像的主要特征为基础的。每个图像都有它的特征，如字母 A 有个尖、P 有个圈、而 Y 的中心有个锐角等。对图像识别时眼动的研究表明，视线总是集中在图像的主要特征上，也就是集中在图像轮廓曲度最大或轮廓方向突然改变的地方，这些地方的信息量最大。而且眼睛的扫描路线也总是依次从一个特征转到另一个特征上。由此可见，在图像识别过程中，知觉机制必须排除输入的多余信息，抽出关键的信息。同时，大脑里必定有一个负责整合信息的机制，它能把分阶段获得的信息整理成一个完整的知觉映象。

在人类图像识别系统中，对复杂图像的识别往往要通过不同层次的信息加工才能实现。对于熟悉的图形，由于掌握了它的主要特征，就会把它当作一个单元来识别，而不再注意它的细节了。这种由孤立的单元材料组成的整体单位叫作组块，每一个组块是同时被感知的。在文字材料的识别中，人们不仅可以把一个汉字的笔划或偏旁等单元组成一个组块，而且能把经常在一起出现的字或词组成组块单位来加以识别。

图像识别技术是人工智能的一个重要领域。为了编制模拟人类图像识别活动的计算机程序，人们提出了不同的图像识别模型。例如模板匹配模型，这种模型认为，识别某个图像，必须在过去的经验中有这个图像的记忆模式，又叫模板。当前的刺激如果能与大脑中的模板相匹配，这个图像也就被识别了。例如有一个字母 A，如果在脑中有个 A 模板，字母 A 的大小、方位、形状都与这个 A 模板完全一致，字母 A 就被识别了。这个模板匹配模型简单明了，也容易得到实际应用。但这种模型强调图像必须与脑中的模板完全符合才能加以识别，而事实上人不仅能识别与脑中的模板完全一致的图像，也能识别与模板不完全一致的图像。例如，人们不仅能识别某一个具体的字母 A，也能识别印刷体的、手写体的、方向不正、大小不同的各种字母 A。同时，人能识别的图像是大量的，如果所识别的每一个图像在脑中都有一个相应的模板，也是不可能的。

为了解决模板匹配模型存在的问题，格式塔心理学家又提出了一个原型匹配模型。这种模型认为，在长时记忆中存储的并不是所要识别的无数个模板，而是图像的某些"相似性"。从图像中抽象出来的"相似性"就可作为原型，拿它来检验所要识别的图像。如果能找到一个相似的原型，这个图像也就被识别了。这种模型从神经上和记忆探寻的过程上来看，都比模板匹配模型更适宜，而且还能说明对一些不规则的，但某些方面与原型相似的图像的识别。但是，这种模型没有说明人是怎样对相似的刺激进行辨别和加工的，它也难以在计算机程序中得到实现。

因此 1959 年 B·塞尔弗里吉把特征觉察原理应用于图像识别的过程，提出了"泛魔"识别模型。这个模型把图像识别过程分为不同的层次，每一层次都有承担不同职责的特征分析机制，它们依次进行工作，最终完成对图像的识别。塞尔弗里吉把每种特征分析机制形象地称作一种"小魔鬼"，由于有许许多多这样的机制在起作用，因此叫作"泛魔"识别模型。以特征分析为基础的"泛魔"识别模型是一个比较灵活的图像识别系统。它可进行一定程度的学习，但是模型中用到的特征是依靠人工设计得到的，识别的准确率还是比较低。

当通过人工设计图像特征来分类图像的准确率已经达到"瓶颈"之后，研究者们开始研究模拟人类识别图片时神经元采集信号的工作原理，为机器建立完成图像分类任务的人

工神经网络。在 2012 年的 ImageNet 图像识别挑战赛上，多伦多大学参赛队使用 Alexnet 以
15.3% 的 top-5 错误率轻松拔得头筹（第二名 top-5 错误率为 26.2%），比 2021 一年采用特征
设计算法的第一名成绩整整提高了 10 个百分点。随后几年，通过改进和调整深度神经网络
的深度和参数，基于深度学习的神经网络模型在图像识别领域超过了普通人类肉眼识别的准
确率。

2．语音识别

语音识别技术，也被称为自动语音识别 Automatic Speech Recognition（ASR），其目标是
将人类语音中的词汇内容转换为计算机可读的输入，例如按键、二进制编码或者字符序列。与
说话人识别及说话人确认不同，后者尝试识别或确认发出语音的说话人而非其中所包含的词汇
内容。

从开始研究语音识别技术至今，语音识别技术的发展已经有半个多世纪的历史。语音识别
技术研究的开端，是 Davis 等人研究的 Audry 系统，它是当时第一个可以获取几个英文字母的
系统。到了 20 世纪 60 年代，伴随计算机技术的发展，语音识别技术也得以进步，动态规划和
线性预测分析技术解决了语音识别中最为重要的问题——语音信号产生的模型问题；70 年代，
语音识别技术有了重大突破，动态时间规整技术（DTW）基本成熟，使语音变得可以等长，另外，
矢量量化（VQ）和隐马尔科夫模型理论（HMM）也不断完善，为之后语音识别的发展做了铺垫；
80 年代对语音识别的研究更为彻底，各种语音识别算法被提出，其中的突出成就包括 HMM 模
型人工神经网络（ANN）；进入 90 年代后，语音识别技术开始应用于全球市场，许多著名科技
互联网公司，如 IBM、Apple 等，都为语音识别技术的开发和研究投入巨资；到了 21 世纪，语
音识别技术研究重点转变为即兴口语和自然对话以及多种语种的同声翻译。

9.5 自然语言处理

9.5.1 自然语言处理简介

1．自然语言的概念

自然语言（Nature Language）指人类语言的本族语，如汉语、英语等。语言是人类区别其
他动物的本质特性。在所有生物中，只有人类才具有语言能力。人类的多种智能都与语言有着
密切的关系。人类的逻辑思维以语言为形式，人类的绝大部分知识也是以语言文字的形式记载
和流传下来的。因而，它也是人工智能的一个重要，甚至核心部分。

用自然语言与计算机进行通信，这是人们长期以来所追求的。因为它既有明显的实际意义，
同时也有重要的理论意义：人们可以用自己最习惯的语言来使用计算机，而无须再花大量的时
间和精力去学习不很习惯的各种计算机语言；人们也可以通过它进一步了解人类的语言能力和
智能的机制。

自然语言处理是指利用人类交流所使用的自然语言与机器进行交互通信的技术。通过人为
的对自然语言的处理，使得计算机对其能够可读并理解。自然语言处理的相关研究始于人类对
机器翻译的探索。虽然自然语言处理涉及语音、语法、语义、语用等多维度的操作，但简单而言，
自然语言处理的基本任务是基于本体词典、词频统计、上下文语义分析等方式对待处理语料进

行分词，形成以最小词性为单位，且富含语义的词项单元。

自然语言处理是（Natural Language Processing，NLP）以语言为对象，利用计算机技术来分析、理解和处理自然语言的一门学科，即把计算机作为语言研究的强大工具，在计算机的支持下对语言信息进行定量化的研究，提供可供人与计算机之间能共同使用的语言描写，包括自然语言理解（Natural Language Understanding，NLU）和自然语言生成（Natural Language Generation，NLG）两部分。它是典型边缘交叉学科，涉及语言科学、计算机科学、数学、认知学、逻辑学等，关注计算机和人类（自然）语言之间的相互作用的领域。

2. 自然语言处理的层次

语言形式上虽然是一连串文字符号或一串声音流，但其内部是一个层次化的结构。一个有文字表达的句子所呈现的层次是词素→词→词组或句子，而由声音表达的句子所呈现的层次则是音素→音节→音词→音句，其中每个层次都受到语法规则的制约。因此，语言的处理也应当是一个层次化的过程。许多现代语言学家把这一过程分为以下 5 个层次。

① 语音分析：根据音位规则，从语音流中区分出一个个独立的音素，再根据音位形态规则找出一个个音节及其对应的词素或词。

② 词法分析：是理解单词的基础，主要目的是从句子中切分出单词，找出词汇的各个词素，从中获得单词的语音学信息并确定单词的词义，如 uninterested 是由 un-interest-ed 构成，其词义由这三个部分构成。不同语言对词法分析有不同要求。

③ 句法分析：通过语法树或其他算法，分析主语、谓语、宾语、定语、状语、补语等句子元素。

④ 语义分析：通过选择词的正确含义，在正确句法的指导下，将句子的正确含义表达出来。方法主要有语义文法、格文法。

⑤ 语用分析：研究语言所存在的外界环境对语言使用所产生的影响。关注语用信息的自然语言处理系统更侧重于讲话者 / 听话者模型的设定，而不是处理迁入给定话语中的结构信息。

9.5.2 自然语言处理的应用

1. 机器翻译

机器翻译，又称为自动翻译，是利用计算机将一种自然语言（源语言）转换为另一种自然语言（目标语言）的过程。它是计算语言学的一个分支，是人工智能的终极目标之一，具有重要的科学研究价值。

同时，机器翻译又具有重要的实用价值。随着经济全球化及互联网的飞速发展，机器翻译技术在促进政治、经济、文化交流等方面起到越来越重要的作用。

机器翻译系统可划分为基于规则（Rule-Based）和基于语料库（Corpus-Based）两大类。前者由词典和规则库构成知识源；后者由经过划分并具有标注的语料库构成知识源，既不需要词典也不需要规则，以统计规律为主。机器翻译系统是随着语料库语言学的兴起而发展起来的，世界上绝大多数机器翻译系统都采用以规则为基础的策略，一般分为语法型、语义型、知识型和智能型。不同类型的机器翻译系统由不同的成分构成。

抽象地说，所有机器翻译系统的处理过程都包括以下步骤：对源语言的分析或理解，在语言的某一平面进行转换，按目标语言结构规则生成目标语言。技术差别主要体现在转换平面上。

2013 年来，随着深度学习的研究取得较大进展，基于人工神经网络的机器翻译（Neural

Machine Translation）逐渐兴起。其技术核心是一个拥有海量结点（神经元）的深度神经网络，可以自动地从语料库中学习翻译知识。一种语言的句子被向量化之后，在网络中层层传递，转化为计算机可以"理解"的表示形式，再经过多层复杂的传导运算，生成另一种语言的译文。实现了"理解语言，生成译文"的翻译方式。这种翻译方法最大的优势在于译文流畅，更加符合语法规范，容易理解。相比之前的翻译技术，质量有"跃进式"的提升。

神经网络机器翻译通常采用"编码器 – 解码器"结构，实现对变长输入句子的建模。编码器实现对源语言句子的"理解"，形成一个特定维度的浮点数向量，之后解码器根据此向量逐字生成目标语言的翻译结果。神经网络机器翻译早期主要采用了以长短期记忆网络 LSTM（Long Short-Term Memory Networks）和门控循环单元网络 GRU（Gated Recurrent Unit Networks）为代表的 RNN 网络。2017 年，有研究者相继提出了采用卷积神经网络（Convolutional Neural Network，CNN）和自注意力网络（Transformer）作为编码器和解码器结构，它们不但在翻译效果上大幅超越了基于 RNN 的神经网络，还通过训练时的并行化实现了训练效率的提升。目前业界机器翻译主流框架采用自注意力网络，该网络不仅应用于机器翻译，在自监督学习等领域也有突出的表现。

2. 对话系统

对话系统（Dialog System）是指以完成特定任务为主要目的的人机交互系统。在现有的人与人对话的场景下，对话系统能帮助提高效率、降低成本，比如客服与用户之间的对话。

目前市场上的比较典型的对话系统有 Siri、Contana、IBM Watson、微软小冰、图灵机器人、科大讯飞等。

从完成的任务来说，对话系统主要有这 3 个方面：问答型、任务型和闲聊型。

① 问答型主要有问答系统，可以视为单轮的对话系统。问答系统研究有很长时间了，它解决的更多的是知识型的问题。目前研究最多的是答案是一个实体的客观性知识的任务，比如"中国的首都是哪儿？——北京"。问答系统采用的方法主要有：基于语义分析的方法、基于信息抽取的方法和端到端的方法。

② 任务型对话系统更多的是完成一些任务，比如订机票、订餐等。这类任务有个较明显的特点，就是需要用户提供一些明显的信息，如订机票就需要和用户交互得到出发地、目的地和出发时间等（指实体已明确定义的属性），然后有可能还要和用户确认，等等，最后帮用户完成一件事情。任务型对话采用的方法主要有：生成式模型、判别式模型和规则系统。

③ 闲聊型的对话系统更多地是人和机器没有明确限定的聊天，如果前两个类型是打机器的"智商"牌的话，那么这个类型就是打机器的"情商"牌，让人感觉机器更加亲切，而不是冷冰冰地完成任务（如果回复语句自然且有意思的话，其实也不那么冷冰冰）。闲聊型对话系统主要有 3 种方法：规则方法、生成模型和检索方法。

3. 问答系统

问答系统（Question Answering System，QA）是信息检索系统的一种高级形式，它能用准确、简洁的自然语言回答用户用自然语言提出的问题。

不同的应用需要不同形式的问答系统，其所采用的语料和技术也不尽相同。相应地，可以从不同的角度对问答系统进行分类，比如根据应用领域、提供答案的语料、语料的格式等角度进行分类。

从涉及的应用领域进行分类，可将问答系统分为限定域问答系统和开放域问答系统。

限定域问答系统是指系统所能处理的问题只限定于某个领域或者某个内容范围，比如只限定于医学、化学或者某企业的业务领域等。例如 BASEBALL、LUNAR、SHRDLU、GUS 等都属于限定域的问答系统。BASEBALL 只能回答关于棒球比赛的相关问题，LUNAR 只能回答关于月球岩石的化学数据的相关问题，SHRDLU 只能回答和响应关于积木移动的问题等。由于系统要解决的问题限定于某个领域或者范围，因此如果把系统所需要的全部领域知识都按照统一的方式表示成内部的结构化格式，则回答问题时就能比较容易地产生答案。

开放域问答系统不同于限定域问答系统，这类系统可回答的问题不限定于某个特定领域。在回答开放领域的问题时，需要一定的常识知识或者世界知识并具有语义词典，如英文的WordNet 在许多英文开放域问答系统中都会使用。此外，中文的 WordNet、"同义词词林"等也常在开放域问答系统中使用。

按支持问答系统产生答案的文档库、知识库，以及实现的技术分类，可分为自然语言的数据库问答系统、对话式问答系统、阅读理解系统、基于常用问题集的问答系统、基于知识库的问答系统，以及基于大规模文档集的问答系统。

4．文本生成

文本生成是自然语言处理中一个重要的研究领域，具有广阔的应用前景。国内外已经有诸如 Automated Insights、Narrative Science 以及"小南"机器人和"小明"机器人等文本生成系统投入使用。这些系统根据格式化数据或自然语言文本生成新闻、财报或者其他解释性文本。

按照输入数据的区别，可以将文本生成任务大致分为以下三类：文本到文本的生成；数据到文本的生成；图像到文本的生成。

① 文本到文本的生成又可根据不同的任务分为（包括但不限于）：文本摘要、古诗生成、文本复述等。

② 结构化数据生成文本的任务上，Reiter 等人将数据到文本的系统分为了信号处理（视输入数据类型可选）、数据分析、文档规划和文本实现四个步骤。Mei 等人基于 encoder-decoder 模型加入了 aligner 选择重要信息，基于深度学习提出了一个端到端的根据数据生成文本的模型。

③ 图像到文本的生成方面也有不同的任务，如 image-caption、故事生成、基于图像的问答等。

9.6 知识图谱和知识推理

9.6.1 知识图谱

知识图谱（Knowledge Graph）是一种基于图的数据结构，由结点（Point）和边（Edge）组成。在知识图谱里，每个结点表示现实世界中存在的"实体"，每条边为实体与实体之间的"关系"，实体和关系又有其自身的"属性"。实体（Entity）、关系（Relation）和属性构成知识图谱的核心三要素。知识图谱是结构化的语义知识库，用于以符号形式描述物理世界中的概念及其相互关系，其基本组成单位是"实体 – 关系 – 实体"三元组（Triple），以及实体及其属性 – 值对，实体间通过关系相互联结，构成网状的知识结构。

例如："姚明出生于中国上海"可以用三元组表示为（Yao Ming, PlaceOfBirth, Shanghai）。这里我们可以简单地把三元组理解为（Entity，Relation，Entity）。如果我们把实体看作是结点，把实体关系（包括属性、类别等）看作是一条边，那么包含了大量三元组的知识库就成为了一个庞大的知识图。实体关系也可分为两种：一种是属性（Property），一种是关系（Relation）。属性和关系的最大区别在于，属性所在的三元组对应的两个实体，常常是一个实体和一个字符串，如身高 Hight 属性对应的三元组（Yao Ming, Hight, 226cm），而关系所在的三元组所对应的两个实体，常常是两个实体。如出生地关系 PlaceOfBrith，对应的三元组（Yao Ming, PlaceOf-Birth, Shanghai）。Yao Ming 和 Shanghai 都是实体。

知识图谱本质上是语义网络（Semantic Network）。知识图谱这个概念最早由 Google 在 2012 年提出，主要是用来优化现有的搜索引擎。有知识图谱的辅助，搜索引擎能够根据用户查询背后的语义信息，返回更准确、更结构化的信息。Google 知识图谱的宣传语 "things not strings" 道出了知识图谱的精髓：不要无意义的字符串，需要文本背后的对象或事物。以罗纳尔多为例，当用户以"罗纳尔多"作为关键词进行搜索，没有知识图谱的情况下，我们只能得到包含这个关键词的网页，然后不得不点击进入相关网页查找需要的信息。有了知识图谱（以罗纳尔多为例，通过对"罗纳尔多"实体进行扩展，得到图 9-10 所示的知识图谱），搜索引擎在返回相关网页的同时，还会返回一个包含查询对象基本信息的"知识卡片"（在搜索结果页面图 9-11 的右侧），如果我们需要的信息就在卡片中，就无须进一步操作了。也就是说，知识图谱能够提升查询效率，让我们获得更精准、更结构化的信息。

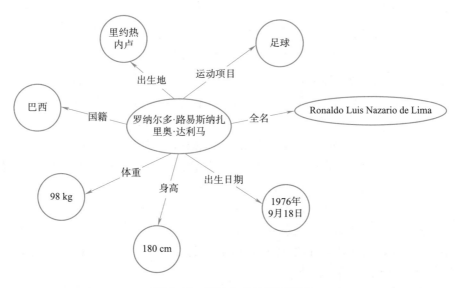

图 9-10　罗纳尔多的知识图谱

最近，知识图谱慢慢地被泛指各种大规模的知识库。知识图谱的构建属于知识工程的范畴，其发展历程如图 9-12 所示。从数据的处置量来看，早期的专家系统只有上万级知识体量，后来阿里巴巴和百度推出了千亿级、甚至是万亿级的知识图谱系统。

图 9-11　搜索引擎返回相关网页及知识卡片

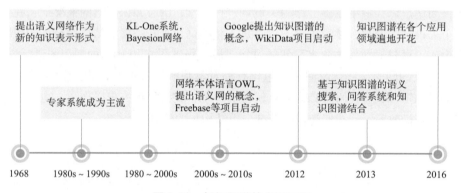

图 9-12　知识图谱的发展历程

　　知识图谱从其知识的覆盖面来看可以分为开放域知识图谱和垂直领域知识图谱，前者主要是百科类和语义搜索引擎类的知识基础，后者在金融、教育、医疗、汽车等垂直领域积累行业内的数据而构成。

　　知识图谱相关的关键技术包括构建和使用。知识图谱的构建有自顶向下和自底向上两种方法，现在大部分情况会混合使用这两种方法。知识图谱的构建应用了知识工程和自然语言处理的很多技术，包括知识抽取、知识融合、实体链接和知识推理。知识的获取是多源异构的，从非结构化数据中抽取知识是构建时的难点，包括实体、关系、属性及属性值的抽取。对不同来源的数据需要做去重、属性归一及关系补齐的融合操作。同时，根据图谱提供的信息可以推理得到更多隐含的知识，常用知识推理方法有基于逻辑的推理和基于图的推理。知识图谱的使用需要自然语言处理和图搜索算法的支持。

　　知识图谱在语义搜索、百科知识及自动问答等方面有着很典型的应用。在语义搜索领域，基于知识图谱的语义搜索可以用自然语言的方式查询，通过对查询语句的语义理解，明确用户的真实意图，从知识图谱中获取精准的答案，并通过知识卡片等形式把结果结构化地展示给用户，目前具体应用有 Google、百度知心、搜狗知立方等。在百科知识领域，知识图谱构建的知识库与传统的基于自然文本的百科相比，有高度结构化的优势。在自动问答和聊天机器人领域，知识图谱的应用包括开放域、特定领域的自动问答以及基于问答对（FAQ）的自动问答。比如 IBM 的 Watson，Apple 的 Siri，Google Allo，Amazon Echo，百度度秘以及各种情感聊天机器人、客服机器人、教育机器人等。

图 9-13 是非常经典的知识图谱整体架构图。我们从下往上来理解这张图。

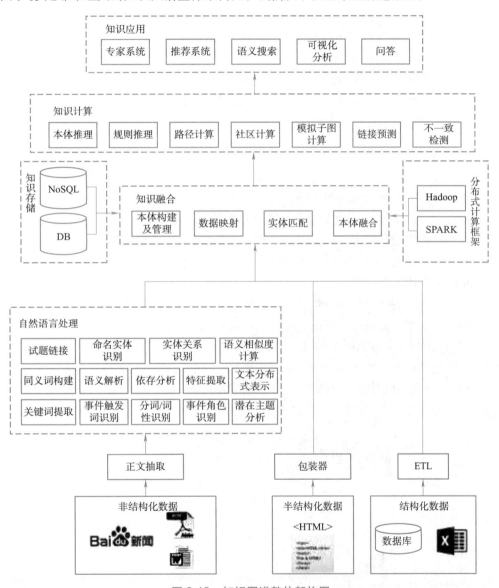

图 9-13　知识图谱整体架构图

① 通过百度搜索、Word 文件、PDF 文档或是其他类型的文献，抽取出非结构化的数据，从 XML、HTML 抽取出半结构化的数据和从数据库抽取出结构化的数据。

② 通过自然语言处理技术，使用命名实体识别的方式，来识别出文章中的实体，包括:地名、人名以及机构名称等。通过语义相似度的计算，确定两个实体或两段话之间的相似程度。通过同义词构建、语义解析、依存分析等方式，来找到实体之间的特征关系。通过诸如 TF-IDF 和

向量来提取文本特征，通过触发事件、分词词性等予以表示。通过 RDA（冗余分析）来进行主题的含义分析。

③ 使用数据库进行知识存储。包括 MySQL、SQL Server、MongoDB、Neo4j 等。针对所提取出来的文本、语义、内容等特征，通过知识本体的构建，实现实体之间的匹配，进而将它们存放到 Key-Value 类型的数据库中，以完成数据的映射和本体的融合。当数据的体量过大时，使用 Hadoop 和 Spark 之类的分布式数据存储框架。

④ 当需要进行数据推理或知识图谱的建立时，再从数据中进行知识计算，抽取出各类关系，通过各种集成规则来形成不同的应用。

总结起来，在我们使用知识图谱来进行各种应用识别时，需要注意的关键点包括：如何抽取实体的关系，如何做好关键词与特征的提取，以及如何保证语义内容的分析。这便是我们构建一整套知识图谱的常用方法与理论。

9.6.2　知识推理

知识推理（Knowledge Reasoning）能力是人类智能的重要特征，能够从已有知识中发现隐含知识。推理往往需要相关规则的支持，例如从"配偶"+"男性"推理出"丈夫"，从"妻子的父亲"推理出"岳父"，从出生日期和当前时间推理出年龄，等等。

这些规则可以通过人们手动总结构建，但往往费时费力，人们也很难穷举复杂关系图谱中的所有推理规则。因此，很多人研究如何自动挖掘相关推理规则或模式。目前主要依赖关系之间的同现情况，利用关联挖掘技术来自动发现推理规则。

实体关系之间存在丰富的同现信息。如图 9-14 所示，在康熙、雍正和乾隆三个人物之间，我们有（康熙，父亲，雍正）、（雍正，父亲，乾隆）以及（康熙，祖父，乾隆）三个实例。根据大量类似的实体 X、Y、Z 间出现的（X，父亲，Y）、（Y，父亲，Z）以及（X，祖父，Z）实例，我们可以统计出"父亲 + 父亲 => 祖父"的推理规则。类似地，我们还可以根据大量（X，首都，Y）和（X，位于，Y）实例统计出"首都 => 位于"的推理规则，根据大量（X，总统，美国）和（X，是，美国人）统计出"美国总统 => 是美国人"的推理规则。

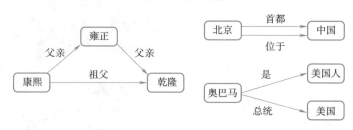

图 9-14　知识推理举例

知识推理可以用于发现实体间新的关系。例如，根据"父亲 + 父亲 => 祖父"的推理规则，如果两实体间存在"父亲 + 父亲"的关系路径，我们就可以推理它们之间存在"祖父"的关系。利用推理规则实现关系抽取的经典方法是路径排序算法（Path Ranking Algorithm），该方法将每种不同的关系路径作为一维特征，通过在知识图谱中统计大量的关系路径构建关系分类的特征向量，建立关系分类器进行关系抽取，取得不错的抽取效果，成为近年来的关系抽取的代表方法之一。但这种基于关系的同现统计的方法，面临严重的数据稀疏问题。

在知识推理方面还有很多的探索工作，例如采用谓词逻辑（Predicate Logic）等形式化方法和马尔科夫逻辑网络（Markov Logic Network）等建模工具进行知识推理研究。目前来看，这方面研究仍处于百家争鸣阶段，大家在推理表示等诸多方面仍未达成共识，未来路径有待进一步探索。

习　　题

一、选择题

1. _____年被称为人工智能元年。

    A. 1950   B. 1956   C. 1959   D. 1960

2. 1977 年，_____提出了"知识工程"概念，推动了专家系统的发展。

    A. 费根鲍姆   B. 纽厄尔

    C. 阿兰·图灵   D. 麦克罗奇

3. 利用一组已知类别的样本调整分类器的参数，使其达到所要求性能的机器学习过程被称为_____。

    A. 强化学习   B. 无监督学习   C. 监督学习   D. 深度学习

4. 解决了传统较深的网络参数太多、很难训练的问题，使用了"局部感受野"和"权值共享"的概念，大大减少了网络参数的数量的深度学习网络结构是_____。

    A. RNN   B. CNN   C. LSTM   D. ReLU

5. 知识图谱本质上是_____。

    A. 语音网络   B. 深度网络

    C. 神经网络   D. 语义网络

二、填空题

1. 1950 年，阿兰·图灵提出"_____"，预言了创造真正意义上的智能机器的可能性。

2. 人工智能的传统实现方法有_____、_____和_____。

3. 杰弗里·辛顿教授 2006 年发表的论文 *A fast learning algorithm for deep belief nets*，开启了深度学习在学术界和工业界的浪潮，以人工神经网络（ANN）为代表的_____成为了人工智能应用落地的核心引擎。

4. 2012 年的 ImageNet 图像识别挑战赛上，多伦多大学参赛队使用_____以 15.3% 的 top-5 错误率轻松拔得头筹，比 2021 年采用特征设计算法的第一名成绩整整提高了 10 个百分点。

5. 2016 年，围棋智能系统 AlphaGo 以 4:1 击败围棋世界冠军李世石。该系统集成了_____、_____、_____等多种人工智能技术。这一事件也是人工智能发展史上的一个重要里程碑。

三、简答题

1. 简述 K 均值算法。

2. 简述 M-P 神经元模型。

3. 简述自然语言处理的层次。

4. 简述基于人工神经网络的机器翻译技术。

5. 请描述知识图谱的一些典型应用。

参 考 文 献

[1] 战德臣 . 大学计算机 : 计算思维与信息素养 [M]. 3 版 . 北京 : 高等教育出版社，2019.

[2] 甘勇，尚展垒，翟萍，等 . 大学计算机基础 [M]. 北京 : 高等教育出版社，2018.

[3] 吴宁，崔舒宁，陈文革 . 大学计算机 : 计算、构造与设计 [M]. 北京 : 清华大学出版社，2014.

[4] 郭娜，刘颖，王小英，等 . 大学计算机基础教程 [M]. 2 版 . 北京 : 清华大学出版社，2019.

[5] 王移芝，鲁凌云 . 大学计算机 [M]. 6 版 . 北京 : 高等教育出版社，2019.

[6] 吴雪飞，王铮钧，赵艳红 . 大学计算机基础 [M]. 2 版 . 北京 : 中国铁道出版社，2014.

[7] 史忠植，王文杰，马慧芳 . 人工智能导论 [M]. 北京 : 机械工业出版社，2019.

[8] 莫宏伟，徐立芳 . 人工智能导论 [M]. 北京 : 人民邮电出版社，2020.

[9] 杨忠明，曾文权，程庆华 . 人工智能应用导论 [M]. 西安 : 西安电子科技大学出版社，2019.

[10] 卿来云，黄庆明 . 机器学习从原理到应用 [M]. 北京 : 人民邮电出版社，2020.

责任编辑：刘丽丽　贾淑媛
封面设计：刘　颖
封面制作：尚明龙

本书特色：

◎ 依据"教育部高等学校大学计算机课程教学指导委员会"发布的《大学计算机基础课程教学基本要求》，基于"新工科"教学理念，结合目前高校对计算机基础教学改革的实际需求组织编写。

◎ 力求反映计算机知识的系统性和实用性，展现信息技术发展的新趋势和新成果，介绍Windows操作系统、Office办公软件、Raptor编程设计、大数据、云计算、人工智能等前沿知识。

◎ 着眼于培养学生的计算思维，全面提高学生利用计算机技术解决问题的思维能力和研究能力，以及在此基础上的系统分析能力，包括培养学生在面对问题时具有计算思维的主动意识，以及应用计算思维解决问题的良好习惯。

中国铁道出版社有限公司
CHINA RAILWAY PUBLISHING HOUSE CO., LTD.

地址：北京市西城区右安门西街8号
邮编：100054
网址：http://www.tdpress.com/51eds/

更多教材推荐
扫码关注有福利

ISBN 978-7-113-28203-5

9 787113 282035 >

定价：53.00元